ENQUÊTE SUR LES FERS.

Se trouve chez RENARD, à la Librairie du commerce,
rue Sainte-Anne, n.° 71.

Prix 5 fr. 50 cent.

MINISTÈRE DU COMMERCE ET DES MANUFACTURES.

COMMISSION *

FORMÉE

AVEC L'APPROBATION DU ROI,

SOUS LA PRÉSIDENCE

DU MINISTRE DU COMMERCE ET DES MANUFACTURES,

POUR L'EXAMEN DE CERTAINES QUESTIONS DE LÉGISLATION COMMERCIALE.

ENQUÊTE SUR LES FERS.

* Cette Commission est composée de MM. le baron Portal et le baron Pasquier, Ministres d'état, Pairs de France; le duc de Fitz-James, le baron de Barante, le comte d'Argout, le comte de Tournon, et le comte de Kergorlay, Pairs de France; de Berbis, Humann, Pardessus, Oberkampf, Duvergier de Hauranne, Jacques Lefebvre et Gautier, membres de la Chambre des Députés; le baron de Fréville, conseiller d'état; Filleau de Saint-Hilaire, directeur de la division des colonies au ministère de la marine; Deffaudis, chef de la division des affaires commerciales au ministère des affaires étrangères; David, administrateur des douanes.

ENQUÊTE SUR LES FERS.

EXPOSÉ DE LA QUESTION.

Le droit imposé à l'entrée des fers étrangers excite de vives réclamations de la part des consommateurs de tout ordre. Il est surtout l'objet des plaintes des représentans de l'intérêt vignicole.

Ce droit est de deux sortes, celui de 15 francs par 100 kilogrammes, qui date de 1814 et qui se perçoit sur les fers fabriqués au charbon de bois et au marteau, c'est-à-dire sur les fers du Nord, de l'Espagne et même des Pays-Bas; celui de 25 francs, établi en 1822 seulement, et qui pèse sur les fers fabriqués à la houille et au laminoir, c'est-à-dire à-peu-près exclusivement sur les fers d'Angleterre.

Le premier ne fut pas demandé comme moyen de favoriser et de préparer pour une époque plus ou moins éloignée le développement d'une vaste fabrication dont les élémens abondent sur notre propre sol: un mal présent se manifestait; un besoin vif et pressant se faisait connaître: il s'agissait de garantir des droits acquis, c'est-à-dire de préserver les exploitations, déjà très-multipliées, qu'avait fait naître l'isolement de la France pendant vingt-cinq années de guerre maritime, de la ruine complète dont, à l'ouverture de nos ports, elles se trouvèrent menacées par la subite invasion des fers du dehors.

Il fallut bien se résoudre à imposer au consommateur le sacrifice d'une portion de la réduction de prix qu'il pouvait se promettre du rétablissement de nos anciennes relations maritimes. Toutefois, on comprit qu'il était juste de restreindre ce sacrifice à ce qui paraissait être rigoureusement indispensable. Le fer français était alors à 60 francs les 100 kilogrammes: mais, comme les supputations les plus attentives donnèrent à connaître que le prix de 50 francs était celui auquel les maîtres de forges pouvaient livrer le fer courant sans renoncer à un profit raisonnable, il fut entendu que ce taux devait être également celui au-dessous duquel les fers étrangers ne seraient pas admis à concourir avec les nôtres sur notre propre marché. Les fers du Nord, les seuls dont alors la rivalité fut prise en considération, se vendaient communément dans nos entrepôts au prix moyen de 36 fr.; une taxe de 15 francs, et avec le décime de 16 francs 50 centimes, y fut ajoutée, afin qu'ils ne pussent s'offrir à la consommation qu'au prix 52 à 53 francs.

Mais peu d'années après, un avilissement rapide, et non encore justifié par de meilleures conditions dans les moyens de produire, survenu dans les prix, à l'intérieur, signala l'invasion des fers anglais qui, fabriqués à la houille et au laminoir, se vendaient dans nos entrepôts maritimes au modique prix de 21 francs; et ce fut seulement en 1822 qu'après deux années de récriminations et de plaintes, on jugea nécessaire, tant pour garantir notre fabrication au bois de cette concurrence toute nouvelle, que pour encourager les efforts déjà tentés en France pour la fabrication à la houille, d'appliquer à cette espèce particulière de produit une taxe de 25 francs, et, avec le décime, de 27 francs 50 centimes; laquelle, les faisant revenir à 48 ou 49 francs, taux fort rapproché de celui que l'on avait déjà recherché pour les fers du Nord, fut considérée moins comme une aggravation réelle que comme une application rationnelle et en quelque sorte obligée de la pensée du tarif de 1814.

Les droits sur la fonte furent portés en même temps à 9 francs par 100 kilogrammes, pour l'importation par mer, et à 6 francs pour l'importation par terre, sauf la frontière de l'arrondissement d'Avesnes, pour laquelle le droit fut de 4 francs seulement, à raison de quelques circonstances locales.

Cependant on se plaint de ce que l'augmentation de prix que ces combinaisons de tarif font peser directement sur les fers du dehors, et indirectement sur ceux de France, est une charge dont rien n'annonce que l'industrie et les consommateurs doivent apercevoir le terme et recueillir la compensation; et l'on soutient, au nom de ces derniers intérêts, qu'une suffisante expérience ayant déjà prouvé, soit les difficultés matérielles que rencontre en France le développement de l'industrie des fers, soit les obstacles que ne cesse d'opposer à l'adoucissement des prix l'exigence du producteur favorisé par un accroissement de consommation hors de proportion avec l'accroissement de la fabrication, le moment est venu d'atténuer, par une législation moins exclusive, le sacrifice imposé au pays par cet état de choses.

Il convient de rappeler ici qu'en effet un sacrifice aussi étendu n'est entré dans les combinaisons de nos lois que comme une nécessité temporaire; c'est-à-dire, qu'en nous condamnant à payer le fer à un prix si fort au-dessus de celui que nous offrait l'étranger, nous avons espéré que les avantages réservés à nos usines détermineraient sur notre propre sol une concurrence dont le résultat serait la baisse progressive de notre cours. Aussi le Gouvernement de S. M. s'est-il occupé, dès 1826, de rechercher si le cours du temps n'aurait pas rendu dès-lors quelque modification possible et convenable; et si, à cette époque, il s'est déterminé pour la prolongation du régime existant, c'est principalement par la considération des progrès qu'avait déjà faits, et surtout de ceux que paraissait promettre, dans un avenir prochain, la fabrication au moyen du combustible minéral; fabrication de laquelle seule, il faut bien le dire, il est permis d'attendre à-la-fois et l'accroissement illimité de la production, et l'abaissement progressif des prix, puisque l'élévation toujours croissante du prix des bois, en même temps qu'elle manifeste l'insuffisance du combustible végétal, pour répondre à l'augmentation très-rapide qu'on ne peut méconnaître dans les consommations, devient une cause sans cesse agissante de l'élévation du prix des fers, lesquels à leur tour, par la progression des besoins dont ils sont l'objet, tendent sans cesse à aggraver le prix des bois.

Jusqu'à quel point ces prévisions sur le développement des fabrications à la houille se trouvent-elles aujourd'hui réalisées?

Quelle est, à cet égard, la perspective qui nous est offerte par l'avenir en la rapprochant du développement probable de nos besoins?

D'un autre côté, quelle est, sous le rapport des quantités, la situation actuelle de notre fabrication au charbon de bois, comparée avec la même fabrication avant le tarif de 1822?

A quels prix se sont élevés ou maintenus, à la faveur de ce tarif, et aussi à la faveur de l'augmentation de nos consommations, les fers de l'une et de l'autre fabrication?

Jusqu'à quel point ces prix ont-ils été indispensables au producteur de l'une et de l'autre espèce, en tenant compte pour l'un de l'augmentation du prix des bois, et pour l'autre des obstacles matériels qu'il a rencontrés, de l'importance des capitaux qu'il lui a fallu engager, et des fautes toujours inséparables des premiers essais?

Quelles seraient, pour les uns et pour les autres, les conséquences d'une réduction de prix qui résulterait non d'une concurrence dont les effets se manifestent plus lentement qu'on ne l'avait espéré, mais d'une atténuation de protection contre la production étrangère?

Quelles seraient, en particulier, ces conséquences pour le producteur de fer traité au charbon de bois? et quel serait le résultat final de ces conséquences relativement au sol forestier et aux consommations diverses qu'il alimente?

Quels sont les effets du tarif des fers sur les principales industries qui emploient ce métal, et spécialement sur notre agriculture et nos armemens maritimes?

Quelle est son influence sur nos rapports avec l'étranger, et principalement en ce qui touche à nos exportations de vin et d'eau-de-vie?

Enfin, jusqu'à quel point le régime des fontes doit-il être considéré comme distinct de celui des fers? et existe-t-il des circonstances spéciales qui commandent de modifier l'un, alors même qu'il serait jugé qu'il n'y a rien à changer à l'autre?

Telles sont, sans doute, les questions que la commission croira devoir se proposer, et dont plusieurs ne pourront être convenablement éclaircies que par voie d'enquête.

A aucune époque, l'administration n'a négligé de recueillir certains faits principaux. Les voici tels qu'elle les a obtenus, et tels que le Ministre les livre au contrôle et aux méditations de la commission.

Et d'abord, en ce qui touche à la production, il résulte des recherches de l'administration des mines, appliquées aux trois époques de 1818, 1825, 1826 et 1827, quant aux *fers en barres,* que la somme des produits qui, en 1818, était de 800,000 quintaux métriques pour la fabrication au bois, *la seule en usage à cette époque,* s'est élevée en 1825 à 1 million 417,000 quintaux, sur lesquels la fabrication à la houille figure pour 421,000 quintaux: en 1826, à 1 million 454,000 quintaux, parmi lesquels 400,000 fabriqués à la houille; et en 1827, à 1 million 475,000 quintaux, dont 411,000 fabriqués à la houille; et, quant à la fonte, que la totalité de la production, qui était, en 1818, de 1 million 140,000 quintaux métriques pour la seule production au bois, a été, en 1825, de 1 million 976,000 quintaux, dont 52,000 quintaux fabriqués au coke; en 1826, de 1 million 993,000 quintaux, dont 35,000 quintaux seulement fabriqués au coke; et en 1827, de 2 millions 131,000 quintaux, dont 76,000 produits au coke. Les faits de 1828 nous sont encore inconnus; mais j'espère qu'ils pourront nous être communiqués avant la fin de l'enquête.

Quant au prix, si l'on en croit des informations recueillies avec soin et dont le tableau sera mis sous les yeux de la commission, ils se sont généralement maintenus en 1823 et 1824 au taux de 50 francs; dans le cours de 1825, et à la faveur du renchérissement excessif éprouvé à la même époque par le fer anglais, ils se sont élevés, par une progression rapide, jusqu'à 65 francs. Le cours s'est successivement atténué en 1826 et 1827; il est aujourd'hui, pour les fers laminés, et pour ceux fabriqués à l'ancienne méthode, dont la qualité se rapproche le plus des premiers, de 42 à 46 francs.

A l'égard des importations, celles en fer, qui s'étaient élevées en 1821 à 138,000 quintaux, et étaient descendues en 1823 à 45,000, sont remontées en 1825, 1826 et 1827, à une moyenne de 76,000 quintaux; et celles en fonte, qui avaient été en 1821 de 76,000 quintaux, et en 1823 de 78,000, se sont élevées, en 1825, 1826 et 1827, à une moyenne de 89,000 quintaux.

Indépendamment de ces faits, lesquels ne sont officiels qu'en ce qui touche à la production et à l'importation, dont les quotités, pour 1828, nous seront aussi connues dans le cours de l'enquête, il est nécessaire que la commission connaisse tous ceux qui se rapportent, soit à nos exportations de vins et d'eau-de-vie, avant 1789 et depuis la restauration, avec leur division par puissances, soit aux droits que subissent et qu'ont successivement subis nos vins et nos eaux-de-vie dans les pays producteurs de fer. Des tableaux préparés dans cet objet sont joints au présent exposé, et le ministre s'empressera de faire dresser tous ceux que la commission pourrait encore desirer, et dont les élémens seraient à sa disposition.

Paris, le 31 octobre 1828.

Le Ministre du commerce et des manufactures,

S.ᵗ-CRICQ.

Nota. Les sept séries de tableaux ci-jointes forment la réunion des documens fournis par le ministre en même temps que le présent exposé, et de ceux qui y ont été ajoutés depuis sur la demande de la commission.

PRODUCTION,

EN FRANCE,

DES FONTES, FERS ET HOUILLE.

TABLEAU de la production des Fontes brutes et moulées et du Fer, pendant les années 1825, 1826 et 1827.

TABLEAU de la production de la Houille, de l'Anthracite et du Lignite, pendant l'année 1827, divisé par Inspections des mines.

TABLEAU de la Production de la Fonte brute, de la Fonte moulée et du Fer, de 1825 à 1828.

ANNÉES.	FONTE BRUTE			FONTE MOULÉE,		FER			
	au coke.	au bois.	TOTAL.	1.re fusion.	2.e fusion.	au bois.	à la houille	des forges catalanes	TOTAL.
	q. m.	q. m.	q. m.	q. m.	q. m.	q. m.	q. m.	q. m.	q. m.
1825.	53,000.	1,671,799.	1,724,799.	251,200.	110,000.	902,405.	421,011.	93,470.	1,416,896.
1826.	35,026.	1,704,243.	1,739,269.	256,063.	122,121.	960,710.	400,370.	93,000.	1,454,080.
1827.	76,343.	1,812,210.	1,888,553.	242,645.	106,583.	971,181.	411,288.	93,424.	1,474,893.
1828.	171,005.	1,847,792.	2,018,797.	251,198.	124,757.	951,274.	476,116.	94,471.	1,521,881.

TABLEAU de la Production de la Houille, de l'Anthracite et du Lignite, pendant l'année 1827, divisé par Inspections des Mines.

INSPECTIONS.		HOUILLE.	ANTHRACITE.	LIGNITE.	TOTAL GÉNÉRAL.
		q. m.	q. m.	q. m.	q. m.
1.re Paris.	Seine, Seine-et-Oise, Seine-et-Marne, Eure-et-Loir, Loiret, Loir-et-Cher, Indre-et-Loire, Deux-Sèvres, Vienne, Indre, H.te-Vienne, Creuse, Corrèze, Maine-et-Loire, Mayenne, Sarthe, Loire-Inférieure, Morbihan, Finistère, Côtes-du-Nord, Ille-et-Vilaine.	320,734. 00.	63,400. 00.	"	13,818,830. 62.
2.e Abbeville.	Manche, Orne, Calvados, Eure, Seine-Inférieure, Oise, Aisne, Somme, Pas-de-Calais, Nord, Meuse, Ardennes.	3,891,826. 50.	"	"	
3.e Dijon.	Moselle, Bas-Rhin, Meurthe, Vosges, Haut-Rhin, Haute-Saone, Haute-Marne, Aube, Yonne, Côte-d'Or, Nièvre, Cher, Allier, Saone-et-Loire.	1,268,647. 00.	"	200. 00.	
4.e S.t-Étienne.	Loire, Puy-de-Dôme, Cantal, Haute-Loire, Doubs, Jura, Ain, Rhône, Isère, Drôme, Hautes-Alpes, Basses-Alpes, Var, Bouches-du-Rhône, Vaucluse, Corse.	6,731,977. 00.	83,438. 00.	544,509. 00	
5.e Montpellier.	Gard, Ardèche, Lozère, Hérault, Aude, Pyrénées-Or., Ariége, Haute-Garonne, Tarn, Tarn-et-Garonne, Gers, H.tes-Pyrénées, Basses-Pyrénées, Landes, Lot-et-Garonne, Gironde, Charente-Inférieure, Charente, Dordogne, Lot, Aveyron.	830,214. 55.	"	83,934. 57.	
Nota. À AJOUTER : pour compenser la faiblesse des déclarations et des évaluations, ainsi que la quantité de houille qui se consomme sur les mines, sans payer de redevances, environ 1/5.					2,763,776. 00.
					16,582,636. 62.

TARIFS SUCCESSIFS,

À L'ENTRÉE EN FRANCE,

DES FONTES ET DES FERS.

Fonte brute et Fonte moulée.

TARIFS SUCCESSIFS A L'ENTRÉE EN FRANCE.					
NOMENCLATURE des titres de perception.	DISTINCTIONS selon l'espèce ou l'origine.	UNITÉS de perception.	DROITS par navires français.	DROITS par navires étrangers et par terre.	OBSERVATIONS.
Tarif en vigueur au 1.er avril 1814.	Brute, sans distinction	"	Droit de balance.		
	Moulée… pour projectiles de guerre	100 kil. brut.	3f 06c		
	Moulée… de toute autre sorte	"	Prohibée.		
Loi du 21 décembre 1814.	Brute… en gueuses de 400 kil. au moins.	100 kil. brut.	2f 00c	2f 20c	Cette surtaxe résulte de l'article 7 de la loi du 28 avril 1816.
	Brute… de toute autre sorte	"	Prohibée.		
Loi du 28 avril 1816.	Moulée… pour projectiles de guerre	100 kil. brut.	4f 00c	4f 40c	
Loi du 21 avril 1818.	*Idem*… *Idem*	"	Prohibée.		
Loi du 27 juillet 1822.	Brute en gueuses de 400 kilogr. au moins. par mer	100 kil. brut.	9f 00c	9f 90c	
	Brute en gueuses de 400 kilogr. au moins. par terre, depuis la mer jusqu'à Soire-le-Château exclusivement	*Idem.*	"	9. 00.	
	Brute en gueuses de 400 kilogr. au moins. par terre, de Soire-le-Château à Rocroy inclusivement	*Idem.*	"	4. 00.	
	Brute en gueuses de 400 kilogr. au moins. par terre, par les autres frontières	*Idem.*	"	6. 00.	
	Épurée dite mazée	*Idem.*	15. 00.	16. 50.	

FERS en barres.

TARIFS SUCCESSIFS A L'ENTRÉE EN FRANCE.

NOMENCLATURE des titres de perception.	DISTINCTIONS selon l'espèce ou l'origine.	UNITÉS de perception.	DROITS par navires français.	DROITS par navires étrangers et par terre.	OBSERVATIONS.
Tarif en vigueur au 1.er avril 1814.	En barres	100 kil. b.	4f 00c		
	En verges, feuillards, carrillons, rondins, et autres fers qui ont reçu une première main-d'œuvre	*Idem.*	6. 00.		
Loi du 21 décembre 1814.	De deux manipulations	*Idem.*	15f 00c	16f 50c	Ces surtaxes résultent de l'article 7 de la loi du 28 avril 1816.
	De trois manipulations	*Idem.*	25. 00.	27. 50.	
	De quatre manipulations	*Idem.*	40. 00.	44. 00.	
Loi du 27 juillet 1822.	Plates : donnant 458 millimètres (90 lign.) et plus, la largeur multipliée par l'épaisseur	*Idem.*	25. 00.	27. 50.	La portion de droit dans le présent tarif excédant celui du 21 décembre 1814, appliqué aux dénominations ci-contre, sera remboursée, pour le fer importé par mer, qu'on justifiera provenir de forges étrangères où ils se traitent exclusivement au charbon de bois et au marteau.
	Plates : donnant de 213 millimètres à 458 (42 à 90 lignes), *idem*	*Idem.*	36. 00.	39. 60.	
	Plates : donnant moins de 213 millimètres, *idem*	*Idem.*	50. 00.	55. 00.	
	Carrées : ayant 22 millimètres (10 lignes) et plus sur chaque face	*Idem.*	25. 00.	27. 50.	
	Carrées : ayant de 15 à 22 millimètres (7 à 10 lignes), *idem*	*Idem.*	36. 00.	39. 60.	
	Carrées : ayant moins de 15 millimètres (7 lignes), *idem*	*Idem.*	50. 00.	55. 00.	
	Rondes : de 15 millimètres (7 lignes) et plus de diamètre	*Idem.*	36. 00.	39. 60.	
	Rondes : de moins de 15 millimètres (7 lign.) de diamètre	*Idem.*	50. 00.	55. 00.	

IMPORTATION

DES FONTES ET FERS, EN FRANCE.

TABLEAU des Fontes et Fers importés de l'étranger, en France, de 1815 à 1828.

TABLEAU des Fontes et Fers importés de l'étranger, en France, de 1822 à 1828, avec distinction des pays de provenance.

TABLEAU des Fontes et Fers importés de l'étranger, en France, pendant l'année 1788, divisé par pays de provenance.

COMMERCE SPÉCIAL.

TABLEAU des Fontes et Fers importés de l'étranger, en France, de 1815 à 1828.

ANNÉES.	FONTE BRUTE.	FER EN BARRES.
	kil.	kil.
1815	853,400.	6,897,849.
1816	2,250,864.	3,962,640.
1817	2,765,446.	13,789,014.
1818	3,350,709.	10,064,642.
1819	2,692,024.	10,714,518.
1820	5,449,575.	8,891,104.
1821	7,671,188.	13,843,724.
1822	8,262,237.	5,069,171.
1823	7,822,182.	4,521,656.
1824	7,229,444.	5,813,447.
1825	7,422,575.	6,070,747.
1826	11,353,404.	9,584,506.
1827	7,794,453.	7,312,175.
1828	8,760,140.	5,794,942.

TABLEAU des Fontes et Fers, importés de l'étranger, en France,

PAYS DE PROVENANCE.	COMMERCE SPÉCIAL. 1822.		COMMERCE SPÉCIAL. 1823.		COMMERCE SPÉCIAL. 1824.	
	FONTE brute.	FER en barres.	FONTE brute.	FER en barres.	FONTE brute.	FER en barres.
	kil.	kil.	kil.	kil.	kil.	kil.
ANGLETERRE	2,540,524.	2,456,598.	3,261,013.	1,525,349.	1,799,065.	1,027,914
PAYS-BAS	3,430,729.	412,382.	3,049,598.	302,086.	3,426,094.	172,459
SUEDE ET NORWÈGE	″	1,878,904.	″	2,437,587.	″	3,899,09
RUSSIE	″	109,794.	″	146,533.	″	331,695
VILLES ANSÉATIQUES	″	332.	″	″	″	″
PRUSSE	1,307,455.	41,207.	860,754.	2,219.	1,130,982.	1,526
ALLEMAGNE	565,115.	114.	478,827.	26,666.	402,775.	50
SUISSE	319.	507.	″	135.	″	160
SARDAIGNE	364,462.	19,022.	163,733.	3,363.	418,825.	28,16
ESPAGNE	290.	140,232.	2,737.	139,014.	4,128.	318,22
AUTRES ÉTATS	52,343.	5,089.	5,520.	″	47,575.	34,17
TOTAL GÉNÉRAL	8,262,237.	5,069,171.	7,822,182.	4,521,656.	7,229,444.	5,813,44

Nota. On remarquera que, pour 1825 et 1826, les importations excèdent de beau se trouvent confondues les quantités admises en entrepôt pour la réexportation, et douanes n'ayant pas, pour les années 1825 et 1826, fait distinguer, dans les relevés consommation (ce qu'elle appelle le commerce *spécial*), de celles déclarées pour la *vec distinction des pays des provenances, depuis 1822 jusqu'en 1828.*

COMMERCE GÉNÉRAL. 1825. FONTE brute.	COMMERCE GÉNÉRAL. 1825. FER en barres.	COMMERCE GÉNÉRAL. 1826. FONTE brute.	COMMERCE GÉNÉRAL. 1826. FER en barres.	COMMERCE SPÉCIAL. 1827. FONTE brute.	COMMERCE SPÉCIAL. 1827. FER en barres.	COMMERCE SPÉCIAL. 1828, 1.er semestre. FONTE brute.	COMMERCE SPÉCIAL. 1828, 1.er semestre. FER en barres.
kil.	kil.	kil.	kil.	kil.	kil.	kil.	kil.
545,945.	753,250.	3,635,995.	3,378,062.	2,227,892.	484,800.	1,345,576.	219,242.
2,388,754.	86,649.	3,384,829.	103,969.	3,589,504.	47,541.	2,012,328.	10,742.
″	5,798,214.	354.	7,932,252.	″	5,431,094.	″	1,543,151.
2,415.	910,158.	″	1,518,293.	″	541,676.	″	171,660.
″	″	″	″	″	1,059.	″	″
2,778,524.	1,026.	4,219,513.	13,964.	1,294,849.	16,741.	931,749.	174.
659,218.	98.	205,872.	23,163.	553,763.	22,806.	168,714.	20.
61,938.	157.	276,415.	615.	72,532.	357.	″	″
582,390.	256,036.	65,908.	65,972.	55,069.	662.	77,837.	51.
356,885.	1,028,300.	″	1,651,313.	″	278,628.	326.	63,066.
46,506.	163,955.	16,260.	193,035.	844.	486,771.	352.	451.
7,422,575.	8,997,843.	12,405,146.	14,870,838.	7,794,453.	7,312,175.	4,536,882.	2,008,557.

coup celles portées au tableau précédent; la raison en est que, dans le présent tableau, celles mises en consommation, moyennant le paiement de droits, l'administration des locaux du commerce avec chaque puissance, les marchandises déclarées pour la réexportation (ce qui, réuni aux premières, est appelé commerce *général*).

TABLEAU de l'Importation des Fontes et Fers en France, pendant l'année 1788, divisé par pays de provenance.

PROVENANCES.	FONTE.	FERS EN BARRES.
	kil.	kil.
ANGLETERRE..............................	332,840.	169,979.
HOLLANDE..............................	141,198.	764,752.
SUÈDE..............................	"	9,209,781.
DANEMARCK..............................	"	387,986.
RUSSIE..............................	"	1,502,852.
VILLES ANSÉATIQUES..............................	"	490,136.
ALLEMAGNE..............................	316,250.	1,413,249.
POLOGNE..............................	104,350.	27,482.
ESPAGNE..............................	5,440.	953,187.
FLANDRE..............................	"	"
AUTRES PUISSANCES..............................	"	172,431.
	900,078.	15,091,835.

FERS.

ANGLETERRE. — Droits successivement imposés sur les Fers, en Angleterre, depuis 1814.

Quantités de Fer en barres, importées dans la Grande-Bretagne, en 1815 et années suivantes.

ÉTATS-UNIS. — Droits successivement imposés sur les Fers, aux États-Unis, depuis 1818.

Quantités de Fers importées aux États-Unis, pendant chacune des années échues le 30 septembre 1822, 1823, 1824, 1825, 1826, 1827.

ANGLETERRE.

DROITS successivement imposés sur les Fers, en Angleterre, depuis 1814.

		PAR 100 KILOGRAMMES.		
		TARIF de 1814.	TARIF de 1819.	TARIF de 1825.
		fr. c.	fr. c.	fr. c.
Fonte. en gueuses (*Pig iron*).	Produite et importée des possessions anglaises d'Amérique........	0. 81.	0. 98.	0. 15.
	D'ailleurs....................	1. 80.	2. 15.	1. 23.
Fonte. moulée (*Cast iron*).........................		26 2/3 p. 0/0 de la val.	20 p. 0/0.	10 p. 0/0.
Fer en barres....	Produit et importé des possessions anglaises d'Amérique........	2. 29.	2. 72.	0. 30.
	D'ailleurs....................	13. 44.	15. 99.	3. 69.

Nota. Ces droits sont ceux perçus par navires anglais.

QUANTITÉS de Fer en barres importées dans la Grande-Bretagne, en 1815 et années suivantes.

ANNÉES.	DE RUSSIE.	DE SUÈDE.	DES AUTRES CONTRÉES.	TOTAL.
	Kilog.	Kilog.	Kilog.	Kilog.
1815.	5,859,826.	15,279,386.	579,277.	20,718,490.
1816.	2,430,690.	6,129,096.	65,018.	8,594,805.
1817.	1,712,383.	8,574,567.	64,002.	10,350,954.
1818.	4,426,245.	12,285,417.	158,788.	16,870,452.
1819.	Manque.	Manque.	Manque.	14,191,386.
1820.	Manque.	Manque.	Manque.	10,026,114.
1821.	2,891,40 .	7,302,483.	122,824.	10,316,769.
1822.	2,917,925.	9,972,118.	82,086.	12,972,130.
1823.	5,707,895.	7,788,449.	174,636.	13,670,981.
1824.	4,465,512.	9,717,731.	291,670.	14,474,915.
1825.	Manque.	Manque.	Manque.	23,551,057.
1826.	Manque.	Manque.	Manque.	13,160,211.
1827.	Manque.	Manque.	Manque.	Manque.

Nota. Les chiffres ci-dessus représentent les quantités totales importées, soit pour la consommation, soit pour la *réexportation*.

ÉTATS-UNIS.

DROITS successivement imposés sur les Fers aux États-Unis, depuis 1818.

	PAR 100 KILOGRAMMES.		
	TARIF de 1818.	TARIF de 1824.	TARIF de 1818.
	fr. c.	fr. c.	fr. c.
Fonte	5. 24.	5. 24.	6. 55.
Massiaux et loupes	25 p. o/o de la valeur.	25 p. o/o.	19. 24.
Fers en barres. non laminées (traités au bois)	7. 86.	9. 44.	11. 00.
Fers en barres. laminées (traités à la houille)	15. 73.	15. 73.	19. 24.

Nota. Ces droits sont ceux perçus par navires américains.

QUANTITÉS de Fers importées aux États-Unis, pendant chacune des années échues le 30 septembre 1822, 1823, 1824, 1825, 1826 et 1827.

ANNÉES échues le 30 sept.	FONTE.	FERS EN BARRES.		
		NON LAMINÉES (traités au bois).	LAMINÉES (traités à la houille).	TOTAL.
	Kilog.	Kilog.	Kilog.	Kilog.
1822.	1,199,496.	5,147,361.	27,064,262.	33,411,119.
1823.	2,519,837.	5,431,768.	30,065,136.	38,016,741.
1824.	805,421.	5,878,062.	21,637,368.	28,320,857.
1825.	828,431.	4,318,167.	25,042,326.	30,188,924.
1826.	200,440.	3,403,535.	11,339,664.	14,943,639.
1827.	1,783,853.	8,231,593.	22,360,399.	32,375,845.

Nota. Les chiffres ci-dessus représentent les quantités totales importées, soit pour la consommation, soit pour la réexportation.

EXPORTATION

DES VINS DE FRANCE.

TABLEAU de l'Exportation des Vins de France à l'étranger, de 1787 à 1789, et de 1815 à 1828.

Tableau de l'Exportation des Vins de France à l'étranger, pendant l'année 1788, divisé par pays de destination.

Tableau de l'Exportation des Vins, de 1822 à 1827, divisé par pays de destination.

TABLEAU de l'Exportation des Vins de France, à l'étranger, de 1787 à 1789 et de 1815 à 1828.

ANNÉES.	QUANTITÉS.	ANNÉES.	QUANTITÉS.
	hect.		hect.
1787.	971,499.	1815.	1,345,243.
1788.	1,040,295.	1816.	1,151,842.
1789.	915,874.	1817.	619,874.
		1818.	974,395.
		1819.	1,183,422.
		1820.	1,195,292.
		1821.	1,007,783.
		1822.	1,035,079.
		1823.	1,227,947.
		1824.	906,726.
		1825.	1,053,845.
		1826.	1,189,567.
		1827.	1,070,287.
		1828.	1,243,120.

TABLEAU de l'Exportation des Vins de France à l'étranger, pendant l'année 1788, divisé par pays de destination.

PAYS DE DESTINATION.	QUANTITÉS.
	hect.
ANGLETERRE	40,528.
ALLEMAGNE	136,427.
VILLES ANSÉATIQUES	136,425.
HOLLANDE	216,020.
PRUSSE	99,646.
DANEMARCK	24,516.
SUÈDE	8,107.
RUSSIE	19,562.
GÊNES	183,602.
SARDAIGNE	53 920.
ESPAGNE	11,147.
PORTUGAL	99.
ÉTATS-UNIS	2,900.
SUISSE	58,688.
AUTRES	48,984.
TOTAL	1,040,595.

TABLEAU de l'Exportation des Vins, de 1822 à 1827, divisé par pays de destination.

PAYS DE DESTINATION.		EN FUTAILLES.	EN BOUTEILLES.	TOTAUX.
		hecto.	hecto.	hecto.
ANGLETERRE	1822.	22,378.	1,197.	23,575.
	1823.	46,654.	4,667.	51,321.
	1824.	32,927.	5,806.	38,733.
	1825.	50,344.	14,241.	64,585.
	1826.	31,823.	9,541.	41,364.
	1827.	20,895.	7,672.	28,567.
PAYS-BAS	1822.	226,010.	450.	226,460.
	1823.	213,140.	1,968.	215,108.
	1824.	145,739.	1,022.	146,761.
	1825.	151,604.	1,473.	153,077.
	1826.	236,738.	1,181.	237,919.
	1827.	199,279.	1,336.	200,615.
SUÈDE et NORWÈGE	1822.	13,498.	39.	13,537.
	1823.	18,095.	483.	18,578.
	1824.	13,771.	400.	14,171.
	1825.	12,451.	689.	13,140.
	1826.	14,475.	422.	14,897.
	1827.	10,498.	333.	10,831.
DANEMARCK	1822.	12,090.	»	12,090.
	1823.	32,204.	245.	32,449.
	1824.	8,425.	61.	8,486.
	1825.	15,483.	183.	15,666.
	1826.	21,164.	202.	21,366.
	1827.	13,910.	197.	14,107.
RUSSIE	1822.	41,349.	274.	41,623.
	1823.	33,564.	2,237.	35,801.
	1824.	32,536.	4,545.	37,081.
	1825.	31,154.	3,531.	34,685.
	1826.	33,112.	3,847.	36,959.
	1827.	40,071.	5,155.	45,226.
VILLES ANSÉATIQUES	1822.	118,123.	120.	118,243.
	1823.	159,086.	9,139.	168,215.
	1824.	144,865.	2,866.	147,731.
	1825.	177,569.	1,365.	178,934.
	1826.	197,008.	2,155.	199,163.
	1827.	140,581.	1,669.	142,250.
AUTRICHE	1822.	924.	65.	989.
	1823.	593.	81.	674.
	1824.	365.	108.	473.
	1825.	1,059.	131.	1,190.
	1826.	3,105.	147.	3,252.
	1827.	787.	157.	944.

PAYS DE DESTINATION.		EN FUTAILLES.	EN BOUTEILLES.	TOTAUX.
		hecto.	hecto.	hecto.
Prusse	1822.	26,179.	138.	26,317.
	1823.	39,832.	1,013.	40,845.
	1824.	28,428.	583.	29,012.
	1825.	32,127.	2,137.	34,264.
	1826.	40,988.	1,229.	51,217.
	1827.	28,756.	1,728.	30,484.
Allemagne	1822.	14,883.	2,620.	17,503.
	1823.	17,110.	2,952.	20,062.
	1824.	8,516.	3,780.	12,296.
	1825.	16,639.	3,682.	20,321.
	1826.	21,295.	3,793.	25,088.
	1827.	16,211.	4,039.	20,250.
Suisse	1822.	145,370.	146.	145,516.
	1823.	85,107.	250.	85,357.
	1824.	95,680.	416.	96,096.
	1825.	100,007.	369.	100,376.
	1826.	123,088.	415.	123,503.
	1827.	99,988.	1,239.	101,227.
Sardaigne	1822.	115,901.	288.	116,189.
	1823.	148,858.	365.	149,223.
	1824.	79,421.	559.	79,980.
	1825.	89,943.	590.	90,533.
	1826.	73,176.	369.	73,545.
	1827.	69,509.	404.	69,913.
Toscane et États-Romains	1822.	26,159.	201.	26,360.
	1823.	70,327.	463.	70,790.
	1824.	24,606.	472.	25,078.
	1825.	15,985.	574.	16,559.
	1826.	16,964.	441.	17,405.
	1827.	41,050.	616.	41,666.
Naples et Sicile	1822.	340.	221.	561.
	1823.	461.	369.	830.
	1824.	746.	438.	1,184.
	1825.	325.	267.	592.
	1826.	254.	300.	554.
	1827.	449.	235.	684.
Espagne	1822.	11,594.	188.	11,782.
	1823.	44,272.	1,729.	46,001.
	1824.	14,279.	473.	14,752.
	1825.	12,152.	168.	12,320.
	1826.	8,459.	296.	8,755.
	1827.	10,395.	247.	10,642.
Portugal	1822.	31.	4.	35.
	1823.	30.	36.	66.
	1824.	66.	70.	136.
	1825.	50.	43.	93.
	1826.	29.	47.	76.
	1827.	22.	20.	42.

PAYS DE DESTINATION.		EN FUTAILLES.	EN BOUTEILLES.	TOTAUX.
		hecto.	hecto.	hecto.
ILES-IONIENNES	1827.	255.	26.	281.
TURQUIE	1822.	1,841.	140.	1,981.
	1823.	1,102.	129.	1,231.
	1824.	2,895.	137.	3,032.
	1825.	458.	159.	617.
	1826.	1,487.	121.	1,608.
	1827.	922.	290.	1,212.
ÉGYPTE	1822.	2,029.	73.	2,102.
	1823.	3,247.	108.	3,355.
	1824.	4,406.	122.	4,528.
	1825.	3,793.	170.	3,963.
	1826.	4,748.	206.	4,954.
	1827.	4,284.	114.	4,398.
ÉTATS BARBARESQUES	1822.	2,114.	25.	2,139.
	1823.	1,233.	72.	1,305.
	1824.	1,657.	68.	1,725.
	1825.	663.	16.	679.
	1826.	683.	140.	823.
	1827.	1,297.	58.	1,355.
ANTILLES ÉTRANGÈRES	1822.	18,047.	299.	1[illegible],346.
	1823.	26,803.	4,018.	30,821.
	1824.	20,943.	3,597.	24,540.
—— DANOISES	1825.	659.	708.	1,367.
	1826.	3,622.	483.	4,105.
	1827.	3,631.	629.	4,260.
—— ANGLAISES	1825.	»	»	»
	1826.	194.	48.	242.
	1827.	91.	12.	103.
—— ESPAGNOLES	1825.	31,554.	4,013.	35,567.
	1826.	23,461.	1,714.	25,175.
	1827.	32,755.	1,746.	34,500.
SAINT-DOMINGUE	1822.	17,160.	517.	17,677.
	1823.	26,605.	1,961.	28,566.
	1824.	5,983.	977.	6,960.
	1825.	18,998.	1,263.	20,261.
	1826.	5,781.	585.	6,366.
	1827.	15,863.	1,348.	17,211.
ÉTATS-UNIS	1822.	26,253.	533.	26,786.
	1823.	63,605.	4,097.	67,702.
	1824.	32,353.	3,874.	36,227.
	1825.	67,037.	3,576.	70,613.
	1826.	44,969.	5,239.	50,208.
	1827.	37,153.	7,230.	44,383.

PAYS DE DESTINATION.		EN FUTAILLES.	EN BOUTEILLES.	TOTAUX.
		litres.	litres.	litres.
Brésil	1822.	2,858.	291.	3,149.
	1823.	25,113.	812.	25,925.
	1824.	18,453.	1,243.	19,696.
	1825.	15,741.	552.	16,293.
	1826.	13,088.	928.	14,016.
	1827.	24,455.	2,171.	26,626.
Colonies espagnoles	1822.	17,544.	1,157.	18,701.
	1823.	16,066.	999.	17,065.
	1824.	26,262.	4,889.	31,151.
Mexique	1825.	10,143.	2,541.	12,684.
	1826.	9,374.	1,944.	11,318.
	1827.	4,553.	4,562.	9,115.
Buénos-Ayres	1825.	6,422.	1,108.	7,530.
	1826.	3,199.	574.	3,783.
	1827.	1,834.	391.	2,225.
Colombie	1825.	2,337.	1,267.	3,604.
	1826.	4,357.	1,589.	5,946.
	1827.	4,813.	1,942.	6,755.
Chili	1825.	22.	56.	78.
	1826.	163.	253.	416.
	1827.	1,340.	872.	2,212.
Pérou	1825.	1,419.	1,038.	2,457.
	1826.	3,716.	2,893.	6,609.
	1827.	660.	942.	1,602.
Guyane étrangère	1825.	"	1.	1.
	1826.	"	71.	71.
	1827.	"	"	"
Chine et Cochinchine	1822.	237.	"	237.
	1823.	"	7,664.	7,664.
	1824.	"	"	"
	1825.	465.	60.	525.
	1826.	1,123.	107.	1,230.
	1827.	647.	604.	1,251.
Comptoirs étrangers dans l'Inde	1822.	31,536.	389.	31,925.
	1823.	8,145.	1,846.	9,991.
	1824.	8,200.	6,951.	15,151.
Ile Maurice	1825.	2,918.	437.	3,355.
	1826.	6,696.	207.	6,903.
	1827.	29,782.	1,381.	31,163.
Indes anglaises	1825.	215.	2,292.	2,507.
	1826.	1,039.	2,584.	3,623.
	1827.	2,407.	5,849.	8,256.

PAYS DE DESTINATION.		EN FUTAILLES.	EN BOUTEILLES.	TOTAUX.
		hect.	hect.	hect.
INDES PORTUGAISES	1825.	638.	120.	758.
	1826.	″	″	″
	1827.	″	″	″
—— HOLLANDAISES	1825.	1,697.	488.	2,185.
	1826.	265.	123.	388.
	1827.	1,523.	205.	1,728.
—— FRANÇAISES	1822.	487.	1,005.	1,492.
	1823.	341.	189.	530.
	1824.	259.	366.	625.
	1825.	336.	980.	1,316.
	1826.	441.	695.	1,136.
	1827.	197.	695.	892.
MARTINIQUE	1822.	40,152.	1,768.	41,920.
	1823.	32,008.	1,347.	33,355.
	1824.	35,842.	1,193.	37,035.
	1825.	37,016.	2,219.	39,235.
	1826.	52,103.	6,319.	58,422.
	1827.	40,110.	3,486.	43,596.
GUADELOUPE	1822.	19,333.	1,082.	20,415.
	1823.	18,704.	1,236.	19,940.
	1824.	23,901.	604.	24,505.
	1825.	27,931.	1,054.	28,985.
	1826.	21,786.	2,270.	34,056.
	1827.	23,153.	2,677.	25,830.
CAYENNE	1822.	4,999.	379.	5,378.
	1823.	4,912.	473.	5,385.
	1824.	7,839.	235.	8,074.
	1825.	3,435.	417.	3,852.
	1826.	6,379.	316.	6,695.
	1827.	6,736.	483.	7,219.
SÉNÉGAL	1822.	7,467.	802.	8,269.
	1823.	6,551.	164.	6,715.
	1824.	8,561.	298.	8,859.
	1825.	6,670.	258.	6,928.
	1826.	10,031.	103.	10,134.
	1827.	9,009.	145.	9,154.
BOURBON	1822.	39,911.	6,132.	46,043.
	1823.	20,920.	1,847.	22,967.
	1824.	15,302.	1,677.	16,979.
	1825.	22,874.	964.	23,838.
	1826.	39,039.	2,391.	41,430.
	1827.	26,285.	1,391.	27,676.
PÊCHERIES	1822.			
	1823.	2,002.	″	2,002.
	1824.	509.	4.	513.
	1825.	963.	″	963.
	1826.	598.	″	598.
	1827.	1,623.	8.	1,631.

EXPORTATION

DES EAUX-DE-VIE DE FRANCE.

TABLEAU de l'Exportation des Eaux-de-vie de vin, de France à l'étranger, de 1787 à 1789, et de 1815 à 1828.

TABLEAU de l'Exportation des Eaux-de-vie de vin, de France à l'étranger, pendant l'année 1788, divisé par pays de destination.

TABLEAU de l'Exportation des Eaux-de-vie de vin, de 1822 à 1827, divisé par pays de destination.

TABLEAU de l'Exportation des Eaux-de-vie de vin, de France à l'étranger, de 1787 à 1789, et de 1815 à 1828.

ANNÉES.	QUANTITÉS.	ANNÉES.	QUANTITÉS.
	hecto.		hecto.
1787.	305,638.	1815.	154,160.
1788.	221,499.	1816.	137,398.
1789.	234,500.	1817.	61,697.
		1818.	97,402.
		1819.	231,652.
		1820.	253,349.
		1821.	153,408.
		1822.	230,186.
		1823.	310,059.
		1824.	317,347.
		1825.	259,937.
		1826.	194,110.
		1827.	273,574.
		1828.	403,207.

TABLEAU de l'Exportation des Eaux-de-vie de vin, de France à l'étranger, pendant l'année 1788, divisé par pays et destinations.

DESTINATIONS.	QUANTITÉS.
	hecto.
ANGLETERRE	101,165.
ALLEMAGNE	22,096.
VILLES ANSÉATIQUES	10,285.
HOLLANDE	2,156.
DANEMARCK	15,804.
PRUSSE	1,715.
RUSSIE	9,198.
GÊNES	110.
SARDAIGNE	2,439.
ESPAGNE	27,968.
PORTUGAL	600.
ÉTATS-UNIS	9,720.
SUISSE	5,681.
SUÈDE	5,242.
AUTRES	7,119.
TOTAL GÉNÉRAL	221,499 hecto.

TABLEAU de l'Exportation des Eaux-de-vie de vin, de 1822 à 1827, divisé par pays de destination.

DESTINATIONS.	ANNÉES.	QUANTITÉS.	DESTINATIONS.	ANNÉES.	QUANTITÉS.
		hect.			hect.
ANGLETERRE........	1822.	86,630.	PRUSSE.............	1822.	819.
	1823.	138,530.		1823.	12,028.
	1824.	124,372.		1824.	1,767.
	1825.	105,034.		1825.	1,650.
	1826.	70,579.		1826.	1,853.
	1827.	102,471.		1827.	2,406.
PAYS-BAS............	1822.	13,279.	ALLEMAGNE........	1822.	1,139.
	1823.	13,207.		1823.	877.
	1824.	15,164.		1824.	606.
	1825.	8,977.		1825.	465.
	1826.	14,912.		1826.	534.
	1827.	14,609.		1827.	456.
SUÈDE ET NORWÈGE..	1822.	7,703.	SUISSE.............	1822.	10,975.
	1823.	6,142.		1823.	6,805.
	1824.	6,225.		1824.	8,468.
	1825.	9,875.		1825.	8,617.
	1826.	8,186.		1826.	12,557.
	1827.	8,911.		1827.	12,813.
DANEMARCK........	1822.	2,082.	SARDAIGNE..........	1822.	16,499.
	1823.	1,721.		1823.	9,378.
	1824.	3,840.		1824.	3,696.
	1825.	1,565.		1825.	4,352.
	1826.	1,937.		1826.	4,083.
	1817.	0,101.		1827.	7,870.
RUSSIE..............	1822.	242.	TOSCANE ET ÉTATS ROMAINS.	1822.	7,381.
	1823.	246.		1823.	7,347.
	1824.	366.		1824.	6,975.
	1825.	406.		1825.	4,129.
	1826.	203.		1826.	5,219.
	1827.	162.		1827.	6,724.
VILLES ANSÉATIQUES.	1822.	8,201.	NAPLES ET SICILE....	1822.	»
	1823.	14,967.		1823.	515.
	1824.	4,289.		1824.	726.
	1825.	6,623.		1825.	13.
	1826.	8,330.		1826.	11.
	1827.	7,014.		1827.	30.
AUTRICHE	1822.	5,299.	ESPAGNE............	1822.	335.
	1823.	3,906.		1823.	18,986.
	1824.	825.		1824.	19,406.
	1825.	1,108.		1825.	13,807.
	1826.	304.		1826	7,692.
	1827.	4,708.		1827.	9,667.

DESTINATIONS.	ANNÉES.	QUANTITÉS.	DESTINATIONS.	ANNÉES.	QUANTITÉS.
		hecto.			hecto.
Portugal	1822.	366.	Haïti	1822.	138.
	1823.	942.		1823.	132.
	1824.	946.		1824.	39.
	1825.	372.		1825.	208.
	1826.	232.		1826.	72.
	1827.	147.		1827.	127.
Îles ioniennes	1822.	″	États-Unis	1822.	54,502.
	1823.	″		1823.	69,128.
	1824.	″		1824.	84,854.
	1825.	″		1825.	56,720.
	1826.	″		1826.	31,014.
	1827.	8.		1827.	66,360.
Turquie	1822.	″	Brésil	1822.	1,516.
	1823.	16.		1823.	2,895.
	1824.	7.		1824.	5,198.
	1825.	12.		1825.	1,465.
	1826.	62.		1826.	2,175.
	1827.	37.		1827.	1,860.
Égypte	1822.	26.	Mexique	1822.	
	1823.	29.		1823.	
	1824.	39.		1824.	
	1825.	46.		1825.	13,973.
	1826.	171.		1826.	3,559.
	1827.	30.		1827.	4,832.
États barbaresques	1822.	379.	Buénos-Ayres	1822.	
	1823.	657.		1823.	
	1824.	1,021.		1824.	
	1825.	1,659.		1825.	2,613.
	1826.	380.		1826.	694.
	1827.	201.		1827.	155.
Antilles danoises	1822.		Colombie	1822.	
	1823.			1823.	
	1824.			1824.	
	1825.	1,050.		1825.	2,690.
	1826.	2,164.		1826.	4,509.
	1827.	1,746.		1827.	1,980.
——— anglaises	1822.		Chili	1822.	
	1823.			1823.	
	1824.			1824.	
	1825.	26.		1825.	124.
	1826.	24.		1826.	89.
	1827.	35.		1827.	627.
——— espagnoles	1822.		Pérou	1822.	
	1823.			1823.	
	1824.			1824.	
	1825.	830.		1825.	2,157.
	1826.	787.		1826.	972.
	1827.	377.		1827.	118.

DESTINATIONS.	ANNÉES.	QUANTITÉS.	DESTINATIONS.	ANNÉES.	QUANTITÉS.
		hecto.			hecto.
Guyane étrangère.	1822.		Indes françaises...	1822.	268.
	1823.			1823.	416.
	1824.			1824.	130.
	1825.	»		1825.	520.
	1826.	9.		1826.	361.
	1827.	»		1827.	321.
Chine et Cochinchine.	1822.	69.	Martinique.......	1822.	1,333.
	1823.	»		1823.	1,534.
	1824.	16.		1824.	1,063.
	1825.	40.		1825.	1,841.
	1826.	158		1826.	2,848.
	1827.	267.		1827.	3,738.
Ile Maurice.......	1822.		Guadeloupe.......	1822.	188.
	1823.			1823.	511.
	1824.			1824.	352.
	1825.	332.		1825.	230.
	1826.	357.		1826.	306.
	1827.	769.		1827.	836.
Indes anglaises....	1822.		Guyane française.	1822.	33.
	1823.			1823.	29.
	1824.			1824.	53.
	1825.	1,759.		1825.	36.
	1826.	1,040.		1826.	34.
	1827.	4,431.		1827.	71.
— portugaises..	1822.		Sénégal..........	1822.	1,404.
	1823.			1823.	1,052.
	1824.			1824.	1,812.
	1825.	»		1825.	1,385.
	1826.	»		1826.	2,846.
	1827.	»		1827.	2,228.
— espagnoles...	1822.		Bourbon..........	1822.	1,099.
	1823.			1823.	1,317.
	1824.			1824.	1,759.
	1825.	»		1825.	2,593.
	1826.	»		1826.	3,342.
	1827.	»		1827.	682.
— hollandaises.	1822.		Pêche et sans indication.	1822.	
	1823.			1823.	280.
	1824.			1824.	782.
	1825.	186.		1825.	437.
	1826.	586.		1826.	1,773.
	1827.	238.		1827.	1,504.

VINS.

ANGLETERRE. Droits successivement imposés sur les vins en Angleterre depuis 1814.

Quantités de vins *déclarées pour la consommation intérieure* de la Grande-Bretagne, en 1823 et années suivantes.

SUÈDE..... Droits successivement imposés sur les vins en Suède depuis 1816.

RUSSIE..... Droits successivement imposés sur les vins en Russie depuis 1810.

ÉTATS-UNIS. Droits successivement imposés sur les vins aux États-Unis depuis 1818.

Quantités de vins importées aux États-Unis pendant chacune des années échues le 30 septembre 1822, 1823, 1824, 1825, 1826, 1827.

ANGLETERRE.

DROITS successivement imposés sur les Vins en Angleterre depuis 1814.

	PAR HECTOLITRE.	
	TARIFS de 1814 et 1819	TARIF de 1825.
Du cap de Bonne-Espérance	81f 96c	Jusqu'au 6 janvier 1830.... 66f 04c A partir du 6 janvier 1830.... 82. 56.
Du Portugal	247. 70.	132. 09.
De Madère	250. 30.	132. 09.
D'Allemagne, de Hongrie, Rhin	308. 10.	132. 09.
De France	372. 71.	199. 47.
Autres	247. 70.	132. 09.

Nota. Ces droits sont ceux perçus par navires anglais.

QUANTITÉS de Vins déclarées pour la consommation intérieure *de la Grande-Bretagne en 1823 et années suivantes.*

	1823.	1824.	1825.	1826.	1827.
	Hectolitres.	Hectolitres.	Hectolitres.	Hectolitres.	Hectolitres.
Du Cap de Bonne-Espérance	20,737.	22,193.	25,107.	23,451.	25,613.
Du Portugal et des Açores	109,774.	154,347.	179,516.	120,034.	136,161.
De Madère	14,733.	13,367.	16,819.	12,783.	13,797.
D'Allemagne, Hongrie, Rhin	1,067.	1,214.	4,873.	3,051.	3,470.
De France	9,224.	9,215.	21,713.	15,019.	14,983.
D'Espagne et des Canaries	50,136.	55,968.	81,277.	69,999.	83,186.
Autres	2,989.	3,268.	5,628.	5,956.	6,867.
TOTAL	208,660.	259,572.	334,933.	250,293.	284,077.

SUÈDE.

Droits successivement imposés sur les Vins en Suède depuis 1816.

			PAR HECTOLITRE.			
			TARIF DE 1816.		TARIF de 1824.	TARIF de 1826.
			Régime général.	Dispositions exceptionnelles		
				Nota. Les vins prohibés s'importaient sous permission spéciale, en payant les droits suivans :		
Du cap de Bonne-Espérance	en futailles		Prohibés.	110f 85c	83f 33c	41f 29c
	en bouteilles		*Idem*	41. 29.	165. 13.	83. 33.
De France. Bourgogne.	en futailles	blancs.	*Idem*	44. 72.	34. 78.	41. 29.
		rouges.	*Idem*	44. 72.	41. 66.	41. 29.
	en bouteilles		*Idem*	41. 29.	165. 13.	83. 33.
De France. Champagne	en futailles	blancs.	*Idem*	44. 72.	34. 78.	41. 29.
		rouges.	*Idem*	44. 72.	41. 66.	41. 29.
	en bouteilles		*Idem*	41. 29.	165. 13.	83. 33.
De France. Autres	en futailles	blancs.	44f 72c	″	34. 78.	41. 29.
		rouges.	44. 72.	″	41. 66.	41. 29.
	en bouteilles		41. 29.	″	83. 33.	83. 33.
De Malvoisie et Palme.	en futailles	blancs.	Prohibés.	44. 72.	83. 33.	41. 29.
		rouges.	*Idem*	44. 72.	83. 33.	41. 29.
	en bouteilles		*Idem*	41. 29.	83. 33.	83. 33.
Du Rhin et Moselle	en futailles	blancs.	36. 34.	″	83. 33.	41. 29.
		rouges.	36. 34.	″	83. 33.	41. 29.
	en bouteilles		41. 29.	″	83. 33.	83. 33.
De Tokai	en futailles		Prohibés.	110. 85.	83. 33.	41. 29.
	en bouteilles		*Idem*	41. 29.	165. 13.	83. 33.
D'Espagne, d'Italie, de Portugal	en futailles	blancs.	17. 44.	″	34. 78.	41. 29.
		rouges.	17. 44.	″	41. 66.	41. 29.
	en bouteilles		41. 29.	″	83. 33.	83. 33.
Autres	en futailles	blancs.	17. 44.	″	83. 33.	41. 29.
		rouges.	17. 44.	″	83. 33.	41. 29.
	en bouteilles		41. 29.	″	83. 33.	83. 33.
Nota. Ces droits sont ceux perçus par navires suédois.			*Nota.* 1.° En 1816 tous les vins payaient aux établissemens de charité, en sus des droits ci-dessus, 12 1/2 centimes par bouteille. 2.° En 1816, les vins de France, autres que Champagne et Bourgogne, et tous les vins non spécialement dénommés, importés d'ailleurs que du pays de provenance, payaient, en outre des droits ci-dessus, 40 p. 0/0 du montant de ces droits.		*Nota.* Les bouteilles payaient en outre 30 p. 0/0 de la valeur.	*Nota.* Les vins en bouteille paient en outre pour chaque bouteille 3 cent.

RUSSIE.

DROITS successivement imposés sur les Vins en Russie depuis 1810.

		PAR HECTOLITRE.					
		TARIF de 1810.	TARIF de 1816.	TARIF de 1819.	TARIF de 1821.	TARIF de 1822.	TARIF de 1823.
De France....	en futailles..	169f 30c	42f 32c	42f 32c	63f 48c	63f 48c	74f 07c
	en bouteilles..	169. 30.	127. 18.	127. 18.	203. 26.	203. 26.	De Champagne.. 355. 43. / Autre.. 203. 26.
D'Autriche et de Hongrie	en futailles...	169. 30.	42. 32.	27. 50.	27. 50.	27. 50.	38. 09.
	en bouteilles..	169. 30.	127. 18.	127. 18.	203. 26.	203. 26.	203. 26.
De Chypre...	en futailles...	169. 30.	42. 32.	42. 32.	63. 48.	63. 48.	74. 07.
	en bouteilles..	169. 30.	127. 18.	127. 18.	203. 26.	203. 26.	254. 34.
De Grèce....	en futailles...	84. 65.	15. 87.	15. 87.	31. 76.	27. 50.	38. 09.
	en bouteilles..	84. 65.	15. 87.	127. 18.	203. 26.	203. 26.	203. 26.
De Valachie..	en futailles...	84. 30.	15. 87.	42. 32.	31. 76.	27. 50.	38. 09.
	en bouteilles..	84. 30.	15. 87.	127. 18.	203. 26.	203. 26.	203. 26.
Autres......	en futailles...	169. 30.	42. 32.	42. 32.	63. 48.	63. 48.	74. 07.
	en bouteilles..	169. 30.	127. 18.	127. 18.	203. 26.	203. 26.	203. 26.

Nota. Ces droits sont perçus sur les navires russes et étrangers indistinctement.

ÉTATS-UNIS.

DROITS successivement imposés aux États-Unis depuis 1818.

				PAR HECTOLITRE.		
				TARIF de 1818.	TARIF de 1824.	TARIF DE 1828.
De France	Bourgogne et Champagne	en futailles,	blancs.	140f 82c	140f 82c	21f 12c
			rouges.	140. 82.	140. 82	14. 08.
		en bouteilles		140. 82.	140. 82	42. 24.
	Autres	en futailles,	blancs.	35. 20.	21. 12.	21. 12.
			rouges.	35. 20.	21. 12.	14. 08.
		en bouteilles		98. 57.	42. 24.	42. 24.
D'Allemagne	du Rhin et de Tokai,	en futailles		140. 82.	140. 82.	21. 12.
		en bouteilles		140. 82.	140. 82.	42. 24.
	Autres	en futailles		35. 20.	21. 12.	21. 12.
		en bouteilles		98. 57.	42. 24.	42. 24.
D'Espagne	Xerès, en futailles ou en bouteilles.			84. 49.	84. 49.	70. 41.
	San-Lucar	en futailles,	blancs.	84. 49.	84. 49.	21. 12.
			rouges.	84. 49.	84. 49.	14. 08.
		en bouteilles		84. 49.	84. 49.	42. 24.
	Canaries	en futailles,	blancs.	56. 32.	56. 32.	21. 12.
			rouges.	56. 32.	56. 32.	14. 08.
		en bouteilles		56. 32.	56. 32.	42. 24.
	Autres	en futailles,	blancs.	35. 20.	21. 12.	21. 12.
			rouges.	35. 20.	21. 12.	14. 08.
		en bouteilles		98. 57.	42. 24.	42. 24.
De Portugal	Açores, en futailles ou bouteilles.			56. 32.	56. 32.	42. 24.
	Lisbonne, *idem*			70. 41.	70. 41.	42. 24.
	Madère, *idem*			140. 82.	140. 82.	70. 41.
	Oporto, *idem*			70. 41.	70. 41.	42. 24.
	Autres	en futailles		35. 20.	21. 12.	42. 24.
		en bouteilles		98. 57.	42. 24.	42. 24.
De la Méditerranée,	Sicile	en futailles		70. 41.	21. 12.	42. 24.
		en bouteilles		70. 41.	42. 24.	42. 24.
	Autres	en futailles		35. 20.	21. 12.	21. 12.
		en bouteilles		98. 57.	42. 24.	42. 24.
Autres	en futailles			35. 20.	21. 12.	42. 24.
	en bouteilles			98. 57.	42. 24.	42. 24.

Nota. Ces droits sont ceux perçus par navires américains.

D'après le tarif de 1828, les vins en bouteilles paient en outre pour les bouteilles
contenant 0 lit 946, ou moins, 10f 66c par grosse.
conten.t de 0 lit. 946 à 1 lit. 892, 13f 22c par grosse.

ÉTATS-UNIS.

Quantités de Vins importés aux États-Unis, pendant chacune des années échues le 30 septembre 1822, 1823, 1824, 1825, 1826, 1827.

	1822.	1823.	1824.	1825.	1826.	1827.
	Hectolitres.	Hectolitres.	Hectolitres.	Hectolitres.	Hectolitres.	Hectolitres.
De Bourgogne, Champagne, Rhin ou Tokay..................	211.	309.	138.	380.	683.	680.
De Xérès, et San-Lucar....	1,504.	1,160.	633.	1,825.	1,930.	613.
De Lisbonne, Oporto et autres de Portugal et de Sicile.........	17,737.	4,697.	4,490.	11,897.	10,500.	9,809.
De Madère.....................	4,419	5,226.	4,378.	5,616.	5,588.	4,608.
De Ténériffe, Fayal et autres des îles Occidentales............	16,894.	10,773.	3,479.	7,036.	6,387.	8,269.
De Bordeaux et autres non dénommés en bouteilles................	2,233.	2,795.	7,933.	17,865.	6,570.	6,177.
Autres en futailles.............	72,929.	76,297.	39,484.	75,006.	98,397.	97,598.
TOTAL.............	116,127.	101,257.	60,535.	119,625.	130,055.	127,756.

Nota. Les chiffres ci-dessus représentent les quantités totales importées soit pour la consommation, soit pour la *réexportation*.

PRIX
DES FONTES ET FERS.

TABLEAU des Prix successifs des Fontes et des Fers de 1816 à 1828.

TABLEAU des Prix successifs des Fontes et des Fers,

ÉPOQUES.		FONTE ÉTRANGÈRE,		FER ÉTRANGER,	
		ORDINAIRE. *Prix en Angleterre,* les 1000 kilog.	MAZÉE. *Prix en Angleterre,* les 1000 kilog.	EN BARRES, laminé. *Prix en Angleterre,* les 1000 kilog.	EN BARRES, étiré au marteau. *Prix en Suède,* les 1000 kilog.
1816.......	1.er avril................	"	"	200f 00c	270f
	1.er octobre..............	"	"	200. 00.	270.
1817.......	1.er avril................	125f 00c	218f 00c	225. 00.	270.
	1.er octobre..............	137. 50.	239. 50.	225. 00.	320.
1818.......	1.er avril................	150. 00.	262. 50.	275. 00.	311.
	1.er octobre..............	137. 50.	239. 50.	250. 00.	326.
1819.......	1.er avril................	137. 50.	239. 50.	250. 00.	308.
	1.er octobre..............	125. 00.	218. 00.	225. 00.	300.
1820.......	1.er avril................	125. 00.	218. 00.	225. 00.	284.
	1.er octobre..............	125. 00.	218. 00.	225. 00.	283.
1821.......	1.er avril................	125. 00.	218. 00.	225. 00.	294.
	1.er octobre..............	125. 00.	218. 00.	225. 00.	255.
1822.......	1.er avril................	131. 25.	229. 50.	200. 00.	260.
	1.er octobre..............	118. 75.	207. 25.	187. 50.	246.
1823.......	1.er avril................	112. 50.	196. 50.	175. 00.	239.
	1.er octobre..............	125. 00.	213. 00.	187. 50.	241.
1824.......	1.er avril................	131. 25.	229. 50.	200. 00.	249.
	1.er octobre..............	225. 00.	393. 00.	300. 00.	239.
1825.......	1.er avril................	275. 00.	481. 25.	325. 00.	300.
	1.er octobre..............	225. 00.	393. 00.	250. 00.	318.
1826.......	1.er avril................	162. 50.	284. 00.	212. 50.	310.
	1.er octobre..............	162. 50.	284. 00.	212. 50.	237.
1827.......	1.er avril................	125. 00.	218. 00.	212. 50.	273.
	1.er octobre..............	127. 50.	220. 00.	217. 00.	310.
1828.......	1.er avril................ 1.er octobre..............	114. 00.	200. 00.	177. 00.	325.

Nota. Ce tableau a été fourni au ministère du commerce au mois de novembre 1828, par MM. *Riant* frères, marchands de fer en gros à Paris.

emestre par Semestre, de 1816 à 1828.

FONTE FRANÇAISE,			FER FRANÇAIS,			
				EN BARRES, AU MARTEAU,		
de CHAMPAGNE, 1000 kilog. *Prix sur les lieux.*	de BERRY, les 1000 kilog. *Prix sur les lieux.*	de FRANCHE-COMTÉ, les 1000 kilog. *Prix sur les lieux.*	LAMINÉ, les 50 kilog. *Prix sur les lieux.*	de Champagne, demi-roche, les 50 kilog. *Prix sur les lieux.*	de Berry, les 50 kilog. *Prix sur les lieux.*	de Normandie, les 50 kilog. *Prix sur les lieux.*
140f	180f	195f	″	20f 50c	25f 00c	27f 50c
165.	180.	198.	″	25. 00.	25. 00.	27. 50.
155.	190.	205.	″	23. 00.	26. 25.	27. 50.
155.	200.	205.	″	23. 00.	27. 00.	27. 50.
155.	215.	205.	″	23. 50.	29. 00.	28. 00.
160.	220.	205.	″	24. 00.	31. 50.	29. 00.
160.	220.	210.	″	24. 00.	31. 50.	29. 00.
160.	205.	210.	″	24. 00.	31. 50.	28. 50.
155.	210.	208.	″	23. 00.	31. 50.	28. 00.
155.	200.	212.	″	23. 00.	31. 00.	27. 50.
135.	190.	210.	″	20. 00.	29. 00.	28. 00.
140.	200.	208.	″	20. 50.	28. 00.	27. 00.
145.	203.	211.	25f 00c	22. 00.	27. 50.	26. 50.
160.	205.	211.	25. 00.	24. 00.	28. 50.	27. 50.
165.	208.	212.	26. 50.	24. 50.	29. 00.	27. 50.
165.	208.	212.	26. 50.	24. 75.	29. 00.	28. 00.
140.	212.	215.	25. 25.	21. 25.	29. 00.	28. 00.
155.	215.	218.	23. 50.	23. 00.	29. 50.	28. 00.
165.	230.	230.	24. 50.	24. 50.	30. 00.	28. 50.
170.	260.	290.	30. 00.	25. 75.	32. 50.	30. 50.
150.	265.	300.	25. 50.	22. 50.	33. 50.	30. 50.
150.	260.	270.	24. 00.	22. 50.	34. 00.	31. 00.
155.	260.	223.	23. 00.	22. 50.	32. 00.	30. 50.
180.	220.	220.	22. 00.	25. 00.	30. 00.	30. 00.
160.	200.	200.	20. 00.	23. 50.	28. 00.	28. 00.

ENQUÊTE SUR LES FERS.

Séance du 20 Novembre 1828,

Présidée par le Ministre.

M. Boigues, propriétaire des Mines à fer de Fourchambault, département de la Nièvre, comparaît sur l'appel qui lui a été fait par le Ministre au nom de la Commission.

D. Veuillez dire de quoi se composent vos établissemens ?

R. Nos établissemens se composent de

Dix hauts-fourneaux, dont cinq dans le Cher et cinq dans la Nièvre,

Une finerie ou mazerie,

Dix fours à pulder,

Six fours à réchauffer,

Deux feux de forges au fournay,

Quatre trains de laminoirs,

Une machine à vapeur de la force de soixante chevaux.

D. Comment alimentez-vous vos hauts-fourneaux?

R. Trois, parmi ceux situés dans la Nièvre, exclusivement au charbon de bois, les sept autres, partie avec du charbon de bois, partie avec du coke.

D. Dans quelle proportion employez-vous le coke et le charbon de bois, pour le service de ces sept derniers fourneaux? et l'emploi des deux substances est-il simultané?

R. Le charbon de bois pour un tiers, le coke pour deux tiers;

Mais nous faisons les mises en feu au charbon de bois.

L'emploi pour tout le reste de l'opération est simultané.

D. Quel motif vous porte à alimenter exclusivement trois hauts-fourneaux aux charbon de bois? Est-ce que vous obtenez ainsi une meilleure fabrication de fonte?

R. Oui; nous obtenons ainsi de la fonte plus douce et parfaitement propre au moulage.

D. Quel motif vous porte à employer un tiers de charbon de bois pour le roulement des sept autres fourneaux? l'emploi exclusif du coke ne serait-il pas plus économique?

R. Nous aurions desiré y employer du coke seulement, bien que la distance à parcourir pour nous le procurer ne nous permette pas de l'obtenir à bas prix; mais nous avons reconnu que le mélange d'une certaine proportion de charbon de bois améliorait la qualité de nos fontes.

D. A quelle époque avez-vous commencé à employer du coke?

R. En 1821. Cette époque est celle de la création de l'établissement de Fourchambault, auquel nous avons adjoint les cinq hauts-fourneaux de la Nièvre : ceux-ci datent bien de cent ans.

D. Avez-vous introduit quelque amélioration dans la construction et dans le roulement des hauts-fourneaux anciens?

R. Nous avons élevé la masse de plusieurs de nos hauts-fourneaux; et nous leur avons mis deux thuyères de plus; nous avons introduit le coke dans le travail de deux d'entre eux. C'est aussi une amélioration pour tous d'avoir établi une mazerie dans laquelle peuvent s'épurer les fontes qui en proviennent.

J'ajoute que nous fabriquons, dans le même fourneau, une plus grande quantitté de fonte dans un même laps de temps.

D. Combien payez-vous maintenant la corde de bois sur pied?

R. 5 à 6 francs.

D. Combien la payiez-vous en 1821?

R. 3 fr. à 3 fr. 50 cent.

D. Est-ce le plus bas prix auquel elle se soit vendue depuis quinze ans?

R. Je le crois.

D. De combien de pieds cubes est votre corde?

R. De soixante-quatre pieds cubes.

D. De combien de pieds cubes se compose votre banne de charbon?

R. De soixante-dix pieds cubes, pesant de 450 à 500 kilogrammes.

D. Combien employez-vous de cordes de bois pour produire une banne de charbon?

R. Quatre cordes.

D. A combien évaluez-vous les frais d'abattage, de dressage et de surveillance par corde de bois?

R. A 20 sous par corde.

D. A combien évaluez-vous la cuisson de quatre cordes de bois donnant une banne de charbon, et le transport du charbon aux usines?

R. J'évalue la cuisson de quatre cordes de bois à 3 francs, et le transport d'une banne de charbon aux halles à 6 fr.

D. A combien, d'après ces diverses données, estimez-vous que vous revienne la banne de charbon, le bois étant maintenant de 5 à 6 francs?

R. J'estime que la banne de charbon nous revient de 30 à 33 fr.

D. Quelle est la distance moyenne d'où vous tirez vos bois?

R. Nous les prenons dans un rayon de une à six lieues.

D. Combien employez-vous de bannes de charbon pour produire 1,000 kilogrammes de fonte?

R. Quatre bannes.

D. Quelle est la richesse de vos minerais?

R. Ils nous rendent de 33 à 36 p. 0/0.

D. De quelle distance les tirez-vous?

R. D'un rayon de une à six lieues.

D. Combien vous coûtent 100 kilogrammes de minerai rendu aux usines?

R. Il nous coûte, terme moyen, 1 franc par 100 kilogrammes; il nous coûterait moins cher si l'administration forestière se montrait moins difficile pour en permettre l'exploitation dans les forêts royales et communales.

D. Est-ce au minerai lavé et prêt à mettre au fourneau que vous entendez appliquer ce prix?

R. Oui.

D. Pour quelle somme de minerai consommez-vous pour produire 1,000 kilogrammes de fonte?

R. Cela varie extrêmement. Dans certains fourneaux, nous ne mettons que pour 20 francs de mine pour 1,000 kilogrammes de fonte; dans d'autres pour 30 francs; dans d'autres pour 40 francs, terme moyen 30 francs.

D. Combien employez-vous de castine pour produire 1,000 kilogrammes de fonte?

R. Un kilogramme de castine pour un kilogramme de fonte obtenue.

D. Combien vous coûte-t-elle?

R. 4 francs par 1,000 kilogrammes de fonte, y compris l'enlèvement des laytiers.

D. Combien vous coûte la production de 1,000 kilogrammes de fonte en salaires, en entretien et en réparations de fours?

R. 8 francs pour salaires, 10 francs pour entretien et réparations.

D. Veuillez indiquer l'espèce et le nombre des ouvriers employés à un haut-fourneau, et le salaire mensuel de chacun d'eux?

R. Deux maîtres fondeurs à 60 ou 70 francs par mois;

Deux surveillans à 50 francs;

Six chargeurs, bocqueurs ou laveurs de mine à 40 francs;

En tout dix ouvriers pour un fourneau.

D. Dans les fours où vous produisez la fonte avec mélange d'un tiers de charbon de bois et deux tiers de coke, combien de bannes de charbon et combien de kilogrammes de coke employez-vous pour produire 1,000 kilogrammes de fonte?

R. Environ une banne et demie de charbon de bois et 1,200 kilogrammes de coke.

D. Combien vous coûtent 100 kilogrammes de coke rendus à vos usines?

R. Environ 6 francs.

D. D'où le tirez-vous?

R. De Saint-Étienne.

D. Quelle quantité de fonte produit moyennement par année un de vos hauts-fourneaux?

R. Ceux mus par des machines à vapeur (et nous en avons trois de cette sorte) produisent de 1200 à 1500 mille kilogrammes par an. Les autres, mus par l'eau, produisent, suivant la force du cours d'eau, de 400 à 600 mille kilogrammes.

D. Quelle quantité totale produisez-vous moyennement par année, en fonte propre au moulage?

R. 12 à 1500 mille kilogrammes.

D. En fonte destinée seulement à être convertie en fer?

R. 6 à 7 millions de kilogrammes.

D. Vendez-vous la fonte propre au moulage pour subir ailleurs une seconde fusion?

R. Oui: nous en consommons cependant une faible partie pour notre propre outillage.

D. A combien la vendez-vous maintenant?

R. De 240 à 250 fr. les 1,000 kilogrammes.

D. A quel prix la vendiez-vous les années précédentes?

R. Nous l'avons vendue jusqu'à 350 francs. C'était en 1824. Alors la fonte anglaise s'était élevée à un très-haut prix; et de plus, il s'en fabriquait peu en France de cette qualité.

D. A quelle cause attribuez-vous la baisse survenue dans le prix de cette fonte?

R. A ce que l'avantage des prix a déterminé une certaine concurrence intérieure; résultat inévitable d'une plus grande fabrication.

D. Pensez-vous que vos fontes douces vaillent les belles fontes anglaises?

R. Je le crois.

D. Cependant j'ai lieu de croire que beaucoup de fabricans de machines préfèrent encore tirer leurs fontes d'Angleterre!

R. Je crois qu'ils n'accordent pas une telle préférence aux fontes anglaises sur les bonnes fontes douces de France; mais je crois en même temps que le développement qu'ont pris en France tous les genres de fonderie laisse encore chez nous place à une assez grande importation de fonte anglaise. Je ne doute pas, au reste, que notre fabrication intérieure ne suffise bientôt, en quantité et en qualité, à tous les besoins.

D. Il résulte de vos réponses que vous ne pouvez produire la bonne fonte propre au moulage que dans les fourneaux travaillant au charbon de bois; cependant les Anglais ne produisent leur belle fonte qu'au coke. Pourquoi n'obtenons-nous pas du coke des résultats semblables?

R. Je crois que nous produirons en France, avec le coke seulement, une qualité de fonte propre au moulage égale à la qualité des meilleures fontes anglaises, en employant des machines soufflantes de la force de celles qu'ils y emploient eux-mêmes, et toutefois dans les localités où l'on emploie de très-bon minerai.

D. Pensez-vous que cette pemière condition tende à s'accomplir prochainement chez nous?

R. Je pense qu'on y sera suffisamment excité par le maintien de la protection actuelle, et par la concurrence que cette protection tend à développer chaque jour.

D. Vendez-vous la fonte pour être convertie en fer?

R. Nous vendons pour être convertie en fer une partie de celles de nos fontes produites au bois, que nous n'épurons pas.

D. Cette portion est-elle considérable?

R. Environ 600,000 kilogrammes par an.

D. A combien la vendez-vous maintenant?

R. 210 à 220 francs.

D. A combien l'avez-vous vendue précédemment?

R. 220 à 230 francs.

D. Cette espèce de fonte a donc subi une baisse beaucoup moins forte que celle propre au moulage? quelle en est la raison?

R. Celle propre au moulage ne s'est élevée aussi haut que parce que la concurrence manquait alors, et qu'à la même époque les fontes anglaises étaient très-chères.

D. Est-ce que vous ne vendez aucune partie de vos fontes produites par un mélange de coke et de bois?

R. Non.

D. Est-ce parce que la totalité vous est nécessaire pour votre fabrication de fer?

R. Oui; et aussi parce que les forges à l'ancienne méthode ne voudraient pas les employer.

D. Aquel prix l'estimez-vous dans votre fabrication de fer?

R. A 200 francs; c'est de ce prix que nous créditons nos hauts-fourneaux.

D. A combien estimez-vous la valeur immobilière de chacun de vos hauts-fourneaux, en y comprenant les accessoires faisant partie de l'immeuble par destination?

R. Je ne puis faire exactement cette estimation. Je puis dire cependant que les trois hauts-fourneaux travaillant au bois sont par nous tenus à loyer pour une somme de 20,000 francs, c'est-à dire pour 6 à 7,000 francs chacun. Ce serait ainsi les porter bien haut que de leur supposer une valeur immobilière de 100,000 francs chacun.

D. A combien estimez-vous le fond de roulement nécessaire pour l'exploitation d'un de vos hauts-fourneaux?

R. Au montant de la production d'une année.

D. Entendez-vous dire que, si un fourneau produit pour 100,000 fr. de fonte, il faut que le fonds de roulement soit de 100,000 francs?

R. Précisément.

D. Vous avez déclaré que le bois, qui valait en 1821 3 francs à 3 francs 50 cent. la corde, vaut maintenant de 5 à 6 francs. Cette augmentation de prix n'est-elle par l'effet d'une plus grande demande de la part des maîtres de forges, déterminée elle-même par une augmentation de consommation, et aussi par une grande faveur dans les prix résultans des droits imposés sur les fers étrangers?

R. Je ne crois pas que, dans ma localité du moins, l'augmentation du prix du bois doive être attribuée à une plus grande demande de la part des maîtres de forges. On y a produit plus de fonte, mais aussi on y a employé proportionnellement une moins grande quantité de charbon. Il se peut cependant que la demande des maîtres de forges ne soit pas étrangère à cette augmentation; mais la cause principale en est dans la concurrence que fait aujourd'hui la rivière. Je veux dire qu'autrefois tout le charbon du pays était réservé aux forges, et que maintenant on vient chercher du charbon pour Paris dans l'Allier et dans la Loire; j'estime à cent cinquante bateaux l'enlèvement qui s'en fait annuellement, et tout annonce que cet enlèvement s'accroîtra.

D. La consistance de vos établissemens fait assez connaître que votre principale conversion de la fonte en fer se fait à la houille et par les procédés anglais du pudlage et du laminage. Cependant n'affinez-vous pas encore, pour quelque partie, au bois et suivant les anciennes méthodes?

R. Nous convertissons encore quelques faibles parties de fonte en fer, au bois et suivant les anciennes méthodes, mais notre grande fabrication de fer a lieu à la houille et suivant les procédés anglais.

D. A quelle quantité s'élève annuellement l'ensemble de votre fabrication?

R. Elle est de quatre à cinq millions de kilogrammes.

D. A quels prix vendez-vous aujourd'hui vos fers, et à quels prix les avez-vous vendus précédemment?

R. Jusqu'en 1823 nous n'avons fait que des fers de première qualité; nous les vendions alors, pris à Fourchambault, 57 francs les 100 kilogrammes: vers la fin de 1823, nous commençâmes à livrer au commerce des fers de deuxième qualité. Nous les vendions 50 francs.

En 1825 et en 1826, nous avons vendu la première qualité 60 fr. et la deuxième 53 à 54.

En 1827, la première qualité, 56 francs, et la deuxième 48 francs.

En 1828 nous avons vendu la première qualité 52 à 53 francs, et la deuxième 45 à 46 francs.

D. Pouvez-vous distinguer les circonstances ou les procédés qui déterminent la différence de qualité?

R. J'entends par le fer de première qualité celui qui provient des fontes finées ou mazées, et par fer de deuxième qualité celui qui provient des fontes crues.

D. Faites-vous une différence de qualité entre les fers provenant des fontes produites au charbon de bois et passées ensuite au finage, et les fers provenant des fontes finées produites d'abord au coke?

R. Le commerce y fait une différence à l'avantage des premières; cette différence, quant au prix, est de 20 à 30 francs par 1000 kilogrammes.

D. Combien employez-vous de fonte crue pour produire 1,000 kilogrammes de fonte finée ou fin métal?

R. Environ 1,125 kilogrammes.

D. Combien faut-il de houille pour obtenir, par l'épuration, 1,000 kilogrammes de fin métal?

R. Nous finons au charbon de bois.

D. Combien employez-vous de fonte crue pour produire 1,000 kilogrammes de fer que vous appelez de deuxième qualité?

R. De 1,350 à 1,400 kilogrammes.

D. Combien d'hectolitres de houille consommez-vous pour produire ces 1,000 kilogrammes de fer?

R. Trente hectolitres, savoir :

Seize pour le pudlage,
Neuf pour le réchauffage,
Cinq pour la machine.

D. De Quel poids est l'hectolitre?

R. De 75 à 80 kilogrammes.

D. D'où tirez-vous la houille?

R. De Decize, de Blanzy et de Saint-Étienne.

D. Combien vous coûte, rendu dans vos usines, l'hectolitre de chacune de ces provenances?

R. Le Decize 2 fr., le Blanzy 2 fr., le Saint-Étienne 2 fr. 50 cent. à 3 francs : nous avons payé ce dernier, il y a quelques années jusques à 4 francs.

D. Combien vous coûte-t-il à la mine même?

R. Le Decize 1 franc 25 centimes, le Blanzy 90 centimes, le Saint-Étienne 40 centimes.

D. Dans quelle proportion le tirez-vous de chacune de ces mines?

R. Par tiers à-peu-près. Nous préférerions le Saint-Étienne, dont la qualité est meilleure, mais la distance nous le rend fort cher.

D. Pour combien les droits de navigation entrent-ils dans le prix *de revient* de la houille à vos usines?

R. Pour 50 centimes environ.

D. A quel prix espérez-vous obtenir le charbon de Saint-Étienne, par exemple, par l'effet d'améliorations probables dans les moyens de communication?

R. Nous espérons une réduction du tiers dans les prix de la houille de Saint-Étienne. De plus, les arrivages devenant réguliers et sûrs, notre approvisionnement d'avance, qui s'élève aujourd'hui jusqu'à 200,000 fr., pourra ne pas excéder 20,000 fr.

D. A combien estimez-vous les frais de production de 1,000 kil. de fer en salaires, entretien, réparation et surveillance?

R. De 55 à 60 fr.

D. Entretenez-vous des ouvriers anglais? Et dans quelle proportion?

R. Nous entretenons aujourd'hui vingt ouvriers anglais, savoir: dix pudleurs, dix lamineurs ou machinistes. Nous en avons eu proportionnellement un plus grand nombre; ce nombre décroîtra encore, à mesure que les ouvriers français deviendront plus habiles.

D. Quelle est la différence de salaires pour les uns et les autres?

R. Nous donnons :

Aux pudleurs anglais 13 fr. par 1,000 kilog.;
Aux pudleurs français 9 fr. *idem* ;
Aux lamineurs anglais 7 fr. *idem*;
Aux lamineurs français 5 fr. *idem*;

D. La différence dans les résultats du travail compense-t-elle la différence du prix?

R. Oui; les ouvriers français, ayant moins d'habitude et de dextérité, nous font perdre, en consommation plus grande de combustible, et en plus grand déchet de fonte, au-delà de ce que nous leur donnons de moins.

D. Croyez-vous les ouvriers français propres à obtenir les mêmes qualités?

R. Les ouvriers venus d'Angleterre, ayant été élevés d'enfance dans les forges, ont acquis, en se jouant, une habitude qui leur profite. Quand les enfans d'ouvriers français auront la force de supporter le travail, ils seront aussi bons ouvriers que les anglais. Mais ceux que nous avons appliqués à ces opérations avaient de 22 à 25 ans, quand nous les avons pris.

D. Il faudrait donc une école normale d'ouvriers ?

R. Elle est nécessaire et nous l'avons.

D. A quelle somme estimez-vous la valeur immobilière de vos établissemens de forges, les hauts-fourneaux non compris, mais avec les accessoires faisant partie de l'immeuble par destination ?

R. De 1500 mille francs à 2 millions.

D. A quelle somme estimez-vous le fonds de roulement nécessaire à l'exploitation de ces mêmes établissemens, et toujours les hauts-fourneaux non compris ?

R. A une même somme de 1,500 mille fr. à 2 millions.

D. Pouvez-vous indiquer le montant de vos frais généraux, 1.° pour la production de 1,000 kilogrammes de fonte ; 2.° pour la production de 1,000 kilogr. de fer ?

R. Nous estimons nos frais généraux à 9 fr. par 1,000 kilog. de fonte, et à 10 fr. 50 cent. par 1,000 kilog. de fer, bien entendu que je ne comprends pas dans ces frais l'intérêt des capitaux, soit mobiliers, soit de roulement ; mais seulement ceux de direction, commis, chevaux et attirails de service, frais de bureau, voyages et autres menues dépenses.

D. A combien estimez-vous l'intérêt des capitaux, tant immobiliers que de roulement, appliqués à la production, 1.° de 1,000 kilog. de fonte ; 2.° de 1,000 kilog. de fer ?

R. Nos établissemens appliqués à la fabrication de la fonte représentant, ainsi que je l'ai déjà dit, un capital immobilier d'un million, et une fonds de roulement de 1,5000 mille fr., c'est ainsi, à raison de 6 p. 0/0, une somme de 150 mille fr. à répartir sur 7,500,000 kil. de fonte, fabrication moyenne : soit 20 francs par 1,000 kilog.

Quant aux fer, nos établissemens appliqués à sa fabrication représentant un capital immobilier de 2 millions, et un fonds de roulement de pareille somme, c'est ainsi, au taux de 6 p. 0/0, une somme de 240 mille francs à répartir sur 4,500,000 kilog. de fer, production moyenne : soit 53 fr. environ par 1,000 kilog.

Séance du 22 Novembre,

Présidée par le Ministre.

M. Wilson, administrateur des Usines à fer du Creusot, département de la Côte-d'Or.

D. N'avez-vous pas été l'un des entrepreneurs et le directeur de l'établissement de Charenton, et n'êtes-vous pas maintenant l'un des entrepreneurs et le directeur de l'établissement du Creusot; et réunissez-vous aujourd'hui les deux directions?

R. Je suis administrateur des établissemens de Charenton et du Creusot réunis; je dirige la partie de l'art des deux usines.

D. Est-ce que l'établissement de Charenton est encore en activité? Établissement de Charenton.

R. Il n'est plus en activité que pour l'établissement des machines, et nous comptons, au mois de janvier prochain, transporter cette fabrication au Creusot, où nous avons transporté, depuis un an déjà, tout ce qui constituait à Charenton la fabrication du fer.

D. A quelle époque a été formé l'établissement de Charenton?

R. A la fin de 1822.

D. De quelles usines diverses se composait-il?

R. De quatorze fours à pulder, quatre chaufferies, deux fours à mazer et deux fours pour la tôle; des ateliers nécessaires pour une grande fabrication de machines; plus de cinq machines à vapeur de la force de cent quatorze chevaux en tout.

D. Ainsi vous n'avez jamais fabriqué de fonte à Charenton?

R. Non.

D. Quelles sortes de machines fabriquez-vous?

R. Des machines à vapeur, soit pour l'industrie, soit pour la navigation; des laminoirs, des machines pour la fabrication du tabac, et une foule d'autres.

D. D'où tiriez-vous la fonte, lorsque vous fabriquiez du fer à Charenton?

R. De la Champagne; l'on y ajoutait ce qu'on pouvait recueillir à Paris de vieille fonte et de féraille.

D. Était-ce de la fonte obtenue au charbon de bois ou de la fonte obtenue au coke?

R. C'était de la fonte obtenue au charbon de bois.

D. A quel prix l'avez-vous achetée sur place en 1827, et à quel prix vous revenait-elle dans vos usines?

R. Nous l'avons payée, prise à Saint-Dizier, de 160 à 190 fr. les 1,000 kilog., terme moyen 175 fr.; les frais de transport ont varié de 32 à 36 fr., terme moyen 34 fr.; ainsi, en 1827, la fonte rendue à Charenton revenait à 200 fr.

D. Par quelle voie vous arrivait-elle?

R. Par la Marne.

D. Pour quelle somme entraient les droits de navigation perçus par l'État, dans les frais de transport?

R. Je ne suis pas dans le cas de répondre à cette question.

D. A quel prix l'aviez-vous payée avant 1827?

R. Le prix a peu varié; cependant je crois que nous l'avons payée un peu plus cher en 1825.

D. Préférez-vous, pour une bonne fabrication de fer, la fonte obtenue au charbon de bois à celle obtenue au coke?

R. Je crois que la bonne fonte obtenue au bois donne du fer de meilleure qualité que la fonte obtenue au coke.

D. Épuriez-vous vos fontes avant de les convertir en fer?

R. Non.

D. Quelle quantité de fer fabriquiez-vous par année?

R. A-peu-près 3,600,000 kilog.

D. Cette fabrication s'opérait-elle exclusivement à la houille et par les procédés anglais?

R. Oui.

D. A quelle qualité de fer français, fabriqué au charbon de bois, pensez-vous que corresponde le fer fabriqué à Charenton?

R. Je pense que notre fer marchand est d'une qualité égale aux fers de Champagne dits *Vosges*, et aux fers inférieurs du Berry.

D. Combien avez-vous vendu, en 1827, le fer marchand sur place?

R. 55 à 56 francs.

D. A quel prix l'aviez-vous vendu antérieurement?

R. Nous l'avons vendu jusqu'à 58 francs, mais en petite quantité, et en 1824 le prix n'a guère excédé 48 francs.

D. Combien consommiez-vous de fonte pour produire 1,000 kilogrammes de fer?

R. 1,450 kilogrammes de fonte, par terme moyen, pour les gros fers, les petits fers et la tôle.

D. Je ne parle que du fer marchand, c'est-à-dire du fer en grosses barres; je vous prie d'y appliquer votre réponse?

R. Nous employions 50 kilogrammes de plus pour le petit fer que pour le fer en grosses barres, et à-peu-près 100 kilogrammes de plus pour faire la tôle; ainsi en restreignant la réponse au fer marchand, je dirai qu'il faut 1,400 kilogrammes de fonte pour produire 1,000 kilogrammes de fer.

D. Combien consommiez-vous d'hectolitres de houille pour produire 1,000 kilogrammes de fer marchand?

R. 35 hectolitres.

D. Pour quelle quantité entre, dans ces 35 hectolitres, la consommation de la machine à vapeur?

R. Pour 5 hectolitres.

D. Quel est le poids de l'hectolitre?

R. 80 kilogrammes.

D. A combien vous revenait l'hectolitre de houille rendu à Charenton?

R. Au prix moyen de 4 francs.

D. D'où la tiriez-vous ?

R. De Saint-Étienne, de Décise et du Creusot.

D. Dans quelle proportion?

R. Les trois quarts au moins étaient de Saint-Étienne.

D. Ne l'auriez-vous pas obtenue à meilleur marché en la tirant du Nord ou des Pays-Bas?

R. Je le crois, mais la houille de Saint-Étienne est d'un meilleur usage.

D. A quelle somme s'élevait la main d'œuvre pour la fabrication de 1,000 kilogrammes de fer?

R. A 70 francs.

D. Combien comptiez-vous pour entretien et réparation des fours ?

R. Cette dépense est évaluée à 5 francs.

D. Quel nombre et quelle espèce d'ouvriers entreteniez-vous pour la fabrication du fer? quelle était la proportion des ouvriers anglais et des ouvriers français?

R. Cent vingt-six ouvriers, savoir : vingt-huit pudleurs, six chauffeurs, douze lamineurs, et quatre-vingts servans. La première année de l'établissement, à l'exception des simples manœuvres, tous ces ouvriers étaient anglais. La seconde année, nous avons commencé à employer des pudleurs français qui se sont assez bien formés. Dès 1827, nous employions moitié d'ouvriers français pour le pudlage; mais nous n'avons jamais employé à Charenton des ouvriers français pour le laminage.

D. Pourquoi cela?

R. Parce que ce travail exige une dextérité à laquelle ils ont eu beaucoup de peine à arriver. Cependant, nous employons maintenant au Creusot des lamineurs français.

D. Quels étaient les salaires pour chaque genre de travail, en distinguant ceux alloués aux ouvriers anglais et ceux alloués aux ouvriers français?

R. Les pudleurs anglais gagnaient 14 francs par 1,000 kilogrammes, et les pudleurs français 10 francs.

D. Combien gagnait par jour un pudleur anglais en étant payé à 14 francs pour 1,000 kilogrammes? et combien gagnait par jour un pudleur français en étant payé à 10 francs?

R. Le pudleur anglais peut faire 800 kilogrammes dans sa journée de douze heures; le pudleur français en fait 700. Ainsi le pudleur anglais gagnait 11 francs 20 centimes par jour et le pudleur français 7 francs.

D. Combien gagnait un lamineur anglais?

R. Il était payé à raison de 10 francs par 1,000 kilogrammes de fer; il en produisait 80 mille kilogrammes par semaine. Il recevait ainsi 800 francs par semaine, sur quoi il avait à payer tous les frais de servans et d'aides; j'estime qui lui restait pour son salaire environ 100 francs par semaine.

D. La différence de salaire donnée aux pudleurs anglais était-elle compensée par un bénéfice résultant de plus de travail ou d'un meilleur travail?

R. La compensation n'est pas dans un meilleur travail, mais dans un beaucoup moindre déchet de fonte et dans une beaucoup moindre consommation de combustible; la différence du déchet, par exemple, était d'un douzième : aussi avons-nous perdu 40,000 francs à former des ouvriers français. Aujourd'hui les ouvriers français valent les ouvriers anglais. Aussi, dans notre établissement du Creusot, y a-t-il maintenant parfaite égalité dans le salaire des uns et des autres.

D. Est-ce le salaire des ouvriers français qui s'est élevé au taux des ouvriers anglais, ou le salaire des ouvriers anglais qui est descendu au taux des ouvriers français?

Il y a eu au contraire diminution sur le salaire des ouvriers français eux-mêmes, et les uns et les autres ne gagnent plus que 8 francs pour le pudlage de 1,000 kilogrammes de fer.

D. Y a-t-il eu aussi réduction pour le laminage?

R. Oui, bien que nous continuions à payer 10 francs pour le laminage de 1,000 kilogrammes; mais nous avons mis à la charge du lamineur le travail du chauffeur, et ce travail équivaut à 2 francs par 1,000 kilogrammes de fer.

Établissement du Creusot.

D. A quelle époque votre compagnie a-t-elle commencé ses exploitations au Creusot?

Fonte.

R. Le travail des hauts-fourneaux a commencé dans les premiers jours de 1827, et celui des forges à la fin de la même année.

D. De quelles usines diverses se compose l'établissement du Creuzot?

R. De quatre hauts-fourneaux, dont deux en activité en ce moment, et deux en réparation; de 1[illegible] fours à pudler, six fours à réchauffer, deux fours à mazer et six fours à balai.

D. Vos machines soufflantes sont-elles mues par l'eau ou par la vapeur?

R. Par la vapeur.

D. Quel nombre de machines à vapeur avez-vous et quelle est leur force?

R. Une machine à vapeur pour les hauts-fourneaux de la force de cent chevaux; une de la force de soixante-quinze chevaux et une autre de la force de 16 chevaux pour les forges. Je ne compte pas une douzaine de machines à vapeur employées à extraire la houille et à tirer l'eau.

D. Est-ce au coke que vous fabriquez la fonte?

R. Oui, entièrement au coke.

D. Faites-vous de la fonte propre au moulage?

R. Non, nous ne fabriquons en ce moment que de la fonte pour faire le fer.

D. Avez-vous déjà vendu de ces fontes?

R. Nous n'en avons jamais vendu, nous les employons toutes.

D. A quel prix seriez-vous en état de les établir si vous en vendiez?

R. Les 1,000 kilogrammes nous reviennent à 97 francs 90 cent., les frais généraux non compris.

D. Quelle quantité de fonte produit, année moyenne, chacun de vos hauts-fourneaux?

R. Le roulement de nos hauts-fourneaux varie un peu. J'estime que chacun peut produire 210,000 kilogrammes de fonte par mois.

D. D'où tirez-vous la houille?

R. Nous l'avons sur la place même.

D. Êtes-vous concessionnaires de mines de houille?

R. Oui.

D. A quel prix l'hectolitre de houille vous revient-il rendu dans vos usines?

R. Voici le résultat du roulement de six puits de houille : 30 cent., 28 cent., 21 cent., 19 cent., 27 cent., et 13 cent.; terme moyen 24 cent. 1/3 l'hectolitre. Il y a indépendamment de cela des travaux en dehors du puits qui montent à 16 centimes, de sorte que le prix de la houille au puits s'élève à 40 centimes 1/3 par hectolitre, les frais généraux non compris.

D. L'acquisition de ces houillières compte pour une somme considérable dans le prix de l'établissement du Creuzot, ainsi il faudrait ajouter aux frais d'extraction de la houille l'intérêt du capital engagé. Quel est ce capital?

R. 1,600,000 francs.

D. A combien évaluez-vous l'intérêt de ce capital et les frais généraux que vous n'avez pas compris?

R. A 20 centimes par hectolitre.

D. Et les frais de transport?

R. A 1 centime 1/2.

K

D. Ainsi le prix de l'hectolitre de houille rendu dans l'usine vous représente 62 centimes.

R. Oui, mais non compris le bénéfice réservé aux concessionnaires dans l'exploitation des mines, lequel est estimé à 38 centimes, de sorte que la fabrication de la fonte et du fer est débitée de 1 franc par hectolitre de houille employée.

D. A quel prix livrez-vous la houille au commerce?

R. A 30 sous.

D. La vendez-vous 30 sous sur le carreau, ou à quelle distance?

R. Nous la vendons 30 sous sur le carreau, mais il ne s'agit que d'une faible consommation locale. Nous sommes d'ailleurs obligés, en vertu d'une convention avec les anciens propriétaires, de fournir la houille à la verrerie à 20 sous l'hectolitre.

D. Combien pèse l'hectolitre de houille?

R. 80 kilogrammes.

D. Combien l'hectolitre de houille vous rend-il de kilogrammes de coke?

R. Nous perdons la moitié en poids et le 10.e en volume. L'hectolitre de houille rend 40 kilogrammes de coke.

D. Combien la production de 100 kilogrammes de coke coûte-t-elle?

R. 2 francs 57 centimes 1/2, en comptant la houille à 1 franc l'hectolitre.

D. Le coke se fait-il en plein air ou au four?

R. En plein air.

D. Quelle quantité de coke faut-il pour produire 1,000 kilogrammes de fonte?

R. 50 hectolitres ou 2,000 kilogrammes.

D. Quelle quantité de houille consomment vos machines soufflantes pour produire 1,000 kilogrammes de fonte?

R. 16 kilogrammes.

D. Quel est le rendement de vos minerais?

R. 33 pour 0/0.

D. Pour quelle somme en argent, de minerai rendu à vos usines, consommez-vous pour produire 1,000 kilogrammes de fonte?

R. Pour 35 francs.

D. Quelle est la distance moyenne que vos minerais ont à parcourir pour être livrés à vos usines?

R. Deux lieues à-peu-près.

D. Espérez-vous de quelque amélioration dans les moyens de communication une réduction dans les frais de transport de ces minerais?

R. Nous avons l'intention d'établir un chemin de fer qui diminuerait beaucoup le prix de transport. Nous prévoyons une économie d'un tiers.

D. Dans ce tiers avez-vous compris l'intérêt du capital affecté à la confection du chemin de fer?

R. C'est un tiers net.

D. Trouvez-vous, dans la loi du 21 avril 1810, une protection suffisante pour l'extraction de vos minerais?

R. C'est une question très-grave pour moi, étranger à ce pays; il ne m'appartient pas de m'en expliquer.

D. Pour quelle somme entre le prix de la castine dans la production de 1,000 kilogrammes de fonte?

R. Nos minerais portent la castine, de sorte qu'elle n'entre pas comme élément séparé.

D. Combien dépensez-vous, par 1,000 kilogrammes de fonte, en salaires, en entretien et réparation des fours?

R. 7 francs 30 centimes pour salaires, et 5 francs pour entretien et réparation des fours.

D. A combien estimez vous la valeur immobilière de vos hauts-fourneaux avec les accessoires faisant partie de l'immeuble par destination ?

R. A 100,000 francs ; soit 400,000 francs pour les quatre.

D. Et à combien de fond le roulement pour chacun?

R. A 150,000 francs pour chacun, soit 600,000 francs pour les quatre, non compris le roulement de l'exploitation des houillières.

D. A combien estimez-vous vos frais généraux pour 1,000 kilog. de fonte?

R. A 6 francs pour les frais des hauts-fourneaux déjà détaillés ci-dessus : quant aux frais généraux applicables à l'intérêt du capital immobilier, que j'estime à 400,000 francs, et des fonds de roulement, que j'estime à 600,000 francs, cet intérêt étant de 60,000 francs, et devant être réparti sur une production de 6 millions de kilogrammes pour les quatre hauts-fourneaux, c'est encore 10 francs par 1,000 kilogrammes.

Fer. D. Quelle quantité de fer fabriquez-vous par année?

R. 5 à 6 millions de kilogrammes en ce moment : nous en produirons le double lorsque nos quatre hauts-fourneaux seront en activité, en y comprenant toutefois l'emploi de la fonte que nous continuerons d'acheter.

D. A quelle qualité de fer français fabriqué au charbon de bois, pensez-vous que corresponde le fer fabriqué au Creuzot?

R. Je regarde le fer du Creuzot comme répondant à-peu-près au fer ordinaire du Berry.

D. Combien vendez-vous le fer sur place?

R. Nous l'avons vendu, livré à Paris, à 47 francs les 100 kilogrammes, mais la vente est maintenant presque interrompue.

D. Combien vous coûte le transport du Creuzot à Paris?

R. 4 francs 60 centimes.

D. Savez-vous à quel prix se vendent à Paris les fers du Berry?

R. 55 francs les 100 kilogrammes, je crois; mais je parle de la première qualité.

D. Épurez-vous vos fontes avant de les livrer aux fourneaux à pudler?

R. Ordinairement.

D. Combien consommez-vous de fonte crue pour produire 1,000 kilogrammes de fin métal?

R. Nous employons 1,100 kilogrammes.

D. Combien de coke y employez-vous?

R. De 320 à 340 kilogrammes.

D. Combien mettez-vous de fonte, fin métal, pour produire 1,000 kilogrammes de fer marchand?

R. 1,300 kilogrammes.

D. Combien employez-vous de houille?

R. 40 hectolitres.

D. Vous avez dit que vous n'en consommiez que 35 hectolitres à Charenton?

R. Cela est vrai; mais la houille coûte beaucoup moins au Creuzot, et on ne la ménage pas autant qu'à Charenton.

D. Combien vous coûte la main-d'œuvre pour 1,000 kilogrammes de fer, et combien les frais d'entretien et de réparation des fours?

R. 61 francs pour la main-d'œuvre, y compris 4 francs pour le mazage et 5 francs pour entretien et réparation. Le prix de la main-d'œuvre s'élevait, il y a quatorze mois, pour les ouvriers de Charenton, à 72 francs; je l'ai réduit à 57 francs dans les nouveaux marchés que j'ai passés avec eux.

D. Ce mouvement descendant dans le prix des salaires est-il à son terme, ou bien pensez-vous qu'il doive continuer?

R. J'espère que dans une année nous arriverons à-peu-près au prix de main-d'œuvre en Angleterre, qui est de 50 francs par 1,000 kilogrammes : mais je crois que nous ne descendrons pas plus bas.

D. Cependant la journée du manœuvre n'est guère en France que de 1 franc, tandis qu'elle est en Angleterre de 1 schelling 1/2. Il semble d'après cela que la main-d'œuvre devrait s'élever chez nous à une moindre somme?

R. J'ai toujours remarqué qu'en France les salaires étaient très-bas dans la localité où il n'y avait rien à faire, et qu'ils étaient très-hauts quand le besoin de bras se faisait sentir. Nous éprouvons cela au Creuzot : avant nous, la journée du manœuvre était de 20 sous, et maintenant elle est de 40 sous; il est vrai qu'on est assujetti dans nos forges au travail de nuit, ce qui le rend beaucoup plus pénible.

D. Quel nombre et quelles espèces d'ouvriers entretenez-vous pour la conversion de la fonte en fer?

R. Six mazeurs, trente-six pudleurs, vingt-cinq lamineurs, cinq ou six machinistes, en tout deux cent-cinquante ouvriers, y compris les manœuvres.

D. Avez-vous au Creuzot beaucoup d'ouvriers anglais?

R. Très-peu; à-peu-près un tiers de pudleurs, chauffeurs et lamineurs.

D. Vous nous avez dit, je crois, que les salaires sont maintenant les mêmes pour les ouvriers anglais et pour les ouvriers français?

R. Oui.

D. A quelle somme estimez-vous la valeur immobilière de l'établissement du Creuzot, en ce qui a rapport à la conversion de la fonte en fer?

R. A 1,200,000 francs.

D. Quel est le fonds de roulement que vous croyez nécessaire pour l'exploitation de l'établissement, en ce qui a rapport à la conversion de la fonte en fer?

R. 2 millions.

D. Cela posé, à combien estimez-vous les frais généraux appliqués à la production de 1,000 kilogrammes de fer?

R. A 10 francs pour les frais non détaillés précédemment, et à 32 francs pour l'intérêt à 6 pour 0/0 d'un capital de 3,200,000 francs appliqués à la production de 6 millions de kilogrammes de fer.

D. Quelles raisons avez-vous de ne pas fabriquer de la fonte pour le moulage?

R. La crainte de ne pas la vendre, à cause du préjugé qui existe encore en faveur des fontes anglaises.

D. Voulez-vous dire que vous pourriez faire de la fonte propre au moulage égale en qualité à la fonte anglaise?

R. Oui, nous pourrions très-bien en faire.

D. Pensez-vous que vous puissiez obtenir, avec de la fonte produite au coke et par sa conversion en fer à la houille et au laminoir, du fer égal en qualité aux bons fers de France obtenus entièrement au charbon de bois?

R. Certainement; et la preuve, c'est qu'on fait en Angleterre, au coke et à la houille, du fer d'excellente qualité. On l'obtient en soumettant la fonte et le fer lui-même à plusieurs épurations successives, lesquelles occasionnent, avec plus de déchet, une plus grande dépense de combustible et de main-d'œuvre; aussi ce fer-là se paie-t-il jusqu'à trois livres sterlings par tonneau de plus que le fer courant. En France, il y a encore quelque prévention contre le fer fabriqué à l'anglaise; on veut l'avoir à bon marché, et l'on ne se trouve pas ainsi encouragé à lui donner toutes les façons propres à lui donner une qualité supérieure.

D. Fabriquez-vous au Creuzot toute la fonte que vous convertissez en fer?

R. Non.

D. Quelle quantité en achetez-vous?

R. A-peu-près la moitié.

D. D'où la tirez-vous?

R. De la Nièvre, de Bourgogne et de Champagne.

D. Combien coûte-t-elle rendue chez vous?

R. Le prix le plus bas est de 205 francs les 1,000 kilogrammes, et le plus élevé est de 230 francs.

D. Pour quelle somme les frais de transport entrent-ils dans ces prix?

R. Pour 35 francs, terme moyen.

D. Vous arrive-t-il de mêler ensemble, pour en obtenir du fer, la fonte produite au charbon de bois et la fonte produite au coke?

R. Oui.

D. Quels résultats obtenez-vous de ce mélange?

R. Nous n'employons à Charenton que de la fonte de Champagne. Au Creuzot, nous employons la fonte de Champagne mêlée avec une égale quantité de notre fonte, et nos fers ont plus de réputation que ceux de Charenton.

D. L'employez-vous indifféremment avec votre propre fonte pour donner du fer de la même qualité?

R. Nous l'avons mêlée avec notre propre fonte, et nous l'avons employée sans mélange; nous n'avons pas trouvé de différence dans la qualité.

D. Vous avez dit que vous aviez abandonné votre fabrication de fer [illegible] Charenton pour en transporter tous les élémens au Creuzot. Que[illegible] sont les raisons qui vous ont fait prendre cette détermination?

R. Parce que le charbon de terre coûte au Creuzot le huitième de ce qu'il coûte à Charenton; que nous y faisons la fonte pour moitié moins, et que les salaires y sont moins chers.

D. N'avez-vous pas dit que vous vous proposez de transporter au Creuzot l'établissement de machines de Charenton?

R. Oui.

D. Est-ce parce que vous ne trouvez pas assez de bénéfices à fabriquer à Charenton, ou bien parce qu'une double surveillance vous devient plus difficile?

R. Les commandes pour les grandes machines sont très-peu importantes en France. Nous trouvons que, sous ce rapport, l'établissement de Charenton était monté sur une trop grande échelle.

D. Quel prix vous faut-il obtenir aujourd'hui de votre fer pour garder un bénéfice raisonnable, par exemple de dix pour cent?

R. Aujourd'hui, et en employant seulement la fonte du Creuzot, nous produirions le fer à 32 francs par 100 kilogrammes; mais la moitié de notre fabrication se fait encore avec de la fonte par nous achetée à 205 francs, ce qui ajoute 70 francs par 1,000 kilogrammes au prix ci-dessus indiqué, et porte ainsi notre fabrication actuelle au prix de 390 francs les 1,000 kilogrammes, ou 39 francs par 100 kilogrammes. Il nous faudrait ainsi vendre au prix de 43 francs sur place pour avoir un bénéfice de dix pour cent.

D. Comprenez-vous dans ces prix l'intérêt des capitaux?

R. Oui.

D. Pensez-vous que vous pourrez ultérieurement produire le fer à un prix au-dessous de 32 francs en employant seulement la fonte du Creuzot?

R. Je crois que dans un an nous pourrons produire à 28 francs, y compris l'intérêt de l'argent, le fer fabriqué avec la fonte du Creuzot seulement.

D. Les grands établissemens d'Angleterre vendent le fer sur place de 7 1/2 à 8 livres sterlings le tonneau, c'est-à-dire de 18 à 20 francs les 100 kilogrammes. Pourriez-vous indiquer, avec quelques détails, les raisons de cette différence, en considérant le prix de la houille, celui des salaires, la dissemblance des gisemens minéraux, celle des procédés, l'importance relative des établissemens, l'étendue des capitaux, l'intérêt de l'argent?

R. La différence consiste surtout dans la grande quantité de fer fabriqué dans chaque usine en Angleterre. Il y a dans le pays de Galles des usines où l'on fabrique quatre, cinq et six fois plus que dans les usines les plus importantes de France; de plus, en Angleterre, les usines ont à leur portée, et dans des gisemens très-rapprochés, la houille et le minerai. En France, il n'existe encore que bien peu d'établissemens où l'un et l'autre agent se trouvent réunis; le plus grand nombre de ceux qui travaillent à l'anglaise sont encore obligés de tirer de loin, et à grands frais, les uns le minerai, les autres la houille, les autres la fonte elle-même; mais plusieurs grandes entreprises sont projetées dans des localités où l'on ne peut guère douter que la houille et le minerai ne se trouvent en abondance; alors il ne manquera à ces établissemens que des communications plus faciles et moins chères pour transporter leurs produits aux lieux de consommation. De telles communications existent depuis long-temps en Angleterre; cet avantage, celui d'usines formées sur une aussi grande échelle, pourra manquer encore long-temps à la France : à cela près, je crois que la France doit arriver à produire le fer à aussi bon marché que l'Angleterre, car elle n'est pas moins riche en houille, et elle abonde en minerai de meilleure qualité.

D. A quelle époque pensez-vous qu'on puisse espérer d'obtenir le fer en France au prix que semblerait promettre l'exposé que vous venez de faire, ce prix devant d'ailleurs, d'après votre opinion, rester long-temps encore au-dessus des prix de l'Angleterre?

R. Cela dépendra de la promptitude avec laquelle de nouveaux établissemens se formeront dans des localités favorables. Je crois que la diminution sera progressive, mais qu'elle ne sera très-notable que dans huit à dix ans.

D. Cependant vous nous avez dit que vous espériez bientôt produire le fer à 28 francs, ce qui vous permettrait, ce semble, de le vendre à 32 ou 33 francs; le tenir encore long-temps de 40 à 45 fr., qui est son prix actuel, ce serait faire, au détriment du consommateur, un bénéfice très-exagéré sans doute, à la faveur de l'insuffisance de la concurrence intérieure. Dans un tel état de choses, ne peut-on pas dire qu'il y aurait utilité à appeler une certaine concurrence extérieure par quelque réduction de droits sur le fer étranger?

R. Veuillez remarquer que j'ai parlé de l'établissement du Creuzot, que je considère comme étant maintenant dans un cas d'exception, à cause des avantages de sa situation. Je crois que cet établissement aurait peu à souffrir d'une réduction modérée, telle par exemple que 5 francs par 100 kilogrammes; mais je crois que cette réduction serait funeste à un grand nombre d'autres établissemens.

D. Vous pensez donc qu'il serait impossible à ces établissemens de réduire de 5 francs leurs prix actuels? Car enfin, s'ils opéraient une telle réduction seulement sur leurs produits, ils se retrouveraient, relativement aux fers étrangers, dans la même position où ils sont aujourd'hui?

R. Je crois que le plus grand nombre ne le pourrait pas; cependant je dois dire que l'instabilité porte un grand dommage à cette industrie; par exemple, il est de fait que la crainte de voir, d'une année à l'autre, un changement dans le tarif des fers, restreint beaucoup la masse des capitaux qu'on serait disposé à y engager; et en considérant les effets de cette inquiétude, tant sur les établissemens déjà existans que sur ceux que l'on songe à former, je ne sais si tous ne devraient pas préférer de subir la réduction dont j'ai parlé, dans le cas où la même loi assurerait une longue durée, quinze à vingt ans par exemple, à la portion de droit qui aurait été maintenue.

D. Pensez-vous qu'une telle disposition législative fût propre à favoriser l'établissement de nouvelles usines travaillant au coke et à la houille?

R. J'en suis persuadé.

D. Ce que vous pensez d'une réduction de 5 francs, le penseriez-vous d'une réduction de 10 francs?

R. Non, du moins quant à présent; plus tard, ce sera chose indifférente, car je suis persuadé qu'avant dix années, la France produira le fer à assez bon marché pour n'avoir plus besoin que d'une faible protection contre le fer étranger.

D. Dans les réponses que vous venez de faire, avez-vous en vue tout-à-la-fois les forges travaillant au coke et à la houille, et celles travaillant exclusivement au charbon de bois, ou bien seulement les premières ?

R. Je n'ai eu en vue dans mes réponses que les forges travaillant au coke et à la houille ; je suis persuadé que celles-ci sont destinées à porter en peu d'années un grand préjudice à celles qui n'emploient que le charbon de bois, à moins cependant que le bois ne subisse une diminution de prix considérable, et c'est pour cela surtout que je pense qu'il serait plus juste de maintenir franchement le droit de 25 francs.

D. Ne pensez-vous pas que ces usines pourraient se préserver de ce préjudice en n'employant le bois qu'à la fabrication de la fonte, et convertissant la fonte en fer au moyen de la houille ?

R. Cela arrive déjà ; mais cela ne peut se faire utilement que dans les localités peu éloignées des grandes exploitations de houille.

Séance du 25 Novembre 1828,

Présidée par le Ministre.

M. Boigues comparaît de nouveau.

D. La fonte fabriquée avec un même minerai, d'une part au coke, d'autre part au charbon de bois, donne-t-elle, convertie en fer, une qualité égale ?

R. Le fer obtenu avec de la fonte fabriquée au charbon de bois est le meilleur.

D. Est-ce comme fabricant que vous regardez comme de meilleure qualité le fer provenant de la fonte fabriquée au charbon de bois, ou comme marchand, parce qu'il se vendrait davantage ?

R. Sous l'un et l'autre rapport. Il a une qualité supérieure, et il est plus estimé dans le commerce.

D. La différence est-elle telle qu'elle amène une différence notable dans le prix du fer marchand ?

R. Je crois qu'il y a une différence de 20 à 30 francs par 1,000 kilogrammes.

D. Cette différence de qualité disparaît-elle si la fonte traitée au coke est épurée avant d'être convertie en fer?

R. Je crois qu'elle disparaît en partie, mais que les fontes obtenues au bois conservent cependant quelque supériorité.

D. Quelle est la différence entre les fontes noires, grises et blanches?

R. La différence consiste dans la proportion du carbone. La noire est surcarbonée au plus haut degré par une plus grande proportion de coke ou de bois, avec une moins grande quantité de minerai mise en fourneau. La grise est aussi surcarbonée, mais moins que la noire. La blanche est la moins carbonée.

D. Peut-on en France, comme en Angleterre, produire à volonté, avec le même minerai, des fontes noires, grises ou blanches?

R. Comme il dépend du maître de forges de régler la proportion des matières qu'il met en fusion, il peut en France, comme en Angleterre, surcarboner la fonte à tous les degrés, et par conséquent produire à volonté des fontes noires, grises ou blanches.

D. Quel effet, dans votre opinion, produirait, 1.° sur les usines qui fabriquent la fonte et le fer au charbon de bois, 2.° sur celles qui fabriquent au coke et à la houille, une réduction modérée des droits sur les fontes et les fers d'origine étrangère?

R. Dans mon opinion, une réduction actuelle, ne fût-elle que de 5 francs par 100 kilogrammes, comme on en a parlé, et lors même que le droit de 20 francs, restant, obtiendrait en même temps de la loi, comme on l'a dit encore, une certaine durée, ferait tomber dans un grand nombre de localités, et certainement dans le Berry et dans le Nivernais, les usines qui fabriquent la fonte et le fer au charbon de bois, à moins, toutefois, que le bois ne subît une réduction notable.

D. Ne pensez-vous pas que le prix du bois se proportionnerait nécessairement au prix auquel les maîtres de forges se trouveraient obligés d'abaisser leurs fers?

R. Cela est au moins douteux; et cela n'arriverait certainement pas dans les localités où le bois n'a point les forges pour destination nécessaire.

D. Parlez-vous, en raisonnant ainsi, du prix auquel les fers se vendent maintenant, ou de celui auquel ils se sont vendus dans les années précédentes?

R. Je parle des prix actuels.

D. Mais la baisse qui s'est produite, et que l'on peut croire encore laisser aux maîtres de forges un bénéfice suffisant, n'a-t-elle pas été surtout déterminée par la crainte d'une réduction de droits sur les fers étrangers, et ne doit-on pas présumer que les prix s'élèveront de nouveau au-delà du taux indispensable au producteur, si ces droits sont maintenus dans leur intégrité?

R. L'inquiétude d'un changement dans le tarif a sans aucun doute arrêté la vente. Mais la baisse s'était prononcée bien auparavant; et je suis persuadé que le maintien du tarif n'empêchera nullement le prix des fers de se tenir à un taux qui restreigne le producteur dans les limites du bénéfice indispensable pour que la production continue.

D. Quelle est votre opinion sur le résultat que pourrait avoir la réduction du droit de 20 francs, par rapport aux usines qui fabriquent au coke et à la houille?

R. Je sais que ces usines sont dans une position plus favorable, surtout quant à leur avenir, mais je crois que cette réduction de droit leur causerait un grand préjudice. Je suis persuadé surtout qu'elle arrêterait immédiatement tous les capitaux qui tendent à se diriger vers ce genre d'exploitation.

D. La protection actuelle doit-elle, dans votre opinion, amener, dans un délai non très-éloigné, un grand développement de la fabrication de la fonte et du fer en France par le coke et par la houille; et ce développement lui-même vous semble-t-il devoir amener une notable diminution dans le prix de la fonte et du fer?

R. Je le crois. Dans mon opinion, la fabrication au coke et à la houille peut seule amener et amènera infailliblement pour la France le double avantage de s'approvisionner en fer par son propre travail, et de l'obtenir à des prix raisonnables. Or, je pense qu'une protection large et ferme est indispensable pour assurer le prompt développement de cette fabrication. Il y faut de grands capitaux, et les grands capitaux ne se portent que là où ils aperçoivent, pour un temps au moins, des bénéfices de quelqu'importance. Offrez franchement l'appât de ces bénéfices, et reposez-vous sur la concurrence du soin de les réduire et de faire la baisse des prix.

D. La production croîtra sans doute, mais la consommation va aussi s'accroissant. Et ne peut-on pas craindre que la demande augmentant avec la production, les effets de la concurrence ne se fassent trop attendre?

R. Il a pu en être ainsi, lorsque la fabrication au coke et à la houille ne faisait que de naître, mais tout manifeste qu'elle prend, ou va prendre une marche très-rapide. Et d'ailleurs, on ne peut se dissimuler que le ralentissement des constructions, surtout à Paris, n'ait beaucoup atténué le mouvement d'ascension de la consommation des fers.

D. Une protection trop élevée ne peut-elle pas déterminer la formation d'établissemens qui, placés dans une position peu avantageuse, fabriqueraient nécessairement le fer à un prix trop élevé et qui auraient besoin indéfiniment de cette protection?

R. Cela s'est vu sans doute, mais je crois que cela n'est plus à craindre. Chacun aujourd'hui est tellement averti de la nécessité de se placer dans une position où il puisse soutenir la concurrence, qu'on n'ira plus choisir un mauvais emplacement.

D. Est-il bien constant que les espérances que vous exprimez ne pourraient pas se réaliser à l'abri d'une protection de 20 fr., surtout si la loi lui assignait une certaine durée?

R. Je ne le crois pas. D'abord l'effet moral que produirait une réduction quelconque découragerait tous les établissemens qui se préparent. Et quant à ceux existans, dont plusieurs sont encore mal assurés, par suite des fautes et des erreurs inséparables de tout commencement industriel, la mévente qui résulterait pour eux de l'importation des fers anglais paralyserait les efforts qu'ils font maintenant pour améliorer leur position.

D. Vous supposez qu'une réduction de 5 fr. suffirait pour déterminer une notable introduction des fers anglais. Cependant il n'en entrait pas, ou il n'en entrait que fort peu, lorsque le prix des nôtres était plus cher qu'il ne l'est maintenant. Il serait très-naturel de croire qu'une réduction de droit de 5 francs ne suffirait pas pour leur livrer notre consommation?

R. Elle suffirait pour leur livrer la consommation de nos ports et du voisinage de nos côtes. En effet, les fers anglais, au prix où ils sont maintenant en Angleterre, chargés seulement d'un droit de 20 francs, pourraient se vendre dans nos ports à 44 francs, prix auquel il ne serait pas permis à nos forges d'y faire arriver leurs produits, chargés des frais de transport.

D. Quelle est votre opinion sur la durée nécessaire de la protection dont vous réclamez le maintien?

R. Je ne puis l'assigner exactement : mais il est certain que ses effets n'arrêteront pas ceux de la concurrence, c'est-à-dire que, malgré cette protection quelle que soit la durée, ou plutôt à cause de cette protection, il se développera une concurrence qui fera baisser les prix.

D. A quel prix pensez-vous qu'on puisse obtenir les fers en France dans un délai déterminé?

R. Je crains que dans nos usines du Berry et du Nivernais, par exemple, et dans l'état actuel des communications, le fer ne puisse d'ici à quatre ou cinq ans, s'obtenir au-dessous de 40 fr. les 100 kilog.; mais je crois qu'il pourra descendre à 35 et même à 34 francs, par suite des améliorations déjà commencées dans ces communications.

J'ajoute que certainement on l'obtiendra à meilleur marché encore dans certaines localités plus favorisées que la nôtre, par le voisinage de la houille et son rapprochement avec le minerai.

D. Vous avez dit que vous regarderiez comme un grand dommage, et pour la fabrication au charbon de bois et pour la fabrication à la houille, une réduction actuelle du droit, alors même qu'elle serait compensée par le maintien du droit pendant un certain nombre d'années. Avez-vous la même opinion d'une mesure législative qui aurait pour objet d'établir une certaine décroissance annuelle du droit à partir d'une époque donnée. Et, par exemple, si l'on disait : dans deux ans, dans trois ans, le droit de 25 francs commencera à décroître de 1 ou de 2 francs par an, jusqu'à un taux déterminé?

R. Une telle mesure arrêterait l'élan de la fabrication nouvelle et inquiéterait encore davantage les maîtres de forges qui travaillent d'après l'ancienne méthode. D'ailleurs dans le système d'une progression décroissante, les marchands escompteraient la baisse du droit, c'est-à-dire qu'ils attendraient le renouvellement d'année pour faire leurs achats et laisseraient la perte aux producteurs.

D. Préférez-vous l'inquiétude inséparable de l'état actuel des choses, c'est-à-dire d'une protection annuellement contestée, à une réduction de 5 francs sur les droits qui resteraient ainsi fixés pour un temps déterminé?

R. Cette inquiétude ne me paraît pas équivaloir dans ses inconvéniens à une réduction de 5 francs qui tuerait immédiatement les forges allant au charbon de bois. Elles doivent préférer la crainte de la mort à la mort même. D'ailleurs les maîtres de forges sont un peu rassurés en pensant que la réduction du droit ne peut avoir lieu tant que l'on considérera l'intérêt général du pays.

D. Le développement de la nouvelle fabrication sur lequel vous comptez étant arrivé, croyez-vous que la fonte et le fer fabriqués au charbon de bois, puissent soutenir la concurrence avec la fonte et le fer fabriqués au coke et à la houille?

R. Je crains que non, pour le plus grand emploi des fers ordinaires; mais, pour les fers de très-bonne qualité et semblables aux fers de Suède et de Russie, il faudra toujours des fontes et des fers fabriqués au charbon de bois, auxquels, eu égard à cette supériorité de qualité, le consommateur consentira à mettre le prix.

D. Ainsi, la protection puissante accordée à la fabrication de la fonte et du fer par le coke et la houille tend, selon vous, comme résultat final, à précipiter l'époque où la fonte et le fer fabriqués au charbon de bois trouveront un écoulement très-difficile?

R. Je le crois.

D. Quel sera alors, dans votre opinion, le sort des usines travaillant au charbon de bois? Pensez-vous que de l'obligation où se trouveront ces usines de vendre à meilleur marché, sous peine de ne pas vendre du tout, résultera une diminution relative dans le prix des bois? Ou bien pensez-vous que d'autres causes, telles que des consommations plus étendues pour les usages civils ou pour de nouveaux besoins industriels, venant à soutenir le prix des bois, il pourra ne pas dépendre des maîtres de forges de les obtenir à des prix qui leur permettent de continuer à produire?

R. Je crois que, dans toutes les localités où les communications sont ou deviendraient faciles par les rivières et les canaux, il ne dépendra pas des maîtres de forges de faire baisser les prix des bois, et que ces forges devront être successivement abandonnées, à moins que de nouvelles combinaisons ne leur permettent de diminuer beaucoup l'emploi du bois par l'emploi de la houille; mais dans d'autres localités où le bois n'a pas d'autre emploi que la fabrication de la fonte et du fer, comme par exemple dans le département de l'Allier, on pourra continuer à fabriquer des fers spéciaux, pour certains usages auxquels les fers au charbon de terre ne sont pas également propres.

D. Comment se fait-il que les maîtres de forges au charbon de bois tiennent tant au maintien d'une protection qui doit nécessairement amener leur ruine?

R. Parce qu'ils aiment mieux vivre un peu plus long-temps que d'être tués de suite.

Séance du 25 Novembre,

Présidée par le Ministre.

M. Riant, marchand de fer en gros à Paris.

D. Quelles sont les usines françaises dans lesquelles vous vous approvisionnez pour votre commerce de fer?

R. Nous tirons principalement nos approvisionnemens des forges de la Champagne par la voie de Saint-Dizié et Joinville. Nous recevons aussi, mais en moindre quantité, des fers de la Meuse, de la Moselle, et de la Bourgogne. Nous en tirons fort peu de la Nièvre et du Berry, aucuns de la Franche-Comté ni de la Normandie. Nous tenons depuis très-peu de temps le dépôt des fers du Creuzot.

D. Quel est le prix auquel vous vendez actuellement à Paris le fer de Champagne?

R. Le fer de champagne se vend ainsi qu'il suit: celui de première qualité, dit *fer-roche*, 56 francs les 100 kilogrammes; celui de deuxième qualité, dit *fer Vosges*, 54 francs; celui de troisième qualité, dit *demi-roche*, 52 francs lorsqu'il est affiné au charbon de bois, et 50 francs lorsqu'il est affiné à la houille.

D. A quel prix se vend actuellement le fer de Bourgogne fabriqué au charbon de bois?

R. Au même prix que le fer Vosges, 54 francs.

D. Et le fer de Bourgogne fabriqué au coke et à la houille?

R. 46 et 47 francs; ce sont des fers du Creuzot.

D. Les fers du Creuzot affinés à la houille proviennent-ils de fonte au charbon de bois, ou de fonte au coke?

R. Ces fers se fabriquent au Creuzot avec l'une et l'autre fonte; mais les propriétaires n'ont attaché aucune différence de prix à cette différence de qualité de la fonte employée.

D. Les divers prix que vous venez d'indiquer sont-ils ceux de la vente à terme ou de la vente au comptant?

R. Nous vendons à six mois de terme, et lorsque nous vendons au comptant nous bonifions 3 p. 0/0 d'escompte.

D. Obtenez-vous dans les usines un sur-poids sur la quantité de fer que vous achetez?

R. Nous obtenons ce sur-poids dans les usines de Champagne; il est de 4 kilogrammes sur 100. C'est ce que nous appelons le poids de forge.

D. Pour quelle part les frais de transport des usines à Paris entrent-ils dans les divers prix que vous venez d'indiquer?

R. Les fers roche de Champagne paient, pour leur transport de Joinville à Paris, de 2 francs 50 centimes à 3 francs par 100 kilogrammes. Les fers demi-roche paient 2 francs pour le transport de Saint-Dizié à Paris.

D. Combien se vend sur place le fer roche de Champagne?

R. 51 francs les 104 kilogrammes.

D. Le fer Vosges?

R. 49 francs les 104 kilogrammes.

D. Le fer demi-roche?

R. 48 francs d'après l'ancienne méthode, et 46 francs d'après le procédé anglais, les 104 kilogrammes.

D. Les fers de Bourgogne?

R. 46 francs les 100 kilogrammes.

D. Les fers du Creuzot?

R. 30 francs les 100 kilogrammes.

D. Veuillez nous dire maintenant à quels prix se vendaient à Paris, en 1821, ces mêmes espèces de fer?

R. Le fer roche, en 1821, se vendait 51 francs 50 centimes les 100 kilogrammes;

Le fer Vosges, 48 francs les 100 kilogrammes;

Le fer demi-roche, 46 francs;

Le fer de Bourgogne, 50 francs.

D. Quels étaient les prix en 1824?

R. En 1824, le fer roche se vendait 52 francs les 100 kilogr.;
Le fer Vosges, 50 francs;
Demi-roche, 47 francs;
Le fer de Bourgogne, 50 francs;
Le fer laminé, 55 francs.

D. Quels ont été les prix en 1827?

R. Le fer roche, 58 francs les 100 kilogrammes;
Le fer Vosges, 53 francs;
Le fer demi-roche, 52 francs;
Le fer de Bourgogne, 53 francs;
Le fer laminé, 50 francs.

D. Combien les achetiez-vous sur place?

R. Les fers roche, en 1821, 45 francs les 104 kilogrammes,
En 1824, 40 francs;
1827, 52 francs.

Les fers de Bourgogne au charbon de bois,
En 1821, 48 francs les 100 kilogrammes;
1824, 48 francs;
1827, 51 francs.

D. La baisse actuelle vous paraît-elle de nature à se maintenir ou même à s'étendre?

R. La baisse, selon moi, se maintiendra et deviendra progressivent plus prononcée.

D. Sur quels motifs fondez-vous cette prévision?

R. Sur l'extension que prend et que prendra chaque jour davantage la fabrication de la fonte et du fer au coke et à la houille; extension dont la tendance est bien remarquable, puisque déjà, en Champagne même où le bois n'est pas rare et où la houille est chère, on a introduit l'affinage à la houille de la fonte produite au charbon de bois.

D. Le fer fabriqué d'après les nouvelles méthodes est-il employé concurremment avec les fers au bois dont la qualité offre le plus d'analogie avec la sienne, et, par exemple, avec le fer de Champagne ?

R. A Paris, et dans quelques grandes villes, les consommateurs plus éclairés ne font aucune différence entre les uns et les autres, si ce n'est pour un faible nombre d'usages dans lesquels le fer au bois est encore préféré; mais il n'en est pas de même dans les départemens, où l'on préfère encore généralement les fers fabriqués à l'ancienne méthode.

D. La différence que vous avez indiquée entre le prix de vente des fers à la houille et le prix de vente des fers au bois d'espèce analogue, provient-elle de ce que les premiers sont de qualité inférieure, ou bien doit-elle être seulement attribuée à une prévention défavorable ?

R. Dans cette différence, il y une part notable à faire au préjugé.

D. Les fers du Creuzot à la houille sont-ils d'une qualité parfaitement égale à celle des fers anglais?

R. Parfaitement égale; je suis même d'avis que les fers du Creuzot sont meilleurs.

D. Les forges françaises ont-elles en ce moment des approvisionnemens considérables, ou bien faut-il croire que la vente y suit de près la fabrication ?

R. Je crois qu'à aucune époque la vente ne suit de très-près la fabrication. J'ajoute que dans ce moment il doit exister d'assez grands approvisionnemens dans les forges, les marchands de Paris en général n'ayant fait que de faibles achats depuis un an.

D. Y a-t-il encombrement dans les magasins de Paris?

R. La circonscription des marchands de Paris dans leurs achats de cette année a prévenu l'encombrement.

D. Vous avez probablement connaissance du prix de revient des fers sur les points du Royaume où vous achetez. Pensez-vous que les prix auxquels ils sont vendus sur place faissent aux maîtres de forges un bénéfice très-élevé? Pourriez-vous évaluer approximativement ce bénéfice?

R. Je ne suis pas en mesure de répondre positivement à cette question. Ce que je sais, c'est que, depuis deux ans environ, les maîtres de forges se plaignent vivement du haut prix du bois, et ce prix est tel en effet que je serais surpris que les bénéfices excédassent 8 à 12 pour cent, y compris l'intérêt des capitaux.

D. A combien estimez-vous ce même bénéfice pour le fer fabriqué au coke et à la houille?

R. Je crois qu'il peut s'élever de 15 à 18 pour cent et même jusqu'à 20 pour cent, si l'on tient compte seulement des prix de revient actuels, et sans égard aux pertes qu'on a pu faire dans de premiers essais.

D. Dans le cas où le droit sur les fers étrangers éprouverait une réduction modérée, et par exemple de 5 francs sur 25, pensez-vous qu'une telle réduction donnerait lieu à un grand accroissement dans l'importation des fers anglais?

R. Je pense qu'il y aurait un notable surcroît d'importation pour l'approvisionnement du littoral.

D. Ne pensez-vous pas qu'il fût possible aux fabricans de fer d'abaisser leurs prix de vente proportionnellement à la réduction du droit, de telle sorte qu'il n'y eût rien de changé dans les conditions de la concurrence sur le marché français entre nos fers et ceux de l'étranger?

R. Je ne pense pas qu'un tel abaissement du prix de vente fût possible aux établissemens actuellement existans, surtout à ceux qui fabriquent d'après les anciennes méthodes.

D. Quel pensez-vous que serait sur nos usines à fer, soit au charbon de bois, soit au coke et à la houille, l'effet d'une modification de droit, telle, par exemple, que le dixième de notre consommation, qui est évaluée de 140 à 150 millions de kilogrammes, vînt à être alimenté par l'importation du dehors?

R. Un tel résultat serait, selon moi, désastreux pour l'un et l'autre mode de fabrication; et lors même que la réduction du droit ne serait pas assez forte pour amener une importation relativement aussi considérable, je redouterais beaucoup pour l'avenir de notre industrie l'effet moral que produirait ce premier pas vers un changement de système. Le moment serait d'ailleurs mal choisi, les deux dernières années ayant été fort mauvaises.

D. Croyez-vous que la production des fers dans le royaume soit en rapport avec les besoins de notre consommation?

R. La somme des produits fabriqués me paraît dépasser un peu celle que réclame la consommation, j'ai reconnu que depuis deux ans notre production s'est accrue d'un cinquième, et elle tend à s'accroître bien davantage.

D. Est-ce que, dans votre opinion, l'accroissement de production n'a pas été compensé par l'accroissement de la consommation?

R. Il a pu l'être jusqu'à présent, mais la fabrication tend à excéder dans une proportion notable la limite de nos besoins actuels.

D. Je ne vous ai parlé jusqu'ici du tarif que dans ses rapports avec le fer fabriqué à la houille et au laminoir, et vous savez que le fer travaillé au chabon de bois, tel que celui du nord, ne paie que 15 francs; vous savez aussi, sans doute, qu'il en est maintenant importé en France cinq à six millions de kilogrammes par an. Pensez-vous qu'il serait desirable, pour certaines industries, qu'il en fût importé une plus grande quantité?

R. La quantité de fers de Suède qui s'importent en France suffit et au-delà aux besoins de nos fabriques d'acier et de limes, les seules à qui ils puissent être encore nécessaires.

D. A quel prix vendez-vous maintenant le fer de Suède, chargé du droit de 15 francs?

R. Son prix moyen, à Paris, est de 54 francs; il est dans nos ports à 56 francs. Cette infériorité du prix à Paris s'explique par le peu d'emploi que la capitale et ses environs offrent au fer de Suède, et par cette circonstance que ce même fer n'arrive sur la place qu'à la suite de fausses spéculations.

D. Quelle est l'espèce de fer français qui répond le plus exactement à la qualité du fer de Suède?

R. Nous n'avons pas l'exact équivalent de ce fer. Cependant le fer des Pyrénées-Orientales est celui qui en approche le plus.

D. Combien se vend à Paris le fer des Pyrénées-Orientales?

R. Il n'y est venu jusqu'à ce jour qu'accidentellement, et il n'a pas cours sur la place.

D. N'y a-t-il pas une qualité de fer du Berry qui approche également de celle du fer de Suède, et qui soit propre à la fabrication de l'acier?

R. Aucun fer de Berry ne peut remplacer parfaitement le fer de Suède pour la fabrication de l'acier; du moins il ne pourrait produire que des aciers inférieurs à ceux de l'Angleterre.

D. Vendez-vous de la fonte française propre au moulage?

R. Nous n'en vendons pas en ce moment, mais nous en avons vendu antérieurement à 1822.

D. D'où tiriez-vous cette fonte française?

R. De la Franche-Comté et du Berry, mais principalement de la Franche-Comté.

D. A quel prix la vendiez-vous?

R. 30 francs les 100 kilogrammes.

D. Vendez-vous de la fonte anglaise propre au moulage?

R. Nous en avons vendu jusqu'en 1822, époque où, le droit étant doublé, nous avons dû y renoncer.

D. A quel prix la vendiez-vous?

R. Nous la vendions 26 fr. les 100 kilogrammes.

D. A quel prix vendiez-vous la fonte française à cette même époque, c'est-à-dire avant 1822?

R. Nous n'en vendions pas. A cette époque, la fonte anglaise absorbait toute notre consommation.

N

D. Les fondeurs, et notamment les fabricans de machines, préfèrent-ils la fonte anglaise à la fonte française?

R. Ils préfèrent la fonte anglaise; cependant cette préférence n'est plus ce qu'elle était.

D. Pensez-vous qu'il se fabrique maintenant en France de la fonte propre au moulage, en quantité et qualité suffisantes pour pourvoir à tous nos besoins?

R. Je le pense; toutefois, l'habitude que l'on a eue d'employer la fonte anglaise me semble exiger encore qu'elle ne soit pas entièrement repoussée de notre marché; c'est une concession à faire au préjugé.

D. La meilleure fonte française est-elle égale en qualité à la meilleure fonte anglaise?

R. Oui.

D. La fonte française que vous regardez comme égale à la meilleure fonte anglaise se fabrique-t-elle au charbon de bois?

R. Oui.

D. Faut-il croire que la fabrication à la houille de la fonte propre au moulage donnera en France des produits égaux, en qualité, à ceux que la fabrication donne en Angleterre?

R. Oui, et je ne vois aucune raison pour qu'il en soit autrement.

Séance du 27 Novembre,

Présidée par le Ministre.

M. Ducoudray-Bourgault, délégué de la Chambre de Commerce de Nantes.

D. Les constructeurs de navires à Nantes emploient-ils généralement du fer français ou du fer étranger?

R. Ils emploient le fer français dans une beaucoup plus grande proportion que le fer étranger. Le droit que supporte ce dernier fer en diminue singulièrement l'emploi.

D. D'où tirent-ils le fer français?

R. Le plus généralement du Berry; on en tire aussi de la Bretagne.

D. A quel prix revient aux constructeurs le fer marchand du Berry et celui de la Bretagne?

R. Les marchands de Nantes vendent le fer de Berry 62 à 64 fr., et celui de Bretagne, 52 à 55 francs.

D. Savez-vous quel est le prix de ces mêmes fers dans les usines?

R. Les marchands annoncent acheter sur place les fers de Bretagne aux prix de 50 à 52 francs les 100 kilogrammes, et ceux de Berry aux prix de 56 à 60 francs.

D. Est-il à votre connaissance que ces fers se soient vendus à Nantes à des prix plus élevés?

R. Ils se sont vendus à des prix supérieurs, il y a peu d'années.

D. Les constructeurs emploient-ils indifféremment le fer français produit au charbon de bois, et le fer français produit à la houille?

R. En général ils emploient de préférence le fer fabriqué au charbon de bois, toutes les fois qu'il n'est que de 5 francs par 50 kilogrammes plus cher que le fer fabriqué à la houille. Cette préférence, toutefois, n'a pas lieu à l'égard des fers de cette dernière espèce fabriqués dans certaines usines, telles que celles de Fourchambault et de la Basse-Indre, lesquelles, par le mélange qu'elles font de plusieurs qualités de houille, parviennent à donner des produits très-satisfaisans.

D. Il résulte d'une de vos précédentes réponses que les constructeurs de Nantes n'emploient le fer du Nord que dans une très-faible proportion; peut-on en conclure que la qualité des fers français remplace dans les armemens la qualité des fers étrangers, ou bien faut-il croire que la solidité des constructions peut être compromise par cette substitution?

R. On s'est aperçu de quelque altération dans les constructions quand on a commencé à employer le fer français; mais elle n'existe plus, depuis qu'on a mieux approprié ce fer aux besoins de chaque partie du navire. Je dois ajouter que l'on emploierait généralement plus volontiers le fer du Berry, si toutes les barres étaient également bien fabriquées: le mélange qu'on y rencontre trop souvent détermine un emploi de fer de Suède plus considérable qu'il ne s'en ferait.

D. Quel est, dans les chantiers de Nantes, le coût de l'établissement d'un navire de deux cents tonneaux prêt à prendre la mer?

R. 60,000 francs; 300 francs le tonneau.

D. Quelle quantité de fer *en barres* entre-t-il dans la construction d'un navire de deux cents tonneaux?

R. La quantité de fer employée dans la construction d'un tel navire est de 37 kilogrammes par tonneau, soit 7,400 kilogrammes. Ces 37 kilogrammes se répartissent ainsi qu'il suit:

15 kilogrammes pour la coque;
8 kilogrammes pour le gréement;
7 kilogrammes pour les ancres;
7 kilogrammes pour les chaînes.

Cette appréciation, au surplus, peut n'être pas toujours parfaitement juste, suivant que le navire sera destiné à telle ou telle navigation. Ainsi le navire destiné à charger habituellement du sucre ou autres marchandises pesantes, sera plus fort en bois, aura moins de maille entre ses membres, emploiera plus de fer que celui destiné à porter des cotons et autres ballotages. Il en sera de même si ce navire doit fréquenter des ports d'échouage que la marée laisse à sec en se retirant.

D. L'élévation du prix du fer a-t-elle déterminé l'emploi de quelque autre matière à des usages pour lesquels on employait précédemment le fer dans la construction des navires?

R. La cherté du fer a déterminé l'emploi du cuivre dans une plus grande proportion,

1.° Au clouage du pont;

2.° Au clouage des bordées.

On peut dire qu'une carène dont les chevilles en cuivre pèsent 1,500 kilogrammes, donne une économie de 2,500 kilogrammes de fer.

D. Pensez-vous que, si le prix du fer diminuait, on en revînt à faire un plus grand usage de ce métal?

R. L'armateur aisé continuerait à employer le cuivre, parce qu'il dure plus long-temps, et qu'il ne s'oxide pas comme le fer. L'armateur moins aisé pourrait revenir à l'usage du fer.

D. Le commerce de Nantes emploie-t-il pour les navires des câbles de fer?

R. Oui; il en emploie pour les navires qui vont dans les ports où l'on mouille le câble à terre, et dans ceux dont les fonds sont de roche ou de corail.

D.. Quel est ordinairement le poids d'un câble de fer propre à un navire de deux cents tonneaux?

R. Ordinairement de 14 à 1,500 kilogrammes: mais il y a des navigations pour lesquelles ce câble doit être prolongé jusqu'au poids de 2,000 à 2,300 kilogrammes.

D. D'où le commerce de Nantes tire-t-il les câbles de fer qu'il emploie?

R. Il les tire ordinairement de deux fabriques qui existent à Nantes, et qui s'alimentent en fers du Berry. Les armateurs s'approvisionnent volontiers dans ces fabriques, parce que, en raison de ce qu'elles sont placées sous leurs yeux, ils peuvent eux-mêmes surveiller la qualité de la matière, la fabrication des chaînes et leur essai. C'est là le motif pour lequel on préfère les chaînes de Nantes à celles qui sont faites dans le Berry. On emploie aussi avec plaisir des chaînes anglaises, lorsqu'une opération de commerce donne la facilité de se les procurer.

D. A quel prix paie-t-on, dans les fabriques de Nantes, un câble de fer propre à un navire de deux cents tonneaux?

R. Il se paie ordinairement 112 francs les 100 kilogrammes, ce qui pour un poids de 14 à 1,500 kilogrammes, donne un prix total de 1,568 à 1,680 francs.

D. Combien paie-t-on de droit pour les câbles de fer qu'on tire d'Angleterre?

R. 50 francs par 100 kilogrammes, non compris le décime, en vertu d'une décision spéciale qui permet l'importation des chaînes, moyennant le droit de l'espèce de fer le plus chèrement taxé.

D. Savez-vous à quel prix se vend un câble venant de l'Angleterre?

R. Je crois que le prix du câble anglais, chargé du droit, diffère peu de celui du câble français.

D. L'usage des câbles fabriqués en France est-il aussi bon que l'usage des câbles tirés d'Angleterre?

R. Je crois qu'il y a peu de différence pour l'usage et pour la qualité.

D. Le commerce de Nantes emploie-t-il des caisses à eau en fer?

R. Non, il emploie des pièces en fort merrain de chêne, cerclées en fer.

D. Quelle pensez-vous que soit l'influence du droit qui affecte les fers étrangers sur l'ensemble de nos échanges, particulièrement en ce qui concerne les puissances du Nord; en d'autres termes, croyez-vous qu'une plus grande importation de fer du Nord, résultant de moindres droits, nous procurerait une vente beaucoup plus considérable des produits de notre sol et de notre industrie?

R. Il y aurait sans doute une plus grande importation de fer du Nord : mais cet accroissement ne pourrait guère s'étendre au-delà des besoins naturellement limités de ce genre de consommation.

Toutefois, cet accroissement d'importation du fer, quelque modéré qu'il fût dans sa réalité, nous mettrait, je pense, en mesure d'obtenir une diminution des droits que ces mêmes pays perçoivent sur nos produits, et notamment sur nos vins et eaux-de-vie : et cette diminution, mettant ces produits à la portée d'un plus grand nombre de consommateurs étrangers, en augmenterait la vente dans une proportion notable.

D. Appliquez-vous cette réponse à nos rapports avec la Suède, la Russie et la Prusse?

R. Oui, à chacune de ces puissances, dans la proportion des débouchés qu'elles peuvent respectivement nous offrir.

Séance du 27 Novembre,

Présidée par le Ministre.

M. Calla fils, fabricant de machines et fondeur, à Paris.

Quelles sortes de machines se fabriquent dans votre établissement?

R. Nous avons fabriqué diverses espèces de machines, mais aujourd'hui nous fabriquons presque exclusivement des métiers à filer le coton. Depuis un an nous sommes devenus fondeurs. La fonderie forme les trois quarts de nos travaux.

D. Quelle sorte de fonte employez-vous?

R. Des fontes qui réunissent, autant que possible, une très-grande douceur à une très-grande force, et qui se contractent le moins possible en se refroidissant.

D. D'où les tirez-vous?

R. Uniquement d'Angleterre depuis 4 à 5 ans.

D. Pour quelle raison tirez-vous vos fontes exclusivement d'Angleterre?

R. Parce que nous avons rarement trouvé dans les fontes françaises les qualités de la fonte anglaise.

D. Quelles sont les fontes françaises qui se rapprochent le plus de la qualité que vous recherchez?

R. Les fontes de la Franche-Comté. Nous avons employé, il y a deux ans, des fontes de Fourchambault qui étaient très-douces, mais qui n'avaient pas assez de force.

D. Pensez-vous qu'on puisse, à une époque prochaine, obtenir en France la qualité qui vous est nécessaire?

R. Je crois que l'époque où nous aurons cette qualité, et en quantité assez abondante pour alimenter le commerce, n'est pas très-prochaine. Les établissemens qui ont besoin de bonne fonte ne pourront être suffisamment approvisionnés par les forges françaises que dans sept à huit ans. Ce n'est-là toutefois qu'une opinion qui m'est personnelle et qui ne repose sur aucune base dont je puisse garantir l'exactitude.

D. Est-il à votre connaissance que les autres fondeurs français repoussent comme vous la fonte française?

R. Oui, je crois qu'ils la repoussent comme nous; toutefois il est possible que la préférence qu'ils accordent aux fontes anglaises soit moins prononcée de leur part que de la nôtre.

D. Où pensez-vous que s'approvisionnent les fondeurs qui emploient la fonte française?

R. Il s'approvisionnent principalement en Franche-Comté et à Fourchambault.

D. Y a-t-il une notable différence de prix entre les machines que vous fabriquez avec la fonte anglaise et celles fabriquées avec la fonte française?

R. Il y a une différence de dix pour cent à l'avantage des machines fabriquées dans nos ateliers: mais cet avantage ne provient pas uniquement de ce que nous n'employons que de la fonte anglaise.

D. La fonte que vous employez subit-elle chez vous un nouveau travail avant d'être appliquée à la construction des machines?

R. Elle est refondue. Nous achetons la fonte en gueuse et nous la coulons.

D. Veuillez indiquer le prix d'une machine de quelque importance sortant de vos ateliers ?

R. Un banc de quarante-huit broches, en fin, propre à la filature du coton, vaut en ce moment 2,700 fr.

D. Pour quelle somme comptez-vous, dans la valeur de cette machine, le prix de la fonte en gueuse ?

R. Pour 150 fr. environ.

D. Quel poids représente cette valeur ?

R. 500 kilog. environ.

D. Tire-t-on de l'Angleterre beaucoup de machines de l'espèce de celles que vous fabriquez ?

R. On en tire peu maintenant.

D. Avez-vous quelques observations à faire sur les dispositions de la loi qui limite l'importation des fontes, en n'admettant que celles coulées en forme de gueuses pesant au moins 400 kilogrammes chacune ?

R. Il résulte de cette restriction divers inconvéniens :

1.° La forme de ces gueuses est gênante pour notre manutention ;

2.° Elle augmente le prix du fret ;

3.° Elle élève le prix de la matière dans les usines anglaises, attendu qu'on ne peut l'obtenir dans ces usines que sur une commande spéciale ;

4.° Elle exige pour la fabrication une consommation de combustible plus considérable ;

5.° Elle nuit à la perfection du travail, en ce sens que, les massiaux étant d'un plus grand volume, on a plus de peine à en obtenir une fonte suffisamment fluide. Il serait donc desirable pour nous que cette limite n'existât pas. Il est à remarquer au surplus que, malgré la gêne qui en résulte, nous achetons toujours des fontes étrangères, ce qui prouve que la restriction n'atteint pas le but que la loi semble s'être proposé.

D. Veuillez expliquer comment vous entendez que cette restriction n'atteint pas son but?

R. Je crois que la loi, en prescrivant pour ces fontes une conformation gênante, a voulu ajouter aux motifs que les fondeurs pourraient avoir de s'adresser aux forges françaises : mais la préférence que nous donnons aux fontes anglaises est telle, que cette difficulté n'arrête pas nos importations.

D. Si la limite était effacée, pensez-vous qu'il n'en résultât pas une facilité d'introduire, sous le nom de fonte propre au moulage, des fontes moulées et des massiaux de fer?

R. Je ne pense pas qu'une telle fraude fût à craindre, ou que, du moins, elle ne pût pas être facilement réprimée par la surveillance du service des douanes.

D. Vous avez parlé d'une machine fabriquée chez vous pour le prix de 2,700 fr.; combien vaudrait une pareille machine en Angleterre?

R. 1,900 fr. environ.

D. Cependant, d'après une de vos réponses précédentes, la valeur de la fonte brute n'entre que pour 158 fr. dans votre prix de 2,700 fr., et cette valeur étant en Angleterre de 90 à 100 fr., on ne trouve là la raison que d'une différence de 50 à 60 fr. dans le prix de la machine elle-même. Veuillez expliquer les causes du reste de cette énorme différence de 2,700 fr. à 1,900 fr.

R. Ce surplus de la différence doit être surtout attribué à ce que le coût du travail nécessaire pour construire une semblable machine est plus élevé en France qu'en Angleterre. Or, cette moindre cherté de la confection chez les Anglais provient de ce que les mécaniciens ont porté plus loin que nous le principe de la division du travail, et la cause principale de cette plus grande division du travail dans leurs ateliers consiste en ce qu'il leur est fait une plus grande demande de machines d'une même espèce, c'est-à-dire, en ce que la moindre consommation des machines en France exige que le constructeur français se livre à la confection d'une plus grande variété de produits. J'ajouterai que nous pourrons sans doute, à une certaine époque, atteindre cette amélioration ; mais je pense qu'un des moyens de rendre cette époque plus prochaine serait de faciliter une plus grande consommation de nos produits, en réduisant le droit de la matière première.

D. Importe-t-on d'Angleterre certaines machines, ou du moins certaines pièces de machines qui, fabriquées dans les hauts-fourneaux mêmes et non dans les ateliers de construction, se trouveraient supporter en France, par l'application du droit de 15 p. 0/0 imposé sur les machines autres que celles à vapeur, une charge moins forte que si elles eussent été assujetties au droit de 9 fr. par 100 kilog. que paie la fonte en gueuse ?

R. Je le crois, c'est-à-dire que j'entends que l'on fabrique en Angleterre des machines et des appareils dans lesquels il entre si peu de main-d'œuvre, que ces machines, importées en France et après avoir subi le droit de 15 p. 0/0, coûteraient moins qu'un poids égal de fonte en gueuse, pour lequel on aurait payé le droit de 9 fr 90 c. par 100 kilog.

D. Quels sont ces appareils ?

R. Des roues hydrauliques, des arbres-moteurs, de grandes roues d'engrenage, et beaucoup d'autres dont je pourrais donner l'énumération.

D. Employez-vous dans votre *fonderie* de la fonte anglaise et de la fonte française ?

R. Je n'emploie pas plus d'un quinzième de fonte française.

D. Quelle est la raison de la préférence que vous donnez aux fontes anglaises sur les fontes françaises dans votre fonderie ?

R. L'assortiment des bonnes fontes anglaises offre une grande uniformité de qualité : il n'en est pas de même des fontes françaises, parmi lesquelles il se présente de fréquentes inégalités, ce qui fait qu'on ne peut les employer sans compromettre la bonté des produits.

D. Quelles sont les espèces de pièces que vous coulez ? Je vous fais cette demande, parce que nous croyons savoir que beaucoup d'autres fondeurs emploient de la fonte française ?

R. Les pièces que nous coulons principalement sont destinées pour l'ornement et pour la construction des bâtimens. Cette destination exige qu'elles soient d'une légèreté jusqu'ici inaccoutumée ; et pour obtenir ce résultat, il nous faut des fontes très-fluides, très-douces et en même temps très-fortes. Or, jusqu'à présent nous n'avons rencontré ces qualités d'une manière suffisamment permanente que dans les fontes anglaises. Notre système de travail, en ce qui concerne les pièces destinées à l'ornement des bâtimens, est de leur donner aussi peu d'épaisseur que possible et de porter beaucoup de soin dans le moulage ; d'où il résulte que l'acheteur dépense moins en matière, un peu plus en façon, et y trouve en dernière analyse une certaine économie : je pense que ce système aura pour résultat la propagation de l'emploi des fontes moulées, et que, s'il est suivi par nos confrères, il pourra opérer une certaine révolution dans l'emploi des fontes en France. J'ajouterai que les mêmes qualités de fonte nous sont également indispensables pour la fabrication des pièces de machines.

D. Vendez-vous les objets moulés à la pièce ou au poids ?

R. Nous les vendons au poids ; mais comme ils sont fort légers, nous les vendons comparativement plus cher, dans une proportion telle cependant qu'ils offrent encore une économie aux consommateurs.

D. Quelles sont les pièces les plus pesantes que vous livrez à la consommation ?

R. Des pièces de 3 à 400 kilog. ordinairement, bien que notre établissement puisse en fournir de beaucoup plus pesantes.

D. Quelle est la quantité de fonte anglaise qui est annuellement consommée dans votre établissement pour la confection des machines et pour la vente des fontes moulées ?

R. L'année dernière, nous en avons consommé 80,000 kilog. ; cette année, nous atteindrons un total de 200,000 kilog.

D. Quelle part faites-vous aux machines dans cette consommation?

R. Les machines n'absorbent pas plus de 40,000 kilogrammes sur les 300,000.

D. Est-il à votre connaissance qu'un grand nombre de fondeurs préfèrent et emploient comme vous la fonte anglaise?

R. Je crois qu'en général les *fondeurs* n'attachent pas à la fonte anglaise une préférence aussi exclusive, parce que leur mode de fabrication diffère du nôtre; mais il est de fait qu'ils lui donnent une certaine préférence.

Séance du 29 Novembre,

Présidée par le Ministre.

M. Ferray, constructeur de machines, à Essonne.

D. La fonderie que vous avez à Essonne produit-elle des machines seulement, ou bien aussi de la fonte moulée destinée à entrer dans le commerce?

R. Elle ne produit que des machines.

D. Quel genre de machines fabriquez-vous?

R. Principalement des machines pour les moulins à farine; ensuite, et pour les genres divers de fabrication, toutes les pièces dont se compose un moteur hydraulique ou à vapeur, des roues d'engrenage, des arbres de couche.

D. A quelle époque s'est formé votre établissement?

R. En 1804; mais dans les commencemens nous ne nous occupions que des machines propres à filer le coton. C'est seulement depuis 1816 que nous fabriquons des machines d'un autre genre.

D. Quelle qualité de fonte employez-vous?

R. Un tiers est de qualité supérieure; les deux autres tiers en fonte moyenne, sauf une faible portion de fonte blanche, qui est la plus commune.

D. Quel est le total de la quantité de fonte que vous employez?

R. De 100 à 120 mille kil.

D. D'où tirez-vous vos fontes de qualités supérieures?

R. D'Écosse et du Straffordshire.

D. D'où tirez-vous la fonte moyenne?

R. Des usines de Fourchambault et de Pontcallec en Bretagne, pour les deux tiers; mais de ce dernier établissement, dans une proportion moins grande que du premier; et de la Belgique pour l'autre tiers.

D. Qu'entendez-vous par fonte supérieure?

R. J'entends ce qu'on appelle en Angleterre fonte n.° 1.

D. Qu'entendez-vous par fonte moyenne?

R. La fonte regardée en France comme de qualité supérieure, et qui ne perd pas sa qualité à la seconde fusion.

D. Est-ce qu'on ne fabrique pas dans quelques usines françaises de la fonte égale à la fonte n.° 1 que vous tirez d'Angleterre?

R. Je n'en ai jamais rencontré.

D. Faites-vous une différence entre les fontes françaises fabriquées au charbon de bois, et les fontes françaises fabriquées au coke?

R. Les fontes françaises fabriquées au coke sont plus douces que celles fabriquées au charbon de bois.

D. Quel prix payez-vous sur place les fontes de Fourchambault et de Bretagne?

R. 28 fr. les 100 kilog.

D. Les avez-vous payées antérieurement un prix moindre?

R. Non.

D. Quel est le plus haut prix auquel vous les avez payées?

R. 44 fr. les 100 kilog. rendus à Paris.

D. Pour quelle somme le transport entrait-il dans ce prix de 44 fr.?

R. Le vendeur seul pourrait répondre à cette question d'une manière satisfaisante.

D. Ce prix a-t-il été de longue durée?

R. Depuis l'époque de l'élévation du droit des fontes étrangères en 1822 jusqu'en 1826.

D. A quel prix achetez-vous sur place, en Angleterre, la fonte n.° 1?

R. De 13 fr. 75 cent. à 15 fr. les 100 kilog.

D. Quel prix l'avez-vous précédemment payée, également sur place, en Angleterre?

R. Je ne l'ai jamais payée meilleur marché; mais de 1824 à 1825, je l'ai payée jusqu'à 20 fr. les 100 kilog.

D. A quel prix la même fonte anglaise vous revient-elle rendue dans votre établissement?

R. De 29 à 30 fr. les 100 kilog.

D. A quel prix obtenez-vous, en Angleterre, l'espèce de fonte que vous considérez comme égale à la fonte française que vous employez dans vos usines?

R. A 11 fr. 25 cent. les 100 kilog., au port de Cardiff.

D. A combien vous revient-elle rendue à Essonne?

R. A 26 fr. 65 cent. les 100 kilog., y compris 9 fr. 90 cent. de droits.

D. Pour quelle proportion estimez-vous qu'entre le prix des fontes dans le prix de vos machines?

R. La fonte entre pour un quart dans la valeur des machines simples, telles que les moteurs servant à un moulin.

D. Quelle valeur la fonte que vous achetez produit-elle dans vos mains; ou, en d'autres termes, combien votre main-d'œuvre ajoute-t-elle de valeur à la fonte que vous employez?

R. La fonte que j'achète 30 fr. les 100 kilog. acquiert par mon travail une valeur de 120 fr., et dans cette somme je comprends 1.° les frais de mise en place chez l'acheteur; 2.° la valeur, du reste assez insignifiante, des autres matières qui entrent aussi dans la fabrication d'une des machines dont nous parlons.

D. Cette valeur de 120 fr. est-elle applicable à tous les ouvrages qui sortent de votre établissement et par exemple aux machines un peu compliquées, telles que les bancs de broches pour filer le coton en fin?

R. Non.

D. Combien vendez-vous une de ces machines plus compliquées, et par exemple, un banc de trente-six broches pour travailler en fin?

R. De 3,000 à 3,600 fr.

D. Pour quelle somme pensez-vous qu'entre dans cette valeur la fonte que vous employez?

R. Pour 150 fr. environ, ce qui représente une quantité de 500 kilogrammes.

D. Pour combien y entre-t-il de fer?

R. Pour 280 fr. de fer martelé, c'est-à-dire 350 kilog. à 80 fr. les 100 kilog.

D. Faites-vous des métiers à tisser?

R. Oui.

D. Quel prix les vendez-vous?

R. 350 fr.

D. Pour quelle somme entre dans cette valeur la fonte brute?

R. Pour une somme de 60 fr., ce qui représente 200 kilog.

D. Pour quelle valeur le fer y entre-t-il?

R. Pour 30 fr., valeur de 100 kilog. de fer martelé.

D. Dans quelle proportion employez-vous à ces métiers à tisser la fonte française et la fonte anglaise?

R. Je n'emploie pour faire ces métiers que de la fonte anglaise.

D. Pensez-vous qu'on tire d'Angleterre un grand nombre de machines de l'espèce de celles que vous fabriquez, par exemple, des métiers à tisser et des bancs de broches?

R. On en tire très-peu. Mais je pense qu'il nous vient d'Angleterre beaucoup de mouvemens hydrauliques, de roues d'engrenage, d'arbres de couche et de tuyaux de chauffage, et même des pièces en fer et en fonte disposées en charpente pour la construction des bâtimens à l'épreuve du feu.

D. Quel est le motif pour lequel vous croyez que l'introduction de cette espèce de pièces a lieu en abondance? l'attribuez-vous à une meilleure fabrication ou à un plus bas prix?

R. Je l'attribue à un plus bas prix : cette moindre cherté résulte, entre autres causes, de ce que ces pièces, étant introduites comme machines, ne paient qu'un droit de 15 p. 0/0, c'est-à-dire supportent une charge moindre que celle qui leur serait imposée si on leur appliquait le droit de 9 francs par 100 kilogrammes établi pour la fonte brute. Je prie d'observer que ma réponse ne s'applique qu'à l'espèce de machines dont j'ai dit que l'importation est considérable, c'est-à-dire à celles dont le travail est peu compliqué et dans lesquelles, par conséquent, la matière brute entre dans une plus grande proportion.

D. Pensez-vous que si les machines dont il s'agit, au lieu de payer un droit de 15 p. 0/0 à titre de machines, payaient le droit de la fonte sur leur poids, il y aurait encore avantage à les introduire?

R. Oui; car dans ce cas il n'y aurait de taxé que la fonte brute, et nullement la main-d'œuvre qu'elle reçoit.

D. Combien valent en Angleterre ces mêmes pièces dont vous parlez?

R. De 69 fr. 35 cent. à 79 fr. 35 cent. les 100 kilogrammes mis en place aux frais du constructeur chez l'acheteur.

D. Il résulte de vos précédentes réponses, d'une part, que 100 kilogrammes de fonte anglaise vous reviennent à 30 fr., et ne reviennent au constructeur anglais qu'à 12 francs 75 centimes; de l'autre, que ces mêmes 100 kilogrammes de fonte, convertis en machines, sont vendus par vous 120 fr., et par le constructeur anglais, de 69 fr. 35 cent. à 79 francs 35 centimes, ou, terme moyen, 74 francs 35 centimes. Or, dans cette différence du prix des machines, laquelle est de 45 francs 65 centimes par 100 kilogrammes, la différence du prix des fontes ne figure que pour 18 francs 25 centimes.

Veuillez nous dire d'où provient le surplus de la cherté relative de vos produits, surplus qui est de 20 francs 40 centimes par 100 kilogrammes.

R. Voici de quoi se compose ce surplus de la différence dans les prix de vente de mes machines et des machines anglaises de même espèce :

1.° Le cuivre qui entre dans ces machines est plus cher en France qu'en Angleterre ; il vaut, dans ce premier pays, 210 francs les 100 kilogrammes, et dans le second, 75 francs ; ce qui, pour une quantité de 8 décagrammes qui s'emploie pour 100 kilogrammes de machines, donne une différence de........................ 1f 08.

2.° Il en est de même du fer ; les 100 kilogrammes, qui valent en France 70 francs, ne valent en Angleterre que 25 francs, ce qui, pour 5 kilogrammes qui entrent dans les mêmes 100 kilogrammes de machines, donne encore une différence de, ci.............................. 2. 25.

3.° Le constructeur anglais n'emploie que pour 1 franc 50 centimes de houille, tandis que ce que j'en emploie me revient à 9 francs ; différence, ci.................. 7. 50.

4.° Les frais pour emploi des modèles, façons, pose et déplacement, entretien d'outils et d'ateliers, plus mes bénéfices, me reviennent à 73 francs 57 centimes, tandis qu'ils ne reviennent au constructeur anglais qu'à 51 francs 22 centimes ; autre différence de........................ 22. 35.

Ces diverses sommes réunies donnent une différence totale de.. 33. 18.

De quoi il faut retrancher,

1.° Une différence à notre avantage dans le prix des bois ; cet article qui revient au fabricant anglais à 3 francs, ne me revient qu'à 2 francs 10 centimes, ci............ 0. 90.

2.° Une plus grande différence dans le prix de la fonte que celle que j'ai déjà indiquée : ainsi, j'ai dit que la fonte

A reporter....... 32. 28.

Report....... 32f 28c

anglaise revenait à 30 francs à mon établissement, et à 13 fr. 75 cent. au constructeur anglais ; différence 16 fr. 25 cent. En y réfléchissant davantage, je me rectifie, et je dis que cette fonte me revient à 32 francs, et ne revient aux Anglais qu'à 12 francs 75 centimes, différence 19 francs 25 cent.; or, l'excédant de ce dernier chiffre sur celui de 16 francs 25 centimes est de.................................... 3. 00.

Au moyen de ce retranchement de................ 3. 00.

29. 28.

nous trouvons que la différence des deux prix de vente en France et en Angleterre (non compris celle qui résulte du coût de la matière dans l'un et dans l'autre pays) est de 29 francs 28 centimes, c'est-à-dire, à quelques centimes près, égale aux 29 francs 40 centimes que vous avez supputés.

D. Veuillez dire quelle est la part de vos bénéfices dans les 73 fr. 57 cent. portés au quatrième article des différences par vous indiquées?

R. Mes bénéfices prennent, dans ces 73 francs 57 centimes, une part de 12 francs; les bénéfices du constructeur anglais prennent, dans les 51 francs 22 centimes que j'ai portés à son compte dans le même article une part de 5 francs; le surplus de la différence (surplus qui est de 15 francs) représente la plus grande cherté du travail français.

D. Il est évident que le droit d'entrée sur une machine en fonte, ou dont la fonte est le principal élément, doit d'abord représenter la charge qu'aurait subie la fonte brute dont cette machine a nécessité l'emploi; mais à cette charge sur la matière il faut ajouter ensuite une charge sur la main-d'œuvre, et je vous prie de me dire quel doit être, selon vous, ce second élément du droit d'entrée, c'est-à-dire quelle somme il faut ajouter à ce qui est dû sur la fonte brute pour que l'industrie des constructeurs reçoive contre la concurrence étrangère une protection suffisante?

R. Je pense que, si l'on veut à-la-fois faire supporter aux machines le droit dû par la matière, et réserver une protection suffisante aux constructeurs, le droit d'entrée de ces mêmes machines doit être élevé de 15 à 60 pour cent.

D. Veuillez donner quelques explications propres à justifier une différence aussi considérable entre le droit actuel et celui que vous demandez, et dire comment il se pourrait que nos ateliers de construction de machines eussent pris l'activité qui s'y fait remarquer si, n'obtenant qu'une protection de 15 pour cent, ils avaient réellement besoin d'une protection de 60 pour cent ?

R. Plusieurs de nos consommateurs n'ont pas en Angleterre de relations établies, et n'y jouissent pas du crédit nécessaire pour déterminer en leur faveur la confiance des constructeurs anglais. Ils sont effrayés des embarras que leur offrirait une correspondance éloignée de leurs habitudes, et des expéditions par mer. D'ailleurs, ce n'est que par tolérance, ou une interprétation forcée de la loi, qu'on a pu réussir à des introductions de quelqu'importance en machines du genre de celles que je construis, et parmi lesquelles il s'en trouve dont la sortie est prohibée par la loi anglaise; ces causes ont pu suffire pour soutenir nos ateliers, mais non pour les porter au dégré d'activité dont ils étaient susceptibles.

D. Avez-vous quelques observations à faire sur les dispositions de la loi qui n'admet les fontes étrangères qu'en tant qu'elles sont présentées en gueuses d'un poids déterminée ?

R. Cette disposition nous est très-dommageable; la forme qui nous est imposée n'étant pas usitée dans les fabriques étrangères, nous ne pouvons nous approvisionner qu'avec peine et qu'en subissant un sur-prix de 20 pour cent au moins. Elle occasionne, en outre, une augmentation notable sur les frais de transport depuis l'usine anglaise jusqu'à nos établissemens, et sur les frais de cassage, puisque ces frais sont de 2 francs au lieu de 50 centimes, taux auquel ils nous reviendraient si la matière nous arrivait en blocs, tels que les fournit habituellement l'Angleterre.

D. L'abandon de cette restriction ne faciliterait-il pas la fraude qui aurait pour objet d'introduire des massiaux de fer sous la dénomination de fonte?

R. La différence qui existe entre les massiaux et la fonte ne me permet pas de croire qu'une telle fraude fût à craindre.

Séance du 29 Novembre,

Présidée par le Ministre.

M. Muel-Doublat, maître de forges à Abainville, département de la Meuse.

D. Où sont situées les usines à fer que vous exploitez?

R. Je possède trois usines à fer; la première, située à Abainville, département de la Meuse, se compose de deux hauts-fourneaux, de six fourneaux à pudler et de deux chaufferies; les deux autres, situées l'une dans la Meuse également et l'autre dans les Vosges, se composent chacune de deux hauts-fourneaux et de deux feux de forges.

D. Comment travaillez-vous la fonte et le fer dans chacune de ces trois usines?

R. A Abainville nous fabriquons la fonte au charbon de bois, et le fer à la houille; dans les deux autres usines, nous faisons la fonte et le fer au charbon de bois.

D. Nous nous occuperons d'abord, si vous le voulez bien, des deux établissemens où l'on ne travaille qu'au bois.

Vendez-vous quelque partie de la fonte qui en provient?

R. Oui.

D. Combien la vendez-vous aujourd'hui?

R. 190 francs les 1,000 kilogrammes pris à l'usine.

D. L'avez-vous précédemment vendue plus cher?

R. Nous l'avons vendue jusqu'à 200 francs. Les prix ont peu varié, parce que nous rencontrons à peu de distance la concurrence des hauts-fourneaux de la Marne et de la Franche-Comté.

D. Quel est aujourd'hui le prix moyen du bois dans la même localité?

R. 9 francs la corde de quarante-neuf pieds cubes.

D. A quel prix ce même bois se vendait-il en 1820?

R. De 3 francs à 3 francs 75 centimes.

D. A combien s'est-il vendu dans les années intermédiaires?

R. L'augmentation a été progressive; mais je ne puis la préciser.

D. Combien employez-vous de pieds cubes de bois pour produire une banne de charbon?

R. Cent cinquante pieds cubes de bois mêlé.

D. La corde de bois étant à 9 francs, à combien vous revient la banne de charbon rendue dans vos usines?

R. A 37 francs 50 centimes.

D. Quelle progression le prix de la banne de charbon a-t-il suivie depuis 1822?

R. Voici les prix successifs:

En	1822	18f 03c
	1823	21. 70.
	1824	24. 50
	1825	26. 31.
	1826	29. 92.
	1827	31. 70.
	1828	37. 50.

D. Quelle part prennent dans ce prix les frais d'abatage, de dressage, de carbonisation et de surveillance par banne de charbon?

R. 3 francs 90 centimes.

D. Quel est le prix moyen que vous payez pour le transport d'une banne de charbon dans vos usines?

R. 4 francs.

D. Quel est le poids moyen d'une banne de charbon?

R. 492 kilogrammes.

D. Combien employez-vous de bannes de charbon pour produire 1,000 kilogrammes de fonte?

R. Trois bannes et un quart.

D. Quelle quantité de fonte un de vos fourneaux peut-il produire, terme moyen, par année?

R. 1,000,000 kilogrammes pour un travail de dix mois.

D. Combien 100 kilogrammes de vos minerais vous rendent-ils de kilogrammes de fonte d'après le dosage usité chez vous?

R. 27 pour 0/0.

D. Combien vous coûte, rendue à vos usines, la quantité de minerai nécessaire pour produire 1,000 kilogrammes de fonte?

R. 44 francs.

D. Quelle est la distance moyenne que vos minerais ont à parcourir pour être livrés à vos usines?

R. Deux lieues.

D. Quelle quantité de castine employez-vous pour produire 1,000 kilogrammes de fonte?

R. 377 kilogrammes.

D. A quel prix vous reviennent les 1,000 kilogrammes de castine rendus dans vos usines?

R. A 40 centimes.

D. Combien dépensez-vous par 1,000 kilogrammes de fonte pour salaires, réparations, mise en feu, entretien et surveillance?

R. 6 francs, terme moyen.

D. A combien estimez-vous la valeur immobilière d'un de vos hauts-fourneaux, avec les accessoires faisant partie de l'immeuble par destination?

R. De 90,000 à 100,000 francs.

D. A combien estimez-vous le fonds de roulement nécessaire à l'exploitation d'un de vos hauts-fourneaux?

R. De 70,000 à 80,000 francs.

D. Est-ce également au charbon de bois que vous convertissez en fer la fonte dont vous venez de parler?

R. Oui.

D. A quel prix vendez-vous aujourd'hui ce fer sur place?

R. 500 francs les 1,040 kilogrammes.

D. Quel est le prix le plus élevé auquel vous l'ayez vendu antérieurement?

R. 560 francs.

D. Quel a été le prix le plus bas?

R. 450 francs, c'était en 1819.

D. Vos bénéfices étaient-ils les mêmes lorsque vous vendiez à 450 francs, qu'au moment actuel où vous vendez à 500 francs?

R. Nous faisions quelques bénéfices quand nous vendions à 450 fr. et nous perdons aujourd'hui en vendant à 500 francs; la cause en est qu'en 1819 la banne de charbon revenait à 18 francs 3 centimes, tandis qu'elle coûte aujourd'hui 37 francs 50 centimes.

D. Quelle est la perte que vous prétendez éprouver aujourd'hui?

R. 30 francs par 1,000 kilogrammes, non compris les 40 kilogrammes par 1,000 qui sont abandonnés gratuitement à l'acheteur?

D. Vous avez déjà dit, je crois, que, dans les établissemens dont nous parlons, il y avait quatre feux de forge?

R. Oui, il y en quatre.

D. Quelle quantité de fonte consommez-vous pour produire 1,040 kilogrammes de fer marchand?

R. 1,490 kilogrammes.

D. Combien employez-vous de bannes de charbon, pour produire ces 1,040 kilogrammes?

R. Cinq bannes un quart.

D. Quelle somme dépensez-vous par 1,000 kilogrammes de fer marchand, pour salaires, frais de surveillance, entretien et réparations de vos machines?

R. 20 francs 50 centimes pour salaires;

5 francs pour frais de surveillance;

3 francs 75 centimes pour frais d'entretien et réparations.

En tout 29f 25c

D. Quelle quantité de fer vos forges produisent-elles, terme moyen, par année?

R. Les quatre feux produisent 425,000 kilogrammes.

D. Combien un feu de forge peut-il produire par mois?

R. 10,000 kilogrammes.

D. A quelle somme estimez-vous la valeur immobilière des mêmes forges, avec les accessoires faisant partie de l'immeuble par destination?

R. J'estime la valeur des quatre forges à 240,000 francs.

D. Quel est le fonds de roulement nécessaire pour vos quatre feux de forge?

R. 150,000 francs.

D. Nous passerons maintenant à votre établissement d'Abainville. C'est également au bois que la fonte s'y produit?

R. Oui.

D. Les prix que vous nous avez indiqués pour la production de la fonte dans les établissemens dont vous venez de parler sont-ils aussi applicables à celui d'Abainville?

R. Oui, l'établissement d'Abainville s'approvisionne dans les mêmes forêts, et il y a peu de différence pour le transport.

D. C'est au moyen de la houille que s'effectue la conversion de la fonte en fer?

R. Oui.

D. Épurez-vous vos fontes avant de les convertir en fer?

R. Non.

D. A quel prix vendez-vous le fer marchand fabriqué à la houille?

R. 430 francs les 1,000 kilogrammes.

D. A quel prix l'avez-vous antérieurement vendu?

R. Nous l'avons toujours vendu à-peu-près le même prix.

D. Combien consommez-vous de fonte pour produire 1,000 kilogrammes de fer marchand?

R. 1,350 kilogrammes.

D. Quelle quantité de houille employez-vous pour produire 1,000 kilogrammes de fer marchand?

R. 1,700 kilogrammes; nous n'avons point de pompe à vapeur à chauffer, l'usine étant mise en mouvement par un cours d'eau.

D. D'où tirez-vous la houille?

R. De Sarrebrouck.

D. A combien vous revient-elle dans votre établissement?

R. A 49 francs 50 centimes les 1,000 kilogrammes.

D. Combien vous coûte-t-elle à Sarrebrouck?

R. 10 francs les 1,000 kilogrammes.

D. Quelle somme dépensez-vous, par 1,000 kilogrammes de fer marchand, pour salaires, pour entretien et réparation de vos machines et pour frais de surveillance?

R. 51 francs.

D. Quelle quantité de fer marchand produit par année cet établissement?

R. 2 millions de kilogrammes.

D. A combien estimez-vous la valeur immobilière d'un des hauts-fourneaux d'Abainville?

R. De 150 à 160,000 francs.

D. A combien estimez-vous le fonds de roulement nécessaire pour un de ces hauts-forneaux?

R. A la même somme.

D. A quelle somme estimez vous la valeur immobilière des forges du même établissement, avec les accessoires faisant partie de l'immeuble par destination?

R. De 900,000 francs à 1 un million; j'ajoute que, si le droit des fers étrangers venait à être réduit avant l'époque où cette réduction pourra se faire raisonnablement, cette valeur immobilière tomberait à 100,000 francs tout au plus.

D. A combien estimez-vous le fonds de roulement nécessaire pour l'exploitation de ces mêmes forges?

R. A 500,000 francs.

D. Croyez-vous que, lorsque les nouvelles communications projetées dans cette partie du royaume seront établies, il vous sera possible de produire à meilleur marché?

R. Sans aucun doute; l'élévation de nos prix tient surtout à l'élévation des frais de transport des matières; nous aurons d'ailleurs un autre élément d'économie, si l'espoir que nous concevons de découvrir des mines de houille à notre proximité vient à se réaliser.

D. Quel effet produirait, selon-vous, sur la situation des usines travaillant la fonte et le fer au charbon de bois une réduction opérée sur le droit des fontes et des fers étrangers, en supposant par exemple que cette réduction n'excédât pas 5 francs par 100 kilogrammes pour le fer, et que le droit restant ainsi fixé à 20 francs fût déclaré par la loi ne pouvoir être modifié avant un nombre d'années déterminé?

R. Mon avis est qu'une telle réduction, bien que combinée avec la stabilité du nouveau droit pendant un certain nombre d'années, serait ruineuse pour ces usines.

D. Pensez-vous que cette réduction porterait le même dommage à la nouvelle fabrication par le coke et par la houille?

R. Je le pense, en ce qui concerne les localités où ce mode d'exploitation est déjà en activité.

D. Est-il dans votre opinion que la fabrication au coke et à la houille doive prendre en France un grand développement?

R. Oui, un très-grand développement.

D. Quelles pensez-vous que seront les conséquences de ce grand développement pour l'avenir des forges travaillant au charbon de bois?

R. Je crois que, dans peu d'années, la concurrence des usines travaillant au coke et à la houille détruira un grand nombre de celles qui travaillent au charbon de bois.

D. N'y a-t-il pas quelques points du royaume où le même résultat pourrait ne pas se produire?

R. Il y a certaines localités où le dommage pourrait être moins grand pour la fabrication au bois, en raison de la supériorité du fer qui s'y produit.

D. Vos prévisions reposent sur la supposition que les bois ne baisseront pas de prix; mais ne pensez-vous pas que ce prix viendrait à baisser si les maîtres de forges, se trouvant contraints par la concurrence du fer à la houille à vendre leurs produits à meilleur compte, ne pouvaient acheter le bois au-dessus d'un certain taux?

R. Il n'est pas douteux que, s'il y avait moins de concurrence pour l'achat des bois, leur prix viendrait à diminuer.

D. Se consomme-t-il aujourd'hui, dans le rayon de votre approvisionnement, une plus grande quantité de bois pour la fabrication du fer qu'il ne s'en consommait pour le même usage il y a cinq à six ans?

R. Oui certainement.

D. Cette plus grande consommation provient-elle de la formation de nouveaux établissemens, ou seulement du développement qu'ont pris ceux qui existaient déjà?

R. Elle provient de ces deux causes à-la-fois.

D. Pouvez-vous expliquer comment il se fait que, la production du fer ne donnant dans votre localité aucun bénéfice, il s'y forme de nouvelles usines?

R. Un fait analogue s'est produit dans d'autres branches d'industrie, et notamment dans celle de la filature de coton.

D. Les nouveaux établissemens qui se sont élevés et s'élèvent autour de vous sont-ils des hauts-fourneaux ou des feux de forge?

R. Ce sont tous des hauts-fourneaux.

D. Vous avez dit qu'au prix où vous vendez maintenant le fer, vous êtes en perte. Voulez-vous faire entendre que les tarifs actuels ne suffisent pas pour soutenir votre fabrication, et que déjà la concurrence de l'étranger vous rend la vente impossible?

R. Au prix actuel, nous sommes certainement en perte; mais nous avons l'espoir qu'il nous sera possible de fabriquer à meilleur marché, d'abord en obtenant le bois à un moindre prix, ensuite en nous affranchissant du surcroît de salaire qu'exigent les ouvriers anglais, dont nous ne pouvons encore nous passer; mais cette amélioration de notre situation ne saurait se réaliser qu'autant qu'il ne serait pas touché au tarif; je suis convaincu que la réduction du droit d'entrée entraînerait un dommage irréparable pour la production française.

Séance du 2 Décembre,

Présidée par le Ministre.

M. Paillard-du-Cléré, maître de forges dans le département de la Mayenne.

D. Voulez-vous bien nous dire où sont situées les usines que vous exploitez?

R. Mon principal établissement est situé dans la Mayenne, sur les confins d'Ille-et-Vilaine. Il se compose de deux hauts-fourneaux, trois feux d'affinerie, un feu de chaufferie, deux marteaux et deux fonderies. En outre nous avons, dans le département d'Ille-et-Vilaine, un fourneau employé à faire des projectiles pour la marine.

D. Votre principal établissement produit-il la fonte et le fer?

R. Il produit l'une et l'autre.

D. La fabrication s'y fait-elle au charbon de bois ou à la houille?

R. Nous ne travaillons qu'au charbon de bois.

D. A quelle valeur immobilière estimez-vous votre principal établissement situé dans la Mayenne, en distinguant la valeur des hauts-fourneaux de celle des forges proprement dites, et en comprenant, dans chacune, les accessoires faisant partie de l'immeuble par destination?

R. A 180,000 francs les hauts-fourneaux, et à 100,000 francs les forges.

D. Quel est le fonds de roulement nécessaire à votre exploitation?

R. De 580 à 600 mille francs.

D. Faites-vous de la fonte propre au moulage, ou seulement de la fonte destinée à être convertie en fer?

R. Nous faisons l'une et l'autre.

D. Quelle quantité de fonte fabriquez-vous, année moyenne?

R. De 200 à 250 mille kilogrammes de fonte propre au moulage, et de 750 à 800 mille kilogrammes de fonte destinée à être convertie en fer.

D. Vendez-vous quelque partie de cette dernière fonte?

R. Nous en avons vendu quelquefois.

D. A quel prix la vendiez-vous sur place?

R. 220 francs les 1,000 kilogrammes, il y a sept à huit ans.

D. Quelle quantité de fonte employez-vous pour produire 1,000 kilogrammes de fer marchand?

R. De 1,400 à 1,450 kilogrammes.

D. Quelle quantité de fer fabriquez-vous, année moyenne?

R. 5 à 600 mille kilogrammes.

D. A quel prix le vendez-vous maintenant sur place?

R. 48 francs les 100 kilogrammes; mais nous n'obtenons ce prix qu'avec beaucoup de difficultés.

D. A quel prix l'avez-vous vendu précédemment par maximum et par minimum?

R. 56 francs par maximum et 49 francs par minimum.

D. Quelle est la richesse de votre minerai?

R. Le minerai nous rapporte 35 pour cent, terme moyen.

D. De quelle distance moyenne le tirez-vous?

R. D'une demi-lieue et d'une lieue.

D. Est-ce de la mine en grain ou de la mine en roche?

R. De l'une et de l'autre.

D. Êtes-vous dans l'usage de griller votre minerai?

R. Non.

D. Quelle est la mesure usitée chez vous pour le charbon de bois?

R. Le sac.

D. Combien de pieds cubes représente le sac?

R. Je ne le sais pas exactement.

D. A quel prix payez-vous maintenant la corde de bois sur pied, et de combien de pieds cubes est la corde?

R. Nous payons la corde de bois sur pied 7 francs 50 centimes; elle est de quatre-vingt-deux pieds cubes.

D. A quel prix, le bois étant à ce taux, et en tenant compte des frais d'abatage, de dressage et de charbonnage, &c., vous revient le sac de charbon rendu à vos usines?

R. Le charbon me revient à 3 francs 50 centimes le sac.

D. A quel prix avez-vous payé antérieurement le sac de charbon?

R. Il se vendait 50 centimes de moins qu'aujourd'hui, il y a cinq à six ans; mais étant propriétaire de la plus grande portion des bois que j'emploie, je n'ai eu à subir cette augmentation que pour l'excédant de mon emploi sur mes coupes.

D. Quel était le prix du bois, il y a vingt ans?

R. Le prix, il y a vingt ans, était inférieur au prix actuel de 1 franc à 1 franc 50 centimes par corde.

D. Combien consommez-vous de sacs de charbon pour produire 1,000 kilogrammes de fonte?

R. De vingt-huit à trente sacs.

D. Combien consommez-vous de sacs de charbon pour convertir 1,400 à 1,450 kilogrammes de fonte en 1,000 kilogrammes de fer?

R. Quarante à quarante-deux sacs.

D. Pouvez-vous indiquer le montant des frais autres que ceux de combustible, c'est-à-dire ceux de minerai, de castine, de salaires, d'entretien, de réparations et de surveillance que vous coûte la production,

1.° De 1,000 kilogrammes de fonte;

2.° De 1,000 kilogrammes de fer?

R. Le minerai, dans 1,000 kilogrammes de fonte, entre pour 26 fr., la castine pour 1 franc, les salaires pour 5 francs, les frais d'entretien, de réparations et de surveillance pour 5 francs; en tout, 31 francs. Pour produire 1,000 kilogrammes de fer, les salaires s'élèvent à 30 fr. et les frais d'entretien, de réparation et de surveillance à 8 francs; en tout, 38 francs.

D. A combien évaluez-vous votre bénéfice actuel sur la vente du fer à 48 francs?

R. J'estime que mon bénéfice est égal à un intérêt de 8 p. 0/0 de mes capitaux.

D. Quelle pensez-vous que doive être, à une époque prochaine, l'influence, sur les usines travaillant au bois, de l'établissement d'usines travaillant exclusivement au coke et à la houille?

R. Je crois qu'il s'engagera entre les unes et les autres une lutte qui deviendra funeste à celles des usines travaillant au charbon de bois qui sont moins bien situées.

D. Cette lutte dont vous parlez n'est-elle pas déjà engagée?

R. Oui.

D. Pensez-vous que ce soit à cette lutte qu'il faille attribuer le mouvement de baisse que le fer paraît maintenant suivre?

R. Je n'en doute nullement.

D. La crainte de voir réduire le droit sur le fer étranger ne doit-elle pas être comprise parmi les causes de ce mouvement de baisse?

R. La baisse avait commencé avant que la crainte d'un changement de tarif ne se fît sentir, et cette crainte a eu pour effet de rendre la vente plus difficile.

D. Dans le cas où le droit actuel serait maintenu, n'arriverait-il pas que le fer remonterait à des prix fort élevés et que la France se trouverait ainsi privée pour long-temps de l'avantage de payer le fer à meilleur marché?

R. Je réponds que si le régime actuel n'est pas changé, la concurrence des fers à la houille suffira seule pour maintenir et rendre progressivement plus prononcée la tendance à la baisse.

D. Doit-on conclure de vos réponses qu'il y a aujourd'hui engorgement de produits dans les usines?

R. Vingt usines que je pourrais citer ont en magasin dans ce moment le produit de leur fabrication d'une année.

D. Dans le voisinage de vos forges il existe des forges affermées. Quelles sont les variations survenues depuis dix ans, dans le taux de ces fermages?

R. Ce taux s'est successivement élevé en proportion de l'augmentation du prix des fers, et aussi en proportion de l'augmentation du prix des bois, toutes les fois que l'exploitation d'une propriété forestière a fait partie du bail.

D. Quel effet pensez-vous que produirait sur la fabrication du fer en France une réduction sur le droit du fer étranger, en la supposant par exemple de 5 francs par 100 kilogrammes?

R. Je pense que les trois quarts des forges travaillant au charbon de bois seraient obligées de cesser leurs travaux.

D. Ne croyez-vous pas cependant que l'obligation où seraient les maîtres de forges d'abaisser de 5 francs leurs prix de vente finirait par amener une réduction proportionnelle dans le prix du bois, de telle sorte que leur situation resterait la même?

R. Il est évident que les maîtres de forges pourraient supporter une réductioon de 5 francs sur les prix des fers, si le prix du bois diminuait dans une égale proportion.

D. Mais ne vous semble-t-il pas que cette réduction du prix du bois pourrait résulter de la moindre demande qui en serait faite par les maîtres de forges?

R. Je ne pense pas que cette réduction pût avoir lieu, parce que le Gouvernement est principal détenteur des bois, et que l'administration forestière est dans l'usage de suspendre les ventes, plutôt que de consentir à l'abaissement des prix qu'elle a fixés.

D. Vous dites que le prix du fer ne peut décroître, sans que la ruine des forges ne s'ensuive, à moins que le bois ne décroisse dans une proportion pareille; vous dites, d'un autre côté, que le bois ne pourrait diminuer de prix qu'autant que la demande des maîtres de forges diminuerait elle-même: or, la progression de la consommation rend peu probable cette diminution de la demande, et semble plutôt de nature à lui donner une extension également progressive. N'est-ce pas là un cercle vicieux dans lequel on ne rencontre que des chances d'une longue cherté dans le prix des fers, et duquel il semble qu'on ne puisse sortir qu'en appelant, par une réduction des droits, une certaine quantité de fer étranger, ce qui forcerait les maîtres de forges à moins fabriquer et par suite à diminuer leur demande de bois, diminution de laquelle seulement, selon vous, peut résulter l'abaissement de ce combustible? Ou bien le nouvel élément qui s'est introduit dans notre production, je veux dire la fabrication au coke et à la houille, vous semble-t-il de nature à amener, dans un délai que vous puissiez approximativement déterminer, un même résultat, c'est-à-dire une moindre demande de la part des forges ne travaillant qu'au charbon de bois, et par suite une réduction du prix du bois?

R. Je crois que l'extension de la nouvelle fabrication à la houille suffira, sans qu'il soit besoin d'appeler les fers étrangers, pour amener, à une époque peu éloignée, une moindre fabrication au charbon de bois, par suite une moindre demande de ce combustible, et par suite encore l'abaissement du prix auquel il se vend.

D. Pensez-vous que cette réduction que vous espérez ainsi devoir se produire sur le prix des bois puisse être telle qu'il devînt possible aux forges travaillant au bois de soutenir la concurrence de celles qui travaillent au coke et à la houille?

R, Je crois qu'en tout état de cause la concurrence de la fabrication à la houille ne pourra être soutenue que par celles des forges au bois dont les propriétaires sont en même temps propriétaires de bois. Ces dernières forges pourront encore travailler, mais à la condition que leurs exploitans subiront une notable atténuation des revenus qu'ils obtiennent maintenant en leur qualité de propriétaires de bois.

D. N'a-t-il pas été formé dans la contrée que vous habitez quelque projet de canalisation ou de route dont votre établissement puisse ressentir l'heureuse influence, c'est-à-dire duquel vous puissiez espérer de l'économie dans le prix de vos transports?

R. Il n'en a été formé aucun dont mes établissemens soient en mesure de profiter.

Séance du 2 Décembre,

Présidée par le Ministre.

M. Maître-Humbert, maître de forges à Châtillon-sur-Seine, département de la Côte-d'Or.

D. Où sont situées vos usines?

R. A Châtillon-sur-Seine.

D. En êtes-vous co-propriétaire, ou seulement gérant?

R. J'en suis co-fermier et gérant.

D. A quelle époque votre gestion a-t-elle commencé?

R. En 1824.

D. Produisez-vous la fonte et le fer?

R. Oui.

D. Faites-vous la fonte au charbon de bois ou au coke?

R. Au charbon de bois seulement.

D. Convertissez-vous la fonte en fer avec du charbon de bois, ou bien à la houille?

R. Nous en convertissons une partie avec du charbon de bois, et une autre partie avec de la houille.

D. Combien avez-vous de hauts-fourneaux?

R. Treize.

D. Combien avez-vous de feux de forges?

R. Onze.

D. Combien de fours à pudler?

R. Huit.

D. Combien produisez-vous de fonte, année moyenne?

R. 8 à 9 millions de kilogrammes.

D. Faites-vous de la fonte propre au moulage?

R. Non; toutes les fontes de notre contrée ne sont propres qu'à être converties en fer.

D. En vendez-vous quelque partie?

R. Cette année nous avons tout converti en fer; mais nous en avons vendu l'année dernière.

D. A quel prix?

R. A 200 francs les 1,000 kilogrammes.

D. A quel prix vendez-vous aujourd'hui le fer travaillé au charbon de bois?

R. Nous en obtenons aujourd'hui difficilement 430 francs des 1,000 kilogrammes.

D. A quels prix avez-vous vendu le même fer antérieurement?

R. Le plus haut prix auquel nous l'ayons vendu est 560 francs, c'était en 1825; le plus bas prix a été 430 francs.

D. A quel prix vendez-vous aujourd'hui le fer travaillé à la houille?

R. Nous le vendions en dernier lieu 425 francs; mais, depuis quelques jours, on en peut avoir à peine 415 francs, à cause de l'incertitude où l'on est du maintien du régime actuel.

D. A quels prix avez-vous vendu antérieurement le même fer à la houille?

R. Nous l'avons vendu au *maximum* de 540 francs et accidentellement au *minimum* de 415 francs.

D. Quels sont vos principaux débouchés?

R. Paris, pour le fer travaillé à la houille; Paris et Lyon pour le fer fabriqué au charbon de bois.

D. Avez-vous dans ce moment des approvisionnemens considérables?

R. 1,200 mille kilogrammes à-peu-près.

D. A quelle quantité s'élève votre fabrication annuelle?

R. De 4,500,000 à 5,000,000 kilogrammes.

D. A quel prix achetez-vous maintenant le bois?

R. La corde, qui est de 36 pieds cubes, a été payée par nous 4 fr. 50 centimes avant la dernière foire de Châlons. Depuis l'époque de cette foire, dans laquelle les fers ont éprouvé une baisse notable, la même corde ne s'est vendue que 4 francs. En général nous payons ce combustible à des prix très-élevés, parce que l'administration forestière aime mieux ajourner les ventes que d'adjuger avec une baisse quelconque sur les estimations.

D. A quel prix, la corde de bois étant à 4 francs et en tenant compte des frais d'abatage, de dressage et de charbonnage, vous revient la banne de charbon rendue à l'usine?

R. A 23 francs 50 centimes la banne de 50 pieds cubes. Nous ne mettons, pour faire une banne de charbon, que trois cordes un tiers, parce que nous avons l'habitude de bien tasser.

D. A quel prix avez-vous payé antérieurement la même banne par *maximum* et par *minimum*?

R. Elle ne revenait qu'à 18 francs en 1822.

D. D'où tirez-vous la houille?

R. Nous tirons de Rive-de-Gier les 3/5es de notre consommation, et le reste de Blanzy.

D. A quel prix achetez-vous ces houilles sur place?

R. Celles de Rive-de-Gier à 1 franc 50 centimes l'hectolitre, et celles de Blanzy à 1 franc.

D. A combien ces houilles vous reviennent-elles rendues dans vos usines?

R. La houille de Rive-de-Gier, de 4 francs 75 centimes à 5 francs l'hectolitre; celle de Blanzy, de 3 francs 40 centimes à 3 francs 60 centimes.

D. Espérez-vous les obtenir à meilleur marché?

R. Oui, nous espérons obtenir une économie de 1 franc 50 cent. sur le prix du transport, lorsque le canal de Bourgogne sera achevé, et que le chemin de fer de Saint-Étienne sera en activité.

D. Vous savez que des usines se sont établies, et qu'il doit s'en établir encore sur des points où la houille ne coûte que 50 à 60 cent. l'hectolitre. Comment, n'ayant pas le même avantage, pourrez-vous soutenir la concurrence?

R. Je conviens que cette concurrence pourra nous devenir funeste, mais seulement lorsque la fabrication de la fonte et du fer au coke et à la houille, dans les établissemens où la houille est à si bon marché, sera en assez grande abondance pour satisfaire à une partie notable de la consommation; encore faudra-t-il que ces établissemens n'aient pas de trop grands frais à faire pour aller chercher le consommateur. Le moment où toutes ces conditions seront accomplies ne me paraît pas très-prochain.

D. Mais la concurrence de l'établissement du Creuzot ne vous offre-t-elle pas dès ce moment quelque inquiétude?

R. Je ne la crains pas, tant que cet établissement aura besoin de fonte de la Franche-Comté pour une partie de ses approvisionnemens.

D. Quelle quantité de fonte employez-vous pour produire 1,000 kilogrammes de fer?

R. 1,400 kilogrammes.

D Combien consommez-vous de bannes de charbon pour produire 1,000 kilogrammes de fonte?

R. Quatre bannes environ.

D. Combien consommez-vous de bannes de charbon pour convertir 1,400 kilogrammes de fonte en 1,000 kilogrammes de fer?

R. Cinq bannes et demie.

D. Combien consommez-vous d'hectolitres de houille pour fabriquer 1,000 kilogrammes de fer?

R. 20 hectolitres, ce qui ne comprend pas le chauffage d'une machine à vapeur, l'eau étant le moteur principal.

D. Pouvez-vous indiquer le montant de vos frais autres que ceux de combustibles, c'est-à-dire de ceux de minerai, de castine, de salaire, d'entretien, de réparation et de surveillance, pour produire 1,000 kilogrammes de fonte; et d'abord, quelle est la richesse de votre minerai?

R. Nous avons deux espèces de minerai, un minerai à base calcaire et un minerai siliceux. Le premier rend 29 à 30 pour 0/0, et le second 36 à 37 pour 0/0; c'est donc 34 pour 0/0, terme moyen.

Nous dépensons en minerai 35 francs; nous ne consommons pas de castine. Les salaires nous coûtent 9 francs 45 centimes; on peut évaluer à 4 francs 80 centimes les frais de surveillance, d'entretien et des réparations.

D. Quels sont, pour la fabrication de 1,000 kilogrammes de fer au charbon de bois, les frais de salaires, d'entretien, de réparations et de surveillance?

R. Je compte pour salaires 22 francs environ, et 13 francs pour frais de surveillance, d'entretien et de réparations.

D. Voulez-vous bien donner le même détail pour la fabrication du fer à la houille?

R. J'évalue en masse les frais de fabrication à 50 francs ; je ne suis pas préparé à en préciser le détail.

D. Vous proposez-vous de fabriquer la fonte au coke ?

R. Non.

D. A quel prix espérez-vous pouvoir, dans quelques années, produire 1,000 kilogrammes de fer traités à la houille ?

R. Nous espérons obtenir sur la fabrication une économie de 45 francs, savoir : 15 francs sur le prix des salaires et 30 francs sur le prix de la houille.

D. A combien estimez-vous la valeur immobilière des usines que vous exploitez ?

R. J'estimerais difficilement la valeur immobilière, mais je puis dire que l'ensemble de nos locations se monte à 145 mille francs.

D. A combien estimez-vous le fonds de roulement nécessaire pour l'exploitation de la totalité de vos établissemens ?

R. A 3 millions.

D. Quelle somme, dans ce fonds de roulement, affectez-vous à un haut-fourneau ?

R. 128 mille francs.

D. Quelle est votre opinion sur les conséquences que pourrait avoir, pour les forges françaises, une réduction de droit de 5 francs sur les fers étrangers ?

R. Une telle réduction serait ruineuse pour les fabricans au charbon de bois, à moins que le bois ne diminuât dans une proportion semblable.

D. Mais ne pensez-vous pas que le bois diminuerait de prix par cela seul qu'il y aurait pour les maîtres de forges nécessité de baisser le prix de leurs fers ?

R. Je réponds que, dans le cas où la réduction du prix des bois viendrait à se réaliser comme une conséquence de l'abaissement du prix des fers, elle serait désastreuse pour ceux des maîtres de forges, et ils sont en grand nombre, qui tiennent des bois à long bail.

Séance du 6 Décembre,

Présidée par le Ministre.

M. René Leroux, directeur des forges de Terre-Noire, département de la Loire.

D. En quoi consistent les usines à fer dont vous êtes le directeur pour le compte de la compagnie des forges et fonderies de la Loire et de l'Isère? Sur quel point sont vos hauts-fourneaux, et quelle est leur consistance? Sur quel point sont vos forges, et quelle est leur consistance?

R. La compagnie possède quatre hauts-fourneaux, situés à la Voulte, département de l'Ardèche, dont la soufflerie est servie par deux machines à vapeur de la force de 60 chevaux chacune. Les forges, situées à Terre-Noire près de Saint-Étienne, consistent en deux feux d'affinerie, quatorze fours à pudler, deux fours à tôle, huit fours à réchauffer, deux jeux de laminoir, un gros marteau et un laminoir dégrossisseur. La soufflerie de l'affinerie, le marteau et le laminoir dégrossisseur sont desservis par une machine à vapeur de la force de 80 chevaux.

J'observe que la compagnie est encore propriétaire de la fonderie de Vienne, qui consiste en un haut-fourneau, quatre fours à réverbère, deux fourneaux à la Wilkinson, et tous les ateliers nécessaires à une fonderie montée sur la plus grande échelle.

D. Vos hauts-fourneaux travaillent-ils exclusivement au coke et vos forges travaillent-elles exclusivement à la houille?

R. Oui.

D. De quelle époque datent vos forges?

R. Du mois de décembre 1823; le roulement a été complet en 1824.

D. A quelle époque vos hauts-fourneaux ont-ils été successivement mis en feu?

R. Deux hauts-fourneaux en octobre 1827; deux autres sont en séchage, et seront mis en feu aussitôt que les moyens de la compagnie le lui permettront.

D. Quelle quantité de fer ont produite jusqu'ici vos forges, année moyenne ?

R. La fabrication a été, en 1825, de 5 millions de kilogrammes; en 1826, elle n'a été que de 3 millions de kilogrammes, la compagnie ayant alors ordonné de réduire la fabrication; en 1827, elle s'est élevée à quatre millions de kilogrammes; en 1828, elle pourra donner 5 millions de kilogrammes. Il faudrait qu'elle s'élevât à 6 millions de kilogrammes pour couvrir utilement les frais généraux; elle pourrait d'ailleurs être poussée à 10 millions de kilogrammes.

D. En disant qu'il faudrait que votre fabrication fût de 6 millions de kilogrammes de fer pour couvrir utilement vos frais généraux, c'est-à-dire, apparemment, pour vous constituer en état de bénéfice, vous établissez dans votre pensée un prix auquel vous voudriez vendre vos fers. Quel est ce prix?

R. 40 francs les 100 kilogrammes.

D. Voulez-vous parler du prix sur place?

R. Oui.

D. A quel prix vendez-vous maintenant le fer sur place?

R. Nous le vendons en ce moment fort mal, ou plutôt nous ne le vendons pas du tout. J'ai vendu au mois d'octobre dernier, une partie de fer, à 40 et à 38 francs; aujourd'hui on ne nous en offre que 34 francs, il y aurait perte notable.

D. A quel prix l'avez-vous vendu sur place en 1827, en 1826 et en 1825?

R. En 1827, de 45 à 54 francs; en 1826, de 54 à 58 francs; en 1825, de 46 à 58 francs.

D. Si vous pouvez vendre maintenant à 40 francs, il semble que les prix dont vous venez de parler ont dû vous donner des bénéfices considérables?

R. Non, ils ont même quelquefois donné de la perte; d'abord, parce qu'à ces époques le prix des fontes (et nous n'en fabriquions pas alors) était toujours plus élevé, comparativement, que celui des fers, et ensuite parce que la quotité de la fabrication, surtout en 1826 et 1827, a toujours été trop faible pour couvrir les frais généraux.

D. Où sont vos débouchés principaux?

R. Nous vendons à Saint-Étienne, à Lyon, dans le midi de la France, à Toulouse et à Bordeaux; de plus, sur tout le cours de la Loire jusqu'à Nantes inclusivement; dans l'est jusqu'à Besançon, et à Paris dans les momens de baisse: j'y ai vendu au mois d'octobre dernier 200,000 kilogrammes à 46 francs rendus à Paris, soit 40 fr. aux usines.

D. Il résulte de vos réponses que, pour les années 1825, 1826 et 1827, vous avez dû vous approvisionner en fontes ailleurs que dans vos propres établissemens. D'où les avez-vous tirées?

R. De la Bourgogne, de la Franche-Comté, et même de la Lorraine en 1825, à cause du haut prix qu'il nous fallait payer dans ces deux premières provinces.

D. Était-ce de la fonte fabriquée au charbon de bois, ou de la fonte fabriquée au coke?

R. C'était de la fonte fabriquée au charbon de bois.

D. Laquelle de ces fontes est de meilleure qualité?

R. Celle de la Franche-Comté.

D. Achetez-vous encore une partie de la fonte que vous convertissez en fer?

R. Je n'en achète pas maintenant, si ce n'est pour la fabrication de la tôle, et pour les moulages de notre établissement de Vienne.

D. A quel prix l'avez-vous payée dans le cours de cette année?

R. J'ai acheté à la foire de Châlons les fontes de Bourgogne 210 fr., en novembre 1827; 200 en mars 1828, et 190 en juillet 1828; j'aurais pu les acheter à 180 francs à la foire de Châlons du mois de novembre dernier. J'ai acheté, aux mêmes époques, les fontes de la

Franche-Comté, 230, 220 et 215 francs : je l'ai payée 210 francs en novembre dernier : le tout par 1,000 kilogrammes.

D. Parlez-vous du prix sur place?

R. Non, je parle du prix aux lieux de livraison, qui sont : pour la Bourgogne, Dijon et Grey, et pour la Franche-Comté, Besançon et Grey. Il faut ainsi déduire 10 francs environ du prix ci-dessus pour le transport des hauts-fourneaux aux lieux de livraison.

D. Quel est le prix moyen de transport, des lieux où la fonte vous est livrée, à votre établissement?

R. 30 francs terme moyen les 1,000 kilogrammes et frais de commission compris.

D. A combien aviez-vous acheté ces mêmes fontes en 1827, 1826 et 1825?

R. J'ai dit les prix de novembre 1827, jusque-là les prix avaient varié de 210 à 300 francs.

D. Il existe presque à côté de vous deux hauts-fourneaux (ceux de Janon) qui font de la fonte au coke et desquels ne dépend aucune forge; pourquoi n'achetez-vous pas cette fonte de préférence?

R. J'ai essayé en 1825 et 1826 d'employer cette fonte; mais je ne l'ai pas fait avec avantage. En 1827 la fonte de Janon s'étant améliorée par un mélange de minerai de Franche-Comté, je l'ai fait entrer pour un quart dans l'affinage.

D. Vous donnez donc jusqu'ici une grande préférence à la fonte fabriquée au charbon de bois sur la fonte fabriquée au coke?

R. Je n'hésite pas à dire que je préfère la fonte fabriquée au charbon de bois à celle fabriquée au coke avec le minerai de Saint-Étienne; mais j'emploie très-avantageusement la fonte fabriquée au coke dans les hauts-fourneaux de la Voulte avec le minerai exploité par la compagnie; cette fonte me donne une qualité de fer égale à celle du fer produit par la fonte de Bourgogne; le consommateur n'y fait pas de différence de prix. Toutefois, ce fer est moins bon que celui produit par la fonte de Franche-Comté.

D. Exploitez-vous, dans une concession qui vous soit propre, la houille nécessaire à vos forges?

R. La compagnie est propriétaire de deux concessions, l'une dite de Terre-noire, l'autre dite de la Côte-Thiolière; elle tirerait de ces concessions toute la houille nécessaire pour ses fabrications, si elle n'avait pas trouvé jusqu'ici à acheter à meilleur marché dans les exploitations voisines.

D. A combien vous revient, sur le carreau, la houille que vous achetez à d'autres exploitations voisines?

R. Nous avons trois espèces de houille : la houille chapelet, qui revient à 67 cent. 1/2 l'hectolitre, la houille grêle à 45 cent. l'hectolitre, et la houille menue à 30 centimes l'hectolitre.

D. De quel poids est votre hectolitre?

R. De 75 à 80 kilogrammes.

D. Dans quelle proportion employez-vous chacune de ces espèces?

R. Je répondrai à cette question en donnant notre consommation totale de 1827 dans chaque espèce : Nous avons consommé en 1827 :

6,000,000 kilogrammes de chapelet,
500,000 *idem*...... de grêle,
et 8,300,000 *idem*...... de menu,

dont 3 millions pour la fabrication du coke destiné à l'épuration des fontes. En 1828, je crois que le grêle est entré pour le tiers ou le quart au moins dans la consommation des fours à pudler et à réchauffer?

D. Ainsi l'on peut considérer la houille employée dans vos fours à pudler et à réchauffer comme vous revenant à un prix moyen de 60 centimes l'hectolitre, et la houille servant à votre fabrication de coke et à l'entretien de vos machines comme étant du prix de 30 centimes l'hectolitre?

R. Oui.

D. Combien employez-vous de houille pour produire 100 kilogrammes de coke?

R. 200 kilogrammes en plein air, et dans les fours 150 kilogramme.

D. Épurez-vous la totalité de vos fontes avant de les convertir en fers?

R. Nous épurons la presque totalité.

D. Quelle quantité de fonte brut employez-vous pour produire 1,000 kilogrammes de fonte épurée?

R. 1,100 kilogrammes de fonte fabriquée au charbon de bois, et 1,125 kilogrammes de fonte produite au coke.

D. Quelle quantité de fonte épurée employez-vous pour produire 1,000 kilogrammes de fer en lopins?

R. 1,000 kilogrammes.

D. Quelle quantité de fer en lopins employez-vous pour produire 1,000 kilogrammes de fer?

R. 1,100 kilogrammes.

D. Ainsi, si je vous ai bien compris, 1,000 kilogrammes de fer vous représentent très-approximativement l'emploi de 1,400 kilogrammes de fonte brute?

R. Oui.

D. Quelle quantité de coke employez-vous pour la première de vos opérations, c'est-à-dire pour le chauffage de la mazerie?

R. 630 kilogrammes.

D. Quelle quantité de houille employez-vous pour les deux dernières opérations, et pour le chauffage des machines appliquées aux trois opérations?

R. 2,800 kilogrammes, savoir : 1,100 kilogrammes pour le puddlage, 800 kilogrammes pour le réchauffage, et 900 kilogrammes pour les machines. Cette dernière consommation serait plus considérable si le roulement était complet.

D. A quelle somme estimez-vous la dépense des trois opérations en main-d'œuvre ?

R. A 33 fr. par 1,000 kilogrammes de fer marchand.

D. A combien estimez-vous la dépense pour les mêmes opérations en entretien, réparations et surveillance?

R. Ces espèces de dépenses sont fondues dans nos frais généraux, que nous évaluons, pour tout ce qui n'est pas main-d'œuvre et comptabilité, à 47 francs par 1,000 kilogrammes de fer, mais dans le cas seulement d'un roulement complet de 6 millions de kilogrammes; ils se sont élevés jusqu'à 80 francs, la fabrication étant jusqu'ici demeurée fort au-dessous de 6 millions de kilogrammes.

D. Entendez-vous appliquer cette somme de 47 francs ou de 80 francs aux frais généraux propres à la conversion de la fonte en fer seulement?

R. Oui.

D. Voulez-vous indiquer la nomenclature des dépenses que vous comprenez sous le titre de frais généraux?

R. L'intérêt à 5 pour cent des capitaux, soit immobiliers, soit de roulement; les traitemens divers, les chevaux et équipages, le renouvellement des outils, l'entretien des machines, la maçonnerie y compris l'entretien des forges, la charpenterie, les constructions, les frais de voyage, ports de lettres, &c.

D. Tous vos ouvriers sont-ils français; ou combien d'ouvriers anglais employez-vous?

R. Tous les ouvriers sont français, à l'exception d'une dizaine qui sont anglais; mais précédemment le nombre des ouvriers anglais s'est élevé jusqu'à quatre-vingts.

D. Quels sont les travaux auxquels les ouvriers anglais sont maintenant occupés?

R. Le pudlage et le laminage.

D. Quelle est la différence de leur salaire au salaire des ouvriers français occupés aux mêmes travaux ?

R. Le salaire était précédemment double pour un anglais; mais aujourd'hui il n'est plus guère que du tiers en sus.

D. La différence des salaires est-elle compensée par un meilleur travail des ouvriers anglais?

R. Les ouvriers anglais font en général mieux, et surtout il résulte de leur travail une moindre consommation.

D. Espérez-vous pouvoir vous passer prochainement d'ouvriers anglais, et obtenir d'ouvriers français un travail égal à moindre prix?

R. Les ouvriers français susceptibles de bien travailler commencent à se multiplier, et j'espère pouvoir bientôt obtenir d'eux un travail dont le résultat différera moins du résultat du travail des ouvriers anglais que les salaires des uns et des autres ne diffèrent entre eux.

D. Prévoyez-vous encore d'autres économies dans les frais de conversion de la fonte en fer, et à quel taux l'estimez-vous, pour 1,000 kilogrammes de fer?

R. Je prévois encore d'autres économies; mais je pense qu'elles resteront dans de telles limites que je ne pourrai pas produire à moins de 37 francs, pour le vendre à 40, du fer marchand provenant des fontes de la Voulte.

D. A combien produisez-vous maintenant?

R. A 37 francs.

D. Vous ne prévoyez donc pas d'économies ultérieures?

R. J'espère le produire à 34 francs pour le vendre à 37, mais seulement dans le cas où la fabrication serait portée à 10 millions de kilogrammes.

D. La conversion de la fonte en fer dans votre établissement de forges, considéré isolément, a-t-elle donné des bénéfices à votre compagnie?

R. Il y a eu bénéfice dans les années de forte fabrication et de vente à bon prix; mais il y a eu perte dans les années où, même le prix étant avantageux, la fabrication a été moins considérable.

D. A quelle somme estimez-vous la valeur immobilière de vos établissemens de forges, y compris les accessoires faisant partie de l'immeuble par destination?

R. A 800,000 fr. en cas de liquidation forcée, et à 1,200,000 fr. comme valeur commerciale.

D. Quelle somme a coûté à votre compagnie cette valeur que vous estimez commercialement à 1,200,000 francs?

R. 1,670,000 francs.

D. A quelle somme estimez-vous le fonds de roulement nécessaire pour l'exploitation de ces mêmes forges?

R. A un million.

D. Combien de hauts-fourneaux avez-vous maintenant en activité à la Voulte, et à quelle époque chacun d'eux a-t-il été mis en feu?

R. Deux en activité qui ont été mis en feu au mois d'octobre 1827; les autres sont prêts à être mis en feu.

D. A quelle époque comptez-vous mettre les autres en feu?

R. Aussitôt que les moyens de la compagnie le lui permettront.

D. Quelle quantité de fonte vous donnent par mois ces deux hauts-fourneaux maintenant en activité?

R. 210,000 kilogrammes chacun.

D. Combien par année?

R. 2,500,000 kilogrammes.

D. Consommez-vous dans vos forges de Terre-Noire la totalité des fontes produites par vos hauts-fourneaux?

R. Oui.

D. Vous proposez-vous de consommer dans vos forges toute la fonte que pourront ultérieurement produire vos hauts-fourneaux?

R. Oui.

D. A quelle distance le minerai se trouve-t-il de vos hauts-fourneaux?

R. A 1,000 mètres au plus.

D. Quel est son rendement?

R. Il peut s'élever jusqu'à 55 p. 0/0; mais pour assurer une meilleure qualité à la fonte, il convient de la réduire à 45 p. 0/0 par l'addition de matières stériles.

D. A combien vous revient-il rendu à l'usine?

R. A 88 centimes les 100 kilogrammes; nous espérons réduire ces frais à 75 centimes.

D. Serait-il assez abondant pour alimenter un plus grand nombre de hauts-fourneaux que ceux que vous avez établis?

R. Les masses reconnues peuvent suffire au roulement de quatre hauts-fourneaux pendant deux siècles. Il paraît que celles à reconnaître pourraient fournir de quoi alimenter un beaucoup plus grand nombre de fourneaux.

D. En parlant de masses reconnues et de masses à reconnaître, entendez-vous parler seulement du territoire compris dans votre concession?

R. Oui.

D. Quelle est l'étendue de votre concession?

R. 101 kilomètres carrés.

D. A quelle distance de votre concession pensez-vous qu'il existe un sol pouvant fournir du minerai semblable?

R. Je n'en connais pas.

D. D'où tirez-vous le coke qui alimente vos hauts-fourneaux?

R. De Rive-de-Gier.

D. Tirez-vous aussi de Rive-de-Gier la houille nécessaire à votre machine à vapeur?

R. Oui.

D. A combien vous revient le coke, rendu à vos hauts-fourneaux?

R. A 2 francs 70 centimes, tous frais et déchets déduits.

D. Et la houille?

R. A 1 franc 50 centimes l'hectolitre, tous frais et déchets compris.

D. Espérez-vous les obtenir prochainement à meilleur marché?

R. Oui.

D. Sur quoi fondez-vous cette espérance?

R. Sur l'achèvement du chemin de fer de Saint-Étienne à Lyon, parce qu'alors nous pourrons envoyer à la Voulte la houille provenant de notre propre exploitation.

D. A quel prix pensez-vous pouvoir obtenir alors le coke et la houille?

R. Le coke à 2 francs 30 centimes et la houille à 1 franc 20 centimes.

D. Quelle quantité de coke employez-vous dans les hauts-fourneaux pour produire 1,000 kilogrammes de fonte, et combien de houille pour la machine à vapeur?

R. 2,700 kilogrammes de coke pour les fourneaux et 380 kilogrammes de houille pour la machine à vapeur; mais j'espère parvenir à réduire la consommation du coke à 2,500 kilogrammes, peut-être même à 2,250.

D. Quelle quantité de castine y employez-vous, et quel prix vous coûte cette quantité?

R. 775 kilogrammes de castine, coûtant 1 franc 24 centimes.

D. Quelle quantité de minerai employez-vous pour produire 1,000 kilogrammes de fonte?

R. 2,225 kilogrammes.

D. A quelle somme estimez-vous les frais de main-d'œuvre pour la production de 1,000 kilogrammes de fonte?

R. A 7 francs en roulement complet.

D. A combien estimez-vous la dépense en entretien, réparations et surveillance pour une même production?

R. Ces diverses dépenses sont fondues dans nos frais généraux, qui s'élèveront à 19 francs 20 centimes par 1,000 kilogrammes de fonte, le roulement étant complet; ils s'élèvent maintenant à 34 fr.

D. Combien vous coûte le transport à vos forges de 1,000 kilogrammes de fonte produits à la Voulte?

R. 27 francs 30 centimes.

D. Est-ce que votre concession de la Voulte s'applique exclusivement au minerai, et n'avez-vous aucune espérance d'exploiter de la houille sur le même sol?

R. La concession obtenue par la compagnie s'applique exclusivement au minerai. La compagnie a fait reconnaître des couches de houille près de Privas, à trois lieues de la Voulte, et elle en sollicite la concession.

D. A combien estimez-vous la valeur immobilière de vos hauts-fourneaux de la Voulte, en y comprenant les accessoires qui font partie de l'immeuble par destination?

R. A 1,200,000 francs.

D. A combien évaluez-vous le fonds de roulement nécessaire pour l'exploitation de chacun de vos hauts-fourneaux?

R. A 80,000 francs.

D. L'exploitation des hauts-fourneaux, maintenant en activité, donne-t-elle des bénéfices à votre compagnie?

R. Elles ne donne pas maintenant de bénéfices : elle donnera un bénéfice de 20 francs par 1,000 kilogrammes, quand le roulement sera complet.

D. Pouvez-vous dire de quel prix l'établissement des forges crédite celui des hauts-fourneaux par 1,000 kilogrammes de fonte?

R. De 175 francs. Ces fontes reviennent à 127 francs 6 centimes à l'établissement de la Voulte, et à 154 francs 36 centimes rendues aux forges.

D. Quels motifs ont déterminé votre compagnie à établir ses hauts-fourneaux à la Voulte où la houille manque, plutôt qu'à Saint-Étienne où sont situées vos forges, et où la houille abonde? Serait-ce que le minerai manque dans les mines de Saint-Étienne?

R. Le minerai manque dans les mines de Saint-Étienne. Les hauts-fourneaux de Janon ne trouvent dans les mines locales du minerai que pour alimenter le tiers au plus de leur fabrication.

D. Vous savez quel prix doit mettre la France à payer le fer beaucoup moins chèrement qu'elle ne le paie depuis plusieurs années;

vous comprenez, aussi bien que nous, qu'une notable diminution des prix ne peut guère être obtenue que d'une grande fabrication de fonte au coke dans des lieux où la houille et le minerai se trouveraient fort rapprochés l'un de l'autre, et ensuite de la conversion de la fonte en fer avec cette même houille. De grandes espérances s'étaient attachées, sous ce rapport, à l'exploitation du bassin houillier de Saint-Étienne, où l'on se flattait de trouver le minerai et la houille presque réunis. Quelle est, d'après votre connaissance des localités, votre opinion sur ce qui peut rester d'une telle espérance?

R. On s'est trompé en espérant une grande exploitation de minerai dans le bassin de Saint-Étienne. Ces mines ne donnent et ne paraissent devoir donner de minerai que dans une proportion très-inférieure à la quantité de houille dont elles abondent; et de plus, les expériences faites jusqu'ici n'ont pas prouvé que les fontes obtenues avec ce minerai fussent d'une qualité propre à produire du bon fer.

D. Votre opinion étant que le bassin houillier de Saint-Étienne est peu riche en minerai, croyez-vous néanmoins qu'à l'aide de sa richesse en houille on puisse y établir avec avantage une grande fabrication de fonte, en y apportant du minerai de certaines contrées voisines?

R. Oui; toutefois le succès deviendrait fort douteux s'il venait à s'établir une grande fabrication sur des points où le minerai et la houille se trouveraient réunis en grande abondance.

D. A combien pensez-vous qu'on puisse espérer obtenir, dans le bassin houillier de Saint-Étienne, la fonte produite au coke avec un minerai provenant d'autres départemens?

R. A 190 francs.

D. A combien reviendraient 1,000 kilogrammes de fer produits avec la fonte coûtant 190 francs?

R. A 400 francs au moins, tous frais compris.

D. A combien pourriez-vous produire la fonte à Terre-Noire avec du minerai de la Voulte?

R. A 145 francs.

D. Entre-t-il dans les vues de votre compagnie de vendre du minerai de la Voulte pour les hauts-fourneaux du bassin de Saint-Étienne?

R. La compagnie en vendrait, mais seulement au prix du minerai de Franche-Comté, et en ajoutant à ce prix la plus-value du rendement.

D. Est-il dans votre pensée que l'exploitation des usines à fer de Saint-Étienne doive beaucoup s'améliorer par l'établissement du chemin de fer allant à Lyon?

R. Oui, sans doute.

D. Sous quels rapports?

R. Par cette raison que le prix des transports respectifs, qui est aujourd'hui de 17 francs 50 centimes par 1,000 kilogrammes, terme moyen, sera réduit à 6 francs.

D. Quel pensez-vous que serait, sur les usines du bassin de Saint-Étienne, l'effet d'une réduction des droits sur les fers étrangers provenant d'un même travail, si, par exemple, cette réduction n'excédait pas 5 francs?

R. Cette réduction qui, dans mon opinion, porterait un coup mortel à l'ensemble des forges de France, pourrait aussi devenir une cause de ruine pour nos usines.

D. Cependant vous pouvez, dès ce moment, produire le fer à 37 francs, et vous savez que le fer anglais, chargé du droit de 27 francs 50 centimes, ne peut s'établir dans nos ports au-dessous de 48 à 50 francs?

R. J'ai parlé du prix de 37 francs comme d'un prix d'avenir; mais j'ai dit qu'aujourd'hui le prix de 40 francs nous est indispensable. Or, il m'en coûte 6 francs 50 centimes pour envoyer mon fer à Nantes et à Bordeaux. Si le droit du fer anglais était réduit de 5 fr. 50 cent, toute concurrence me deviendrait, pour quelques années encore, impossible.

D. Auriez-vous la même opinion sur l'effet d'une telle réduction, si elle était compensée par une garantie législative de la durée, pendant un assez long temps, de la portion du droit actuel qui aurait été maintenue?

R. Franchement, je crois qu'avec une longue garantie d'un droit de 22 fr., ma compagnie se sentirait encouragée à des efforts dont le succès serait probable après peu d'années; mais je suis persuadé qu'une réduction quelconque arrêterait toute création de nouveaux établissemens de même genre. Et surtout je ne puis m'empêcher de dire que, dans mon intime conviction, on précipiterait la ruine de tous les établissemens travaillant au charbon de bois.

D. Quel serait, dans votre opinion, l'effet sur les forges de France en général d'une disposition qui permettrait d'introduire, moyennant un faible droit, des fers exclusivement destinés à la construction des chemins de fer?

R. Je pense que, dès ce moment, tous les producteurs de fer, se sentant abandonnés par la protection qui les a défendus jusqu'ici, tomberaient dans un grand découragement.

Séance du 6 Décembre,

Présidée par le Ministre.

M. MARTIN, *fondeur, à Rouen.*

D. Quelles espèces de pièces produit votre fonderie?

R. Des pièces de toute espèce, pour métiers à filer et à tisser, et pour moteurs hydrauliques.

D. D'où tirez-vous la fonte que vous employez?

R. D'Angleterre exclusivement.

D. Vous n'avez donc pas pu trouver en France une qualité de fonte qui convînt à votre fabrication?

R. Non.

D. Avez-vous essayé d'employer des fontes françaises?

R. Oui, nous avons essayé des fontes de Franche-Comté et de Fourchambault. Ces dernières sont les seules en France qui approchent de celles d'Angleterre par leur douceur et leur fluidité; mais il leur manque une qualité essentielle, savoir la tenacité.

D. A combien vous reviennent les fontes anglaises?

R. A 260 fr. les 1,000 kilog., droit compris.

D. Sont-ce des fontes mazées?

R. Non; ce sont des fontes de moulerie, n.° 1.

D. Pour quelle somme entre généralement la valeur de la fonte dans le prix des machines que vous fabriquez; et, par exemple, d'un arbre hydraulique?

R. Elle y entre pour un tiers.

D. Vendez-vous en général vos machines au poids ou à la pièce?

R. Nous les vendons toujours au poids.

D. Combien vendez-vous les 100 kilog.?

R. 60 fr. les grosses pièces hydrauliques, et 80 fr. les pièces de mécanique, attendu qu'elles sont plus difficiles à mouler.

D. S'importe-t-il d'Angleterre, sous la dénomination de machines, et par conséquent au droit de 15 p. 0/0 de la valeur, des pièces de la nature de celles que vous vendez 60 fr.?

R. Oui.

D. S'en importe-t-il aussi de la nature de celles que vous vendez 80 fr.?

R. Je ne le pense pas.

D. A quel prix pensez-vous que reviennent importées en France, après avoir payé le droit de 15 p. 0/0, les pièces de l'espèce de celles que vous vendez 60 fr.?

R. Elles reviennent à 50 fr.

D. Ces machines anglaises qui arrivent ici à 50 francs, sont-elles d'un aussi bon usage que celles que vous vendez 60 francs?

R. Oui, car elles sont faites avec la même matière et elles ont subi le même travail.

D. Les pièces anglaises dont vous parlez sont-elles de seconde fusion?

R. Oui.

D. Pensez-vous que l'on importe d'Angleterre, sous la forme de pièces de moulerie, des fontes que l'on ferait admettre au droit de 15 pour cent fixé pour les machines, au lieu du droit fixé pour la fonte même?

R. Je ne pense pas que cet abus puisse avoir lieu.

D. Pensez-vous qu'on puisse en Angleterre, obtenir, moyennant une certaine augmentation de prix, de la fonte de première fusion, ayant l'apparence de pièces à machine, et qui à ce titre ne paierait que le droit de 15 pour cent?

R. Oui.

D. Croyez-vous qu'il s'en importe ainsi beaucoup?

R. Je sais que cela se pratique, particulièrement pour les tuyaux et les chaudières à vapeur, qui, à raison de leur faible valeur qui résulte du peu de complication du travail, paient comme machines un droit moindre que la charge imposée sur la fonte par le droit de 9 francs les 100 kilogrammes.

D. Éprouvez-vous quelque dommage de la disposition qui limite le poids et la forme dans laquelle la fonte peut être importée?

R. Un très-grand dommage : cette limitation d'abord nous oblige à commander d'avance les fontes en Angleterre; et comme, une fois qu'elles ont été fondues pour notre compte, il nous faut les prendre bonnes ou mauvaises, il arrive que les qualités que nous recevons ne répondent pas à notre attente. Il arrive aussi quelquefois que, les gueuses importées n'ayant pas la totalité du poids déterminé, la douane refuse de les admettre. J'ajoute qu'en raison des difficultés qu'offre le maniement d'aussi fortes masses, les frais de l'arrimage, de la mise à terre, du transport de nos usines, et de la casse, sont plus élevés qu'ils ne devraient l'être, et que la mise en fusion est également plus coûteuse. Je crois qu'on peut évaluer à 20 p. 0/0 de la valeur première de la fonte le surcroît de dépense que nous occasionne, sous tous ces rapports, la restriction dont il s'agit.

D. Vous savez que cette restriction a eu pour objet d'empêcher que, sous la forme de fonte brute, on n'introduisît des massiaux de fer. Pensez-vous que la douane fût en mesure de se défendre contre ce genre de fraude, dans le cas où la limite du poids viendrait à être effacée?

R. Elle le pourrait facilement. Il suffirait, par exemple, de laisser tomber les petites gueuses à faux sur un corps dur : elles se briseraient aussitôt si elles étaient en fonte, tandis que les massiaux résisteraient.

D. Pensez-vous que nous devions rester long-temps dans cette condition, qu'il nous faille, pour faire de bonnes pièces de machines, employer exclusivement de la fonte anglaise; ou bien vous semble-t-il que la fabrication de la fonte française s'améliore de manière à pouvoir bientôt remplacer celle de l'Angleterre?

R. Je ne vois pas que, depuis sept ans que le droit protège la fabrication de la fonte française, les qualités se soient améliorées; et dès-lors, je doute qu'un tel résultat puisse être prochainement obtenu.

D. Avez-vous été dans le cas d'employer concurremment avec les fontes anglaises des fontes de Franche-Comté?

R. J'en ai employé il y a trois à quatre ans, mais sans en être satisfait; j'ignore si, depuis lors, elles se sont perfectionnées.

D. Depuis combien d'années avez-vous cessé d'employer des fontes françaises?

R. Nous en avons encore employé cette année : c'étaient des fontes de Fourchambault.

D. Quelles sont les observations générales que vous croyez utile de soumettre à la Commission sur les inconvéniens du régime actuel des machines?

R. Nous avons surtout à nous plaindre des manœuvres à l'aide desquelles la charge du droit d'entrée est en partie éludée. La prescription de la loi d'après laquelle, lorsqu'on introduit une machine en France, on est tenu d'en fournir un plan détaillé, comme moyen de contrôler l'évaluation, est loin de prévenir tous les abus. J'ai la certitude qu'il est entré, comme faisant partie d'une machine à vapeur, des pièces de rechange destinées à d'autres machines construites en France; et que, par exemple, avec une machine à vapeur de la force de huit chevaux, il a été introduit des pièces propres à une machine de trente chevaux; de telle sorte que la machine de la force de huit chevaux ayant été déclarée à sa valeur véritable, et aucune addition n'ayant été faite à cette valeur pour les pièces accessoires, ces dernières sont entrées complétement en franchise. Cet abus est assez fréquent au Havre, à Nantes, à Bordeaux; il a pour résultat, de nous enlever la vente des pièces de rechange de la nature de celles dont je viens de parler.

D. Les pièces accessoires ainsi introduites en même temps que la machine de huit chevaux que vous venez de citer étaient-elles décrites dans la déclaration remise à la Douane?

R. Je ne le pense pas.

D. Attribuez-vous uniquement au droit que paie en France la fonte anglaise l'excédant de prix que les machines françaises d'une certaine espèce prétendent sur celles de la même espèce qui se fabriquent en Angleterre?

R. J'attribue également cette plus grande cherté à ce que le combustible, les limes, l'acier, tout le matériel enfin de la fabrication est trois fois plus cher en France qu'en Angleterre; et je profiterai de cette occasion pour déclarer que, dans mon opinion, le taux actuel de 15 p. 0/0 sur les machines n'est pas suffisamment protecteur, et que, d'un autre côté, le tarif actuel des fontes est beaucoup trop élevé.

Séance du 6 Décembre,

Présidée par le Ministre.

M. De Gargan, directeur des forges d'Hayange, &c., département de la Moselle.

D. Vous exploitez les forges d'Hayange et de Moyeuvre. Quelle est la consistance de ces établissemens?

R. Quatre hauts-fourneaux, douze fours à pudler, quatorze fours à réchauffer, six feux d'affinerie ordinaire, au charbon de bois, deux fours à réverbères, servant à mazer, quatre machines à vapeur de la force de vingt-cinq, de vingt, de seize et de douze chevaux.

D. Fabriquez-vous la fonte au bois ou au coke?

R. Nous en fabriquons par l'un et par l'autre procédés.

D. Ne la fabriquez-vous pas aussi avec un mélange de coke et de charbon de bois?

R. Non.

D. Convertissez-vous la fonte en fer au moyen du charbon de bois ou de la houille?

R. Également par l'un et par l'autre procédés.

D. Quelle quantité de fonte produisez-vous maintenant; 1.° au charbon de bois; 2.° au coke?

R, 5,400,000 kilogrammes au charbon de bois, et 600,000 kilogrammes au coke. Nous nous proposons d'augmenter cette dernière production.

D. Combien avez-vous de hauts-fourneaux qui produisent au charbon de bois, et combien en avez-vous qui produisent au coke?

R. Ils produisent indifféremment par l'un et par l'autre combustibles.

D. Êtes-vous dans l'usage de finer ou mazer quelque partie de votre fonte?

R. Nous ne mazons pas la fonte que nous produisons nous-mêmes, mais nous mazons de la fonte que nous achetons.

D. La fonte que vous mazez est-elle destinée pour le moulage?

R. Nous l'employons à mouler certains objets.

D. Vendez-vous de la fonte brute?

R. Non, nous employons toute celle que nous produisons.

D. D'où tirez-vous celle que vous achetez?

R. De la Moselle et du Haut-Rhin.

D. Combien l'achetez-vous maintenant?

R. 210 francs rendue à l'usine.

D. L'avez-vous achetée plus cher antérieurement?

R. Le plus haut prix auquel nous l'ayons payée est 220 francs.

D. Quelle quantité de fer produisez-vous annuellement?

R. 5,200,000 kilogrammes.

D. Quelle part prend dans ces 5,200,000 kilogrammes le fer fabriqué au charbon de bois et provenant de fonte achetée hors de votre établissement?

R. 1,200,000 kilogrammes.

D. Convertissez-vous en fer au moyen de la houille toute la fonte qui est produite dans votre établissement?

R. Oui.

D. Quelle est dans le total des fers que vous fabriquez ainsi à la houille la quantité qui provient de la fonte au charbon de bois, et quelle est la quantité qui provient de la fonte au coke?

R. Nous fabriquons en tout 4 millions de kilogrammes de fer à la houille; 400,000 proviennent de la fonte au coke, et 3,600,000 de la fonte au charbon de bois.

D. Quels sont vos débouchés principaux?

R. Paris, Lyon, Charleville, et le voisinage de nos établissemens.

D. A quel prix vendez-vous maintenant sur place le fer travaillé au bois et provenant de fonte achetée hors de vos établissemens?

R. Nous ne le vendons pas : nous l'employons dans notre fabrique de fer blanc; mais nous en débitons ce dernier établissement au prix de 47 francs.

D. A quel prix vendez-vous maintenant, sur place, le fer provenant de fonte fabriquée chez vous au charbon de bois?

R. A 38 francs.

D. A combien vendez-vous le fer provenant de vos fontes produites au coke?

R. Nous le vendons à-peu-près le même prix.

D. Quel est le prix auquel précédemment vous portiez au compte de votre fabrique de fer blanc le fer que vous fabriquez au charbon de bois avec de la fonte que vous achetez?

R. Nous avons toujours porté au compte de cette fabrique le prix de 47 francs; mais il est arrivé qu'elle a dû acheter du fer produit dans d'autres fabriques que la nôtre en le payant 60 francs?

D. A quel prix avez-vous antérieurement vendu sur place le fer provenant de fonte obtenue au charbon de bois?

R. 42 francs.

D. Combien vous coûte la corde de bois, et combien de pieds cubes a-t-elle?

R. 12 francs sur pied la corde de quatre-vingt-huit pieds cubes; nous achetons les deux tiers de notre bois dans un rayon de six à huit lieues, et le reste dans le duché de Deux-Ponts.

D. A combien vous revient maintenant, la corde de bois étant à 12 francs et tous frais compris, la banne de charbon rendue dans vos usines, et combien de pieds cubes contient-elle?

R. A 100 francs; elle contient cent cinquante-cinq pieds cubes.

D. Vous avez dit que vous achetiez une partie de votre bois à l'étranger; à combien vous revient, dans vos usines, la banne de charbon de cette provenance ?

R. Au même prix, à cause de l'éloignement et des frais de transport.

D. Quel est le plus bas prix auquel la banne de charbon vous soit revenue antérieurement ?

R. De 60 à 70 francs; c'était en 1821.

D. D'où tirez-vous votre minerai ?

R. Nous en obtenons la plus grande partie sur les lieux mêmes, c'est-à-dire à Hayange et à Moyeuvre.

D. Quelle est la richesse de votre minerai ?

R. De 33 pour 0/0.

D. Pour quelle somme entre-t-il de minerai dans le coût de 1,000 kilogrammes de fonte ?

R. Pour 15 francs.

D. D'où tirez-vous le coke et la houille ?

R. De Sarrebrouck.

D. A combien vous reviennent dans vos usines 100 kilogrammes de coke ?

R. A 5 francs les 100 kilogrammes.

D. Combien vous coûtent-ils au lieu de l'extraction ?

R. 2 francs.

D. A combien vous revient, dans vos usines, l'hectolitre de houille ?

R. Nous ne comptons pas par hectolitre : les 100 kilogrammes nous reviennent à 2 francs 80 centimes.

D. Combien nous coûtent-ils au lieu de l'extraction ?

R. 1 franc.

D. Pouvez-vous dire à combien vous reviennent, déduction faite des frais généraux, seulement, 1,000 kilogrammes de fonte crue obtenue au charbon de bois, et 1,000 kilogrammes de fonte crue obtenue au coke?

R. 150 francs pour la fonte au charbon de bois, et 135 francs pour la fonte au coke.

D. Pourriez-vous dire à combien vous reviennent, déduction faite des mêmes frais généraux, 1,000 kilogrammes de fer travaillé à la houille?

R. A 352 francs.

D. Pourriez-vous indiquer quel est, pour 1,000 kilogrammes de fonte et pour 1,00 kilogrammes de fer, le montant de vos frais généraux appliqués à la totalité de votre établissement?

R. 25 francs pour 1,000 kilogrammes de fonte, et 41 francs 20 centimes pour 1,000 kilogrammes de fer.

D. D'après les réponses que vous venez de faire, je trouve que le fer vous reviendrait à plus de 39 francs. Vous nous avez dit précédemment que vous le vendiez 38 francs; vous vendez donc aujourd'hui à perte?

R. Oui, nous vendons à perte, en ce sens que notre capital immobilier et notre fonds de roulement ne nous rapportent pas 5 pour cent d'intérêt.

D. Quel effet pensez-vous que produirait sur les usines travaillant au charbon de bois et sur celles travaillant à la houille, une réduction de droits sur les fers étrangers, en supposant, par exemple, que cette réduction n'excédât pas 5 francs?

R. Une telle réduction serait, selon moi, très-dommageable à un grand nombre d'usines, et pourrait même les forcer à interrompre leurs travaux; pour ma part, je ne craindrais pas tant l'effet matériel d'une telle mesure, que l'influence qu'elle exercerait sur les esprits, et la secousse que, sous ce rapport, elle ne pourrait manquer d'opérer sur le marché français.

D. Lorsque vous parlez du dommage qu'éprouveraient un grand nombre d'usines, vous entendez dire sans doute, qu'elles seraient hors d'état d'opérer sur leurs prix une baisse proportionnée à la réduction du droit?

R. Je crois qu'une baisse quelconque suffirait pour produire le dommage dont j'ai parlé, et je suis convaincu que, si une réduction de 5 francs sur le droit devait avoir pour effet d'étendre cette baisse des prix jusqu'à la même somme de 5 francs, c'en serait fait de l'industrie des fers en France.

D. Pensez-vous que cette réduction de droit de 5 francs faciliterait l'importation des fers étrangers, au point que nos forges seraient dans l'obligation de réduire leurs prix de la même somme de 5 francs?

R. Il en résulterait, selon moi, pour nos forges, l'obligation de baisser leur prix de 3 à 4 francs.

D. Et vous ne pensez pas qu'elles puissent supporter une telle diminution?

R. Je ne le pense pas, quant à présent.

D. Cette impossibilité où vous dites que seraient les forges d'abaisser leurs prix était également alléguée à l'époque où le fer valait 50 francs; or, elles devaient obtenir à cette époque de grands bénéfices, puisque, depuis lors, les prix sont descendus à 45 francs; et même au-dessous de 40 francs, et que cependant elles n'ont pas cessé de travailler?

R. Il y avait à cette époque plus d'avantage à produire; mais cet avantage a toujours été exagéré par l'opinion. Je dois dire, toutefois, qu'aujourd'hui on fabrique avec plus d'économie, que les salaires sont moins élevés, que l'on consomme moins de combustible, et que par conséquent on peut se contenter d'un prix moindre qu'à l'époque dont nous parlons.

D. Dans quelle relation de qualité croyez-vous que soient vos fers avec les fers demi-roche de Champagne?

R. Nos fers sont d'une qualité un peu inférieure aux fers demi-roche de Champagne. Ils portent le nom de *fer métis*.

D. Quelle est votre opinion sur la situation des forges du duché de Luxembourg?

R. Elles sont dans un état complet de décadence, ce qu'il faut attribuer à la cessation du débouché qu'autrefois elles trouvaient en France, et à la concurrence que leur font les maîtres de forges français pour l'achat des bois dans la Belgique.

Séance du 6 Décembre,

Présidée par le Ministre.

M. Goupil, propriétaire de forges situées dans les départemens d'Eure-et-Loir et de l'Orne.

D. Quelle est la consistance de vos usines?

R. Elles se composent de quatre hauts-fourneaux, six raffineries et trois chaufferies.

D. Produisez-vous exclusivement au charbon de bois soit la fonte, soit le fer?

R. Oui.

D. Quelle quantité de fonte produisez-vous annuellement?

R. 2,000,000 de kilogrammes environ.

D. Sur ce produit, quelle quantité est propre au moulage?

R. A-peu-près la moitié.

D. Combien vendez-vous cette fonte sur place?

R. 280 francs les 1,000 kilogrammes.

D. A quel prix l'avez-vous précédemment vendue?

R. Nous l'avons vendue 300 francs l'année dernière, et précédemment jusqu'à 340 francs.

D. Vendez-vous de la fonte crue?

R. Non, nous employons toute celle que nous fabriquons.

D. En achetez-vous?

R. Pas actuellement; mais nous en avons acheté, il y a plusieurs années.

D. Quelle quantité de fer produisez-vous annuellement?

R. 7 à 800,000 kilogrammes.

D. Quels sont vos principaux débouchés?

R. Nous vendons les trois quarts de nos produits dans notre localité même; nous vendons le reste à Paris et à Rouen.

D. Faites-vous des fers de diverses qualités?

R. Nous n'en faisons que d'une seule qualité.

D. Combien les vendez-vous maintenant sur place?

R. 53 à 54 francs les 100 kilogrammes.

D. A quel prix les avez-vous précédemment vendus?

R. A 57 et 58 francs.

D. Dans quel rapport estimez-vous que soit la qualité de votre fer avec le fer du Berry?

R. Notre fer est moins doux, mais il est plus propre à la taillanderie.

D. Dans quelle relation de qualité supposez-vous qu'il soit avec le fer de roche de Champagne?

R. Je les regarde comme égaux en qualité; seulement le nôtre convient à des usages d'un autre genre.

D. Vous savez que le fer anglais peut se présenter en France, droits acquittés, à 49 francs; il en était ainsi quand vous vendiez votre fer 58 francs; sans doute cette préférence provenait de leur qualité supérieure?

R. Notre fer obtenait la préférence à cause de sa supériorité de qualité sur le fer anglais. Je crois, du reste, qu'à l'époque où nous obtenions 58 francs, le fer anglais revenait à plus de 49 francs.

D. Attribuez-vous à la concurrence des fers anglais la réduction de prix que les vôtres ont subie?

R. J'attribue cette réduction non-seulement à la concurrence des fers anglais, mais encore à celle des fers français fabriqués à la houille.

D. Combien vous coûte maintenant la corde de bois sur pied, et combien de pieds cubes contient-elle?

R. 12 à 13 francs. Elle est de quatre-vingt-quatre pieds cubes.

D. Combien vous a-t-elle coûté précédemment, et, par exemple, il y a sept à huit ans?

R. Elle a coûté 10 francs en 1821.

D. De combien de pieds cubes est votre banne de charbon?

R. Nous ne comptons pas par banne, mais par quintal métrique.

D. A combien, la corde de bois valant 12 francs, vous reviennent dans vos usines les 100 kilogrammes de charbon de bois?

R. A 10 francs à-peu-près.

D. A quel prix vous sont-ils revenus en 1821?

R. A 8 francs 50 centimes.

D. Combien de charbon de bois employez-vous pour produire 1,000 kilogrammes de fonte?

R. 1,000 kilogrammes de charbon de bois dans un de nos fourneaux. Il en faut 1,200 kilogrammes dans les trois autres.

D. De quelle distance tirez-vous vos minerais?

R. D'une distance de quatre lieues.

D. Quel en est le rendement?

R. De 40 à 45 p. 0/0.

D. Pour quelle somme de minerai employez-vous dans la fabrication de 1,000 kilogrammes de fonte?

R. Pour 37 francs 50 centimes.

D. Pourriez-vous dire à combien vous reviennent, déduction faite des frais généraux, 1,000 kilogrammes de fonte crue?

R. A 180 francs.

D. A combien se montent, pour ces 1,000 kilogrammes de fonte, les frais généraux?

R. A 20 francs.

D. Pourriez-vous dire à combien vous reviennent, déduction faite des frais généraux, 1,000 kilogrammes de fer?

R. A 540 francs les frais généraux compris.

D. Quel pensez-vous que serait pour vos usines l'effet d'une réduction de 5 francs du droit sur les fers étrangers?

R. Je serais dans la nécessité d'interrompre les travaux dans une partie de mes usines; déjà sous l'influence de la baisse qu'à subie le prix des fers, deux de ces hauts-fourneaux ont cessé de travailler.

Séance du 9 Décembre,

Présidée par le Ministre.

M. Galos, délégué de la Chambre de commerce de Bordeaux.

D. Dans quelle proportion le fer français et le fer étranger sont-ils employés dans la construction des navires?

R. Je ne puis répondre avec exactitude à cette question. Je crois qu'on peut supposer qu'on emploie à-peu-près deux tiers de fer français et un tiers de fer étranger.

D. D'où tire-t-on à Bordeaux le fer français?

R. Des Landes, du Périgord, de la Dordogne et de l'Ariége.

D. A quel prix revient en général, rendu à Bordeaux, le fer français employé par les constructeurs?

R. Le fer des Landes et de Saint-Étienne revient à Bordeaux à 48 et 50 francs. Le fer de la Dordogne et de l'Ariége revient à 56 et 58 francs.

D. Croyez-vous que ces prix aient été plus bas à des époques antérieures ?

R. Ils ont été plus bas antérieurement à l'établissement du droit actuel.

D. A combien revient en ce moment à Bordeaux le fer de Suède, droits acquittés ?

R. A 56 et 58 francs.

D. C'est aussi le prix auquel vous venez de dire que revient dans cette ville le fer de la Dordogne et de l'Ariége ; y a-t-il égalité de qualité entre ces fers et celui de la Suède ?

R. Il n'y a pas tout-à-fait égalité, mais la supériorité du fer de Suède est peu considérable. Ce fer a toutefois des propriétés qui le rendent plus propre que tout autre à certains usages.

D. Emploie-t-on du fer laminé à la construction des navires ?

R. Fort peu : en général, à Bordeaux, on préfère encore, par l'effet de l'habitude, le fer travaillé au charbon de bois au fer travaillé à la houille.

D. Quel est à Bordeaux le prix des fers anglais ?

R. Il ne s'y vend pas de fer anglais pour la consommation ; mais le prix en entrepôt est de 25 à 26 francs les 100 kilogrammes.

D. Quel est, dans les chantiers de Bordeaux le coût de l'établissement d'un navire de deux cents tonneaux, avec tous les accessoires nécessaires pour lui faire prendre la mer ; mais non compris les approvisionnemens en vivres ?

R. Le coût de l'établissement d'un navire de deux cents tonneaux est d'environ 300 francs par tonneau. Les navires de ce tonnage sont particulièrement destinés aux voyages des Antilles ; quant aux navires de trois cents, quatre cents et cinq cents tonneaux, destinés pour les Indes et la mer du Sud, je crois pouvoir les estimer à 400 francs par tonneau.

D. Quelle quantité de fer en barres pensez-vous qu'il entre dans la construction d'un navire de deux cents tonneaux ?

R. 12,000 kilogrammes, c'est-à-dire 60 kilogrammes par tonneau.

D. On nous a pourtant dit qu'à Nantes il n'entrait que 7 à 8,000 kilogrammes de fer dans une telle construction?

R. Il est reconnu qu'on construit à Bordeaux avec plus de solidité, et qu'on y emploie une plus grande quantité de fer ainsi que de bois.

D. Cette différence de proportion se retrouve-t-elle aussi dans les navires de trois cents, quatre cents et cinq cents tonneaux?

R. Sans aucun doute.

D. Pour quelle somme entre le prix du fer dans le coût d'un navire de deux cents tonneaux?

R. Pour 6,600 francs, à raison de 55 francs par 100 kilogrammes, main-d'œuvre non comprise.

D. Ainsi, si l'on employait exclusivement le fer de Suède, dont le droit est de 16 francs 50 centimes par 100 kilogrammes, le constructeur supporterait, sur la matière brute, un droit de 1980 francs?

R. Oui.

D. Ainsi, encore, si l'on employait exclusivement le fer étranger fabriqué à la houille et au laminoir, dont le droit est de 27 fr. 50 cent. par 100 kilogrammes, le constructeur supporterait sur la matière brute un droit de 3,300 francs?

R. Oui.

D. Le commerce de Bordeaux emploie-t-il généralement des câbles de fer pour les navires?

R. Oui, pour la navigation au long cours.

D. D'où les tire-t-on?

R. Je ne le sais pas exactement.

D. Quel est le poids d'un câble de fer pour un navire de deux cents tonneaux?

R. De 1,400 à 1,600 kilog., c'est-à-dire de 7 à 8 kilog. par tonneau.

D. Combien paie-t-on ces câbles par 100 kilogrammes?

R. De 120 à 130 francs.

D. Est-il à votre connaissance que, depuis que le prix du fer s'est élevé en France, on ait substitué le cuivre au fer pour le chevillage des navires?

R. Oui; mais je pense que la substitution du cuivre au fer a été déterminée plutôt par le meilleur usage du cuivre que par le prix plus élevé du fer; cependant si le fer baissait de prix, on pourrait revenir à l'employer pour les chevilles.

D. Quelle est, selon vous, l'influence que le tarif des fers étrangers exerce sur nos échanges avec le dehors, et plus particulièrement avec les puissances du Nord, la Suède et la Russie, par exemple?

R. Je pense que ce tarif est préjudiciable à nos échanges avec les puissances du Nord.

D. Est-ce particulièrement de la Suède que vous voulez parler?

R. J'entends parler à-la-fois de la Suède et de la Russie.

D. Ne savez-vous pas que le Gouvernement suédois a diminué les droits qu'il percevait sur nos vins, et cela en retour de ce que, à l'époque où les fers fabriqués à la houille ont été taxés en France à 25 francs, les fers au bois, qui sont les seuls que produise la Suède, ont été maintenus au droit de 15 francs?

R. Je l'ignorais. Mais ce que je sais, c'est que la Suède, étant un pays pauvre, ne peut nous acheter nos vins qu'autant que nous prenons en paiement ses fers qui forment son principal objet d'échange; la même observation s'applique à la Russie et aux autres pays du Nord.

D. Est-il à votre connaissance que la somme de nos exportations en Suède soit beaucoup moins élevée que la somme des importations de la Suède en France?

R. Je n'ai aucun document pour établir cette comparaison; mais ce que je sais, c'est qu'actuellement les Suédois n'exportent presque rien de Bordeaux, et que, par exemple, ils n'exportent que cent cinquante tonneaux de vin, tandis qu'autrefois ils en exportaient quatre mille tonneaux.

D. J'ai lieu de croire que vous n'êtes pas exactement informé, soit pour l'une, soit pour l'autre époque?

R. Je ne crois pas me tromper.

D. Vous êtes-vous rendu compte de la quantité de vin du Languedoc que la Suède exporte maintenant, et qu'elle n'exportait pas autrefois?

R. Je ne sais pas quelle peut être cette quantité.

D. Vous pensez aussi, si j'ai bien entendu une de vos précédentes réponses, que nos échanges avec la Russie ont souffert de l'élévation du droit sur les fers?

R. Je le pense.

D. Est-il à votre connaissance que le régime prohibitif de la Russie date d'une époque bien antérieure à celle où nous avons élevé le droit sur les fers?

R. Je l'ignore.

D. Dans quelle proportion vous paraît-il que la vente de nos produits en Russie aient été atténuée par l'effet du tarif des fers?

R. Tout ce que je puis dire, c'est que nos exportations actuelles en vins, pour les contrées du Nord de l'Europe, ne dépassent pas 40,000 tonneaux, et qu'avant 1789 elles s'élevaient, année commune, de 75 à 80,000 tonneaux; ces chiffres, que je crois n'être pas d'accord avec ceux produits par l'administration, résultent de documens recueillis à Bordeaux, et en lesquels j'ai pleine confiance.

D. Quelle quantité de fer la Russie importe-t-elle à Bordeaux?

R. Je l'ignore.

D. Quelle est votre opinion sur l'influence que pourrait avoir, relativement à nos échanges avec l'Angleterre, une réduction notable du droit sur les fers?

R. Je pense que, si nous abaissions nos droits sur les fers, l'Angleterre pourrait être amenée à réduire, de son côté, le droit qu'elle impose à nos vins, et que cette réduction sur nos vins en étendrait aussitôt la consommation. Je suis d'ailleurs convaincu que la surcharge dont les vins de France sont frappés en Angleterre, relativement à ceux du Portugal, a été très-préjudiciable à cette branche de nos exportations, et que tout ce qui tendrait à amener l'atténuation de cette différence serait un grand bien.

D. La préférence que les vins de Porto et de Madère obtiennent sur les nôtres en Angleterre n'a-t-elle pas d'autre cause que la différence du droit d'entrée ?

R. Je ne le crois pas ; les Anglais ont un goût particulier pour le vin de Bordeaux, et s'ils lui préfèrent les vins de Porto et de Madère, c'est que ceux-ci leur reviennent moins cher.

Séance du 9 Décembre,

Présidée par le Ministre.

M. Saint-Bris, *fabricant de limes, à Amboise.*

D. Quelle est l'espèce de limes que produit votre fabrique ?

R. Des limes de toute espèce.

D. Pour quelle somme de limes, communes ou à grosse taille, fabriquez-vous annuellement ?

R. Pour 350,000 fr.

D. Pour quelle somme de limes fines ?

R. Pour 150 à 200,000 fr.

D. Votre fabrication a-t-elle augmenté ou diminué depuis plusieurs années ?

R. Depuis la restauration, jusqu'en 1825, elle a considérablement augmenté et s'est en même temps beaucoup perfectionnée ; mais depuis 1825, elle diminue.

D. A quoi attribuez-vous la diminution de votre fabrication ?

R. A la réduction des travaux à Paris, à la concurrence de l'étranger, au préjugé qui fait préférer les limes venant du dehors aux limes françaises.

D. Ne s'est-il pas établi de nouvelles fabriques de limes depuis la restauration ?

R. Oui, il s'est élevé des fabriques nouvelles à Toulouse, à Marseille et à Paris ; mais, dans cette dernière ville, ce sont plutôt des ateliers détachés que des fabriques proprement dites.

D. N'attribuez-vous pas la réduction de votre fabrication à la concurrence de ces nouvelles fabriques?

R. Je redoute fort peu la concurrence de ces fabriques, parce qu'elles produisent peu.

D. Si je ne me trompe, la fabrique de Toulouse, seule, met déjà dans le commerce une quantité de limes égale à la vôtre?

R. Je ne crois pas que cette quantité soit aussi considérable.

D. Avez-vous en ce moment des approvisionnemens considérables?

R. Non, parce que j'ai eu des fournitures extraordinaires à faire à l'artillerie de la marine et de la guerre.

D. Employez-vous pour votre fabrication du fer français ou du fer étranger?

R. J'emploie de l'un et de l'autre.

D. D'où tirez-vous le fer français?

R. De la Haute-Saonne et des Vosges.

D. Combien le payez-vous sur les lieux?

R. Comme ma fabrication exige un fer d'une qualité supérieure, je n'achète que celui que j'ai spécialement commandé, et il me coûte fort cher; je le paie 72 francs sur lieu et 82 francs rendu chez moi.

D. D'où tirez-vous le fer étranger?

R. De la Suède.

D. A combien vous revient-il dans vos usines?

R. A 64 fr. les 100 kilog.

D. Le fer que vous achetez dans la Haute-Saone et dans les Vosges est donc d'une qualité beaucoup supérieure à ce fer de Suède?

R. Non.

D. Alors pourquoi le payez-vous 82 fr., lorsque vous pouvez avoir le fer de Suède à 64 fr.?

R. Parce que les fers de la Haute-Saone et des Vosges m'arrivent tout calibrés, ce qui me dispense de toute manipulation préalable; je dois ajouter que, si le fer de Suède n'a pas cet avantage, il a celui de produire d'excellent acier; les consommateurs sont très-contens des limes qui en proviennent, et ils récupèrent une partie de leur prix d'achat en vendant l'acier des vieilles limes.

D. A quel prix vendez-vous sur place 100 kilog. de limes communes, dites à grosse taille?

R. 194 fr. 20 cent.

D. A quel prix se vendent à Paris 100 kilog. de limes de même espèce, venant d'Allemagne et d'Angleterre, droits acquittés?

R. Les limes d'Allemagne 212 fr., terme moyen; quant aux Anglais, ils ne nous envoient que des limes fines.

D. Pour quelle somme le fer entre-t-il dans le coût de 100 kilog. de limes communes?

R. Pour 80 fr.

D. Employez-vous dans votre fabrication de l'acier français ou de l'acier étranger?

R. J'emploie de l'acier français fondu.

D. D'où le tirez-vous?

R. De Saint-Étienne.

D. Combien l'achetez-vous sur les lieux?

R. 2 fr. 50 cent. à 2 fr. 80 cent. le kilog.

D. Trouvez-vous que la qualité d'acier français que vous employez soit égale à celle de l'acier que vous pourriez tirer de l'étranger?

R. Je crois que la fabrique de M. Pezé est parvenue à produire de l'acier égal à celui de l'Angleterre.

D. Cémentez-vous votre acier dans vos propres usines?

R. Je cémente tout, à l'exception de l'acier fondu que j'achète.

D. A quel prix vous reviennent 100 kilog. de limes fines d'un certain numéro?

R. 100 kilog. de limes 6 pouces me reviennent, en *bastard*, à 573 fr. 75 cent., et en doux à 1,032 fr. 75 cent.

D. A quel prix se vendent à Paris les 100 kilog. des mêmes limes venant d'Angleterre ou d'Allemagne?

R. Je ne saurais répondre d'une manière exacte, n'ayant pas à ma disposition le tarif des limes étrangères.

D. Pour quelle somme entre la valeur de l'acier dans le poids de 100 kilog. de ces mêmes limes?

R. La valeur de l'acier dans le coût de 100 kilog., limes 6 pouces, n'est que de 130 fr. dans mon établissement, par la raison que je fabrique moi-même.

D. Veuillez donner quelques explications sur les frais qui constituent la différence entre cette somme de 130 francs et celles de 753 francs et de 1,032 francs dont vous avez précédemment parlé?

R. Je n'ai pas actuellement à ma disposition les élémens d'un tel détail.

D. Comment se fait-il que, les limes étant assujetties à un droit d'entrée qui n'est guère au-dessous de 90 p. 0/0, vous ne puissiez pas soutenir sur le marché français la concurrence de l'étranger?

R. Cela provient de ce que je paie beaucoup plus cher que l'étranger et le fer de Suède et la houille que j'emploie.

D. A combien pensez-vous que les Anglais paient le fer de Suède?

R. A 40 fr. les 100 kilog.

D. Cependant je ne puis trouver d'autre différence entre le prix du fer de Suède en Angleterre et le prix du même fer en France, que celle qui résulte du droit perçu dans l'un et l'autre pays; or, ce droit est de 4 francs en Angleterre et de 16 francs 50 centimes en France; le fer de Suède ne doit ainsi coûter en Angleterre que 12 francs de moins par 100 kilogrammes qu'en France, et cette différence n'est qu'une bien faible portion du droit imposé sur les limes anglaises.

R. Je croyais que le droit était moins élevé en Angleterre.

D. Combien vous coûte la houille rendue à vos usines?

R. 3 francs 25 centimes l'hectolitre.

D. D'où la tirez-vous?

R. De Fins, dans le département de l'Allier.

D. Quel nombre d'hectolitres de houille employez-vous pour la fabrication de 100 kilogrammes de limes, et quel est le poids de l'hectolitre de houille?

R. 5 hectolitres de houille sont employés dans mon établissement pour la fabrication de 100 kilogrammes de limes 6 pouces; l'hectolitre pèse de 95 à 100 kilogrammes.

D. Pour quelle somme entrent les droits de navigation dans le prix d'un hectolitre de houille rendu dans vos usines?

R. Je ne puis le dire, parce que ces droits sont payés par les marchands qui me livrent la houille chez moi.

D. Lorsque vous avez formé votre établissement, n'avez-vous pas pensé qu'il vous serait plus profitable d'être placé à une moindre distance des mines de houille que vous ne l'êtes?

R. L'établissement existait quand j'en ai entrepris l'exploitation, et il est difficile de transporter ailleurs un établissement de ce genre.

D. L'ensemble de votre main-d'œuvre est-il plus cher que l'ensemble de la main-d'œuvre anglaise appliquée à la même fabrication?

R. La journée de l'ouvrier me coûte moins qu'au fabricant anglais: mais ce fabricant emploie des moyens de fabrication qui ne sont pas à ma disposition.

D. Pourriez-vous nous indiquer quels sont ces moyens de fabrication?

R. Ils ont des machines à vapeur, et je ne puis en avoir à cause du haut prix auquel me revient la houille.

D. Quelle est la relation de qualité des limes anglaises avec les autres? On peut induire d'une de vos premières réponses que vous attribuez plutôt à la prévention des consommateurs qu'à une supériorité réelle la préférence que ces mêmes consommateurs donnent aux limes venant d'Angleterre?

R. En parlant de préjugé, je faisais surtout allusion aux limes communes d'Allemagne qui sont préférées, et qui cependant ne valent pas les nôtres, en ce sens qu'elles maillent moins bien. Quant aux limes fines d'Angleterre, en supposant qu'elles conservent encore quelque supériorité, j'ai lieu d'espérer que bientôt les miennes ne leur seront pas inférieures, attendu que j'emploie, pour leur confection, les mêmes matières que les Anglais, c'est-à-dire le meilleur fer de Suède.

Séance du 9 Décembre,

Présidée par le Ministre.

M. Demimuid, maître de forges dans le département de la Meuse.

D. Dans quelle partie de la Champagne sont situés vos établissemens?

R. A Hérouville, département de la Meuse, à deux lieues et demie de Saint-Dizier.

D. Quelle est la consistance de vos établissemens?

R. Un haut-fourneau et deux feux d'affinerie.

D. Ainsi vous ne fabriquez la fonte et le fer qu'au charbon de bois?

R. Oui.

D. Avez-vous depuis quelques années introduit quelque amélioration dans votre fabrication?

R. Oui, nous employons moins de combustible pour obtenir une même quantité de fonte.

D. Dans quelle proportion avez-vous ainsi diminué l'emploi de combustible?

R. D'un douzième environ.

D. De combien cette économie réduit-elle pour vous les frais de fabrication par 1,000 kilogrammes de fonte?

R. De 10 à 15 francs.

D. Avez-vous obtenu des améliorations semblables pour vos affineries ?

R. Oui, à-peu-près dans la même proportion.

D. A combien estimez-vous cette économie appliquée à la fabrication de 1,000 kilogrammes de fer?

R. A 15 francs.

D. Projetez-vous quelque autre amélioration, et par exemple celle qui consisterait à convertir la fonte en fer au moyen de la houille?

R. Oui, nous comptons refondre la fonte dans des fours à pudler, y faire la loupe, la cingler, puis réchauffer les massiaux à la houille dans les feux d'affinerie, et faire enfin la barre sous le marteau.

D. Quelle quantité de fonte produisez-vous, année moyenne?

R. 800,000 kilogrammes.

D. Quelle quantité de fer produisez-vous, année moyenne?

R. 350,000 kilogrammes.

D. Vendez-vous de la fonte?

R. Oui.

D. A quel prix la vendez-vous maintenant sur place?

R. Nous la vendions, il y a deux mois, 175 francs, rendue à Saint-Dizier.

D. Quel prix l'avez-vous vendue antérieurement, par minimum et par maximum?

R. 165 francs à 200 francs.

D. Votre fer est-il de l'espèce dite demi-roche?

R. Oui.

D. A quel prix le vendez-vous maintenant sur place?

R. 450 francs les 1,040 kilogrammes rendus à Saint-Dizier.

D. Combien vous coûte le transport à Saint-Dizier?

R. 4 francs 50 centimes les 1,040 kilogrammes.

D. A quel prix l'avez-vous vendu antérieurement?

R. Nous l'avons vendu l'année dernière, de 470 à 480 francs; en 1822, 430 francs, et, en 1825 et 1826, il a progressivement monté de 430 francs à 600 francs; mais ce dernier prix ne peut être appliqué qu'à 1/10 de nos fabrications de l'une de ces années.

D. A quel taux estimiez-vous vos bénéfices, lorsque vous vendiez le fer 600 francs?

R. De 20 à 25 pour cent, y compris l'intérêt de mes capitaux. Ce bénéfice eût été moindre, si nous n'avions pas eu alors un approvisionnement de bois, dont le prix ne nous représentait pas le prix de l'époque.

D. A combien estimez-vous vos bénéfices au prix actuel, qui est de 450 francs?

R. Nous ne trouvons aucun bénéfice.

D. Entendez-vous par là que le prix de vente est égal au prix de revient, ou bien que vous n'obtenez que l'intérêt de vos capitaux?

R. Nous n'obtenons pas même l'intérêt total de nos capitaux.

D. Pour quelle part entre le prix du bois dans le coût de fabrication de 1,000 kilogrammes de fer?

R. Pour les deux tiers, y compris celui employé à la fabrication de la fonte.

D. Quels sont vos principaux débouchés?

R. Paris, la Flandre, la Picardie, l'Artois et le littoral de la Manche.

D. Quelle est la valeur immobilière de votre haut-fourneau et celle de vos établissemens de forges?

R. Je suis fermier du haut-fourneau et des deux feux d'affinerie moyennant 9,000 francs.

D. De quelle époque date votre bail?

R. De neuf ans.

D. A quel prix croyez-vous qu'il se renouvellerait maintenant?

R. Je doute qu'il pût se renouveler au prix actuel.

D. Pour quelle raison?

R. Parce qu'à présent les bénéfices des forges sont trop minimes, et que nous sommes effrayés par la fabrication des usines au coke et à la houille qui s'élèvent de toutes parts, ainsi que par la crainte d'une réduction de droit sur les fers étrangers.

D. A quelle somme estimez-vous le fonds de roulement nécessaire pour faire marcher votre établissement?

R. A 300,000 francs, dont 150,000 pour le haut-fourneau.

D. Combien vous coûte la corde de bois, et combien de pieds cubes a-t-elle?

R. La corde de bois de cinquante-huit pieds cubes coûte sur pied de 8 à 10 francs.

D. De quelle distance moyenne tirez-vous vos bois?

R. De huit lieues.

D. A quel prix vous revient maintenant, tous frais compris, la banne de charbon rendue dans vos usines, et combien de pieds cubes votre banne a-t-elle?

R. La banne de 140 pieds cubes revient à 92 francs.

D. A quel prix l'avez-vous précédemment obtenue?

R. En 1821, de 60 à 65 francs, et depuis le prix a augmenté progressivement.

D. Combien employez-vous de bannes de charbon pour produire 1,000 kilogrammes de fonte?

R. 160 à 165 pieds cubes de charbon.

D. De quelle distance tirez-vous votre minerai?

R. D'une lieue.

D. Quel est son rendement?

R. 38 à 42 p. o/o.

D. Employez-vous de la castine?

R. Oui.

D. Pour quelle somme employez-vous de minerai pour produire 1,000 kilogrammes de fonte?

R. Pour 20 francs.

D. Pour quelle somme de castine y mettez-vous?

R. Pour 30 centimes.

D. Combien vous coûte, en salaires, entretien et réparations, non compris les frais généraux, la production de 1,000 kilogrammes de fonte?

R. 6 francs en salaires, 3 francs pour frais d'entretien et réparations pour le fourneau même, et 3 francs pour entretien et réparations des bâtimens et rouages.

D. Combien en frais généraux?

R. 25 francs.

D. Quelle quantité de fonte employez-vous pour produire 1,000 kilogrammes de fer?

R. 1,400 kilogrammes.

D. Combien employez-vous de bannes de charbon pour cette fabrication?

R. 220 à 225 pieds cubes de charbon.

D. A combien s'élèvent, pour cette même fabrication, les salaires, l'entretien et réparations, non compris les frais généraux?

R. 20 francs en salaires, 15 francs en frais d'entretien et de réparation de l'usine même, et 10 francs pour réparation des rouages et entretien des chûtes d'eau.

D. Combien en frais généraux?

R. 35 francs.

D. Quelle est votre opinion sur l'effet que produirait, relativement à vos forges et à celles qui travaillent comme vous au charbon de bois, une réduction modérée des droits sur les fers étrangers?

R. Quelle que fût cette réduction, elle porterait un coup mortel à toutes les forges de France.

D. Voulez-vous bien en dire la raison?

R. Je suis convaincu qu'une réduction de 4 ou 5 francs suffirait pour que le littoral de la France s'approvisionnât exclusivement en fer anglais; car il nous serait impossible de livrer le nôtre sur ces points, s'il nous fallait subir une semblable diminution de prix, en raison de nos frais énormes de transport, qui ne se font que par terre.

D. Doit-on conclure de votre réponse que la France doive considérer comme indéfini le sacrifice qu'elle fait depuis long-temps sur le prix du fer et auquel elle n'a pu se résoudre que par l'espérance d'un meilleur avenir?

R. J'ai voulu principalement parler du fer traité au charbon de bois. Je ne doute pas qu'en peu d'années le fer traité à la houille ne se vende à beaucoup plus bas prix qu'aujourd'hui; alors, les forges travaillant au bois seront fortement menacées, à moins que le bois ne subisse une diminution proportionnelle; mais comme une telle diminution ne peut être subite, je crois qu'un changement actuel dans le tarif produirait les plus funestes effets.

Séance du 9 Décembre,

Présidée par le Ministre.

M. DE MONCUIT, maître de forges à Paimpont, dans le département d'Ille-et-Vilaine.

D. Où sont situés vos établissemens?

R. A six lieues de Rennes.

D. Fabriquez-vous la fonte exclusivement au bois?

R. Oui.

D. Comment fabriquez-vous le fer?

R. Je fais les pièces aux feux d'affinerie; je convertis ces pièces en lopins dans les mêmes feux d'affinerie; je réchauffe les lopins dans un four à réverbère alimenté par la houille, et je tire au laminoir les lopins en barres de fer.

D. Combien avez-vous de hauts-fourneaux?

R. Deux.

D. Combien avez-vous de feux d'affinerie?

R. Trois, et six fours à réverbère.

D. Avez-vous une machine à vapeur?

R. Non, nous avons un cours d'eau.

D. Quelle quantité de fonte produisez-vous, année moyenne?

R. 750 à 900,000 kilogrammes.

D. Quelle quantité de fer?

R. 450 à 500,000 kilogrammes.

D. Vendez-vous de la fonte en gueuses?

R. Je n'en ai pas vendu jusqu'à présent; je pourrais en vendre un peu; mais ce ne serait qu'autant que j'en obtiendrais le prix de 200 francs les 100 kilogrammes; je vends un peu de fonte moulée.

D. A quel prix vendez-vous le fer sur place?

R. De 47 à 49 francs les 100 kilogrammes.

D. Quel est le plus haut prix auquel vous l'ayez vendu antérieurement?

R. 54 francs.

D. Combien vous coûte la corde de bois?

R. La corde de bois de quatre-vingts pieds cubes nous revient à 5 francs; mais je dois dire que nous sommes propriétaires d'une forêt qui nous en fournit 10,000 cordes, et que nous n'en achetons que 4 à 5,000 cordes.

D. Avez-vous obtenu précédemment à un prix moindre que 5 francs la portion de bois que vous êtes dans le cas d'acheter?

R. Je l'ai obtenue antérieurement à 4 francs.

D. Quelle est, dans votre localité, la mesure habituelle du charbon de bois?

R. Nous comptons au sac qui pèse 50 kilogrammes : la corde de bois ne rend pas plus de 3 sacs.

D. A combien vous revient, rendu dans vos usines, le sac de charbon?

R. A 3 francs.

D. A combien l'avez-vous obtenu précédemment?

R. Toujours au même prix. Il est vrai que le prix sur place a été inférieur au prix actuel; mais alors le transport était plus cher, ce qui établit la compensation.

D. Combien employez-vous de sacs de charbon pour produire 1,000 kilogrammes de fonte?

R. 36 sacs.

D. De quelle distance tirez-vous le minerai?

R. D'une lieue et demie.

D. Quel est son rendement?

R. 25 à 33 p. 0/0.

D. Quelle valeur de minerai employez-vous pour produire 1,000 kilogrammes de fonte?

R. Une valeur de 36 francs.

D. Combien vous coûte en salaires, ainsi qu'en frais d'entretien et de réparations, la production de 1,000 kilogrammes de fonte?

R. 4 francs en salaires, 8 francs en frais d'entretien et de réparations.

D. Quelle quantité de fonte employez-vous pour produire 1,000 kilogrammes de fer marchand?

R. 15,000 kilogrammes environ.

D. Combien employez-vous de sacs de charbon pour produire 1,000 kilogrammes de fer?

R. 54 sacs.

D. A quel prix revient la houille rendue dans vos usines?

R. A 7 francs l'hectolitre comble, pesant 100 kilogrammes.

D. D'où la tirez-vous?

R. De la Belgique.

D. Vous n'avez donc pas de houillières dans votre voisinage?

R. Il y en a près de Nantes; mais elles ne donnent que de la houille de mauvaise qualité, et nous pourrions d'autant moins l'employer que nos fers sont très-durs à chauffer.

D. Ne trouveriez-vous pas avantage à tirer vos houilles d'Angleterre?

R. Nous trouverions avantage à tirer nos houilles d'Angleterre, si le transport depuis Nantes, port dans lequel elles arrivent, jusqu'à nos usines, était moins cher.

D. A combien évaluez-vous les bénéfices que peut vous laisser un prix de vente de 49 francs?

R. Ce prix ne nous laisserait aucun bénéfice si nous n'étions propriétaires des bois que nous employons, c'est-à-dire que le seul bénéfice que nous procure notre industrie, quand nous ne vendons pas à plus de 49 francs, est de donner à nos bois une valeur qu'ils n'auraient pas sans cela.

D. Quels sont les débouchés de vos fers?

R. Il fut un temps où ils trouvaient tous à se placer dans les environs de notre établissement; mais aujourd'hui la concurrence que les fers de Suède nous font, dans notre propre localité, est telle que nous devons aller chercher des acheteurs jusqu'à Brest, Rochefort et Bordeaux.

D. Vous avez dit, si je ne me trompe, que vos fers ne se sont jamais vendus plus de 54 francs; or les fers de Suède ne se présentent jamais à Nantes à un prix moindre de 54 à 55 francs, auquel il faut ajouter les frais du transport de ce même port à votre localité. Comment se fait-il alors que, dans cette même localité, la concurrence de la Suède vous soit dommageable?

R. Tout ce que je puis dire, c'est que le dommage existe; et je crois ne pas me tromper en disant que les fers de Suède sont moins chers que 54 francs, et que, par exemple, à Redon, il s'en est vendu à 50 ou 52 francs.

D. La concurrence des fers anglais vous est-elle également préjudiciable?

R. Non, parce que ces fers sont inférieurs en qualité à ceux que je produis.

D. Quelle concurrence éprouvez-vous de la part des forges à l'anglaise qui se sont récemment établies auprès de Nantes?

R. Nous n'avons pas à redouter leur concurrence, parce que leurs produits ne se présentent pas sur les points de la France que nous approvisionnons.

D. Quel pensez-vous que serait l'effet d'une réduction modérée des droits sur les fers étrangers?

R. Une telle réduction, quelque modérée qu'elle fût, amènerait la ruine des maîtres de forges qui achètent le bois qu'ils consomment. Elle serait moins funeste à ceux qui comme nous sont propriétaires de forêts, bien que, cependant, elle eût pour effet de réduire considérablement et leur revenu et la valeur de leurs bois.

Séance du 11 Décembre,

Présidée par le Ministre.

M. COUPUT, propriétaire de vignobles dans la Gironde.

D. Est-ce l'opinion des propriétaires de vignobles de la Gironde, que le tarif des droits imposés à l'entrée des fers étrangers porte un notable préjudice à l'exportation de leurs vins?

R. Oui.

D. Pour quels pays pensez-vous que l'exportation serait plus considérable, si les droits sur les fers éprouvaient une réduction?

R. Pour l'Angleterre, la Suède et la Russie.

D. Quelle pensez-vous que devrait être cette réduction pour produire un tel effet; et croyez-vous, par exemple, que l'exportation prendrait un grand accroissement si les droits étaient réduits, de 25 francs par 100 kilogrammes à 20 francs, pour les fers produits à la houille et au laminoir, et de 15 francs à 12 francs pour les fers produits au charbon de bois et étirés au marteau?

R. Je ne pense pas que cette réduction fût suffisante pour amener une plus grande exportation des vins.

D. Jusqu'à quel taux pensez-vous qu'il serait nécessaire de la porter?

R. Je pense que, pour atteindre ce but, le droit devrait être réduit à 10 francs pour les fers fabriqués au charbon de bois, et à 15 francs pour les fers anglais. J'ajoute qu'une réduction sur le fer anglais ne devrait avoir lieu qu'autant que l'Angleterre diminuerait elle-même les droits sur nos vins, dans une proportion telle que les vins de France pussent y arriver en concurrence avec les vins de Portugal et d'Espagne.

D. Quelle quantité de vins de Bordeaux pensez-vous que l'on exportât en 1788 et 1789 pour la Russie, pour la Suède, pour l'Angleterre?

R. Il me serait difficile de donner ces exportations partielles pour chaque puissance. Mais je sais que pour le nord de l'Europe, y compris la Hollande et Hambourg, elles étaient, en 1788 et 1789, plus considérables qu'aujourd'hui, puisqu'elles se sont élevées à plus de 70,000 tonneaux. Quant à l'Angleterre, elle ne nous a pas fait aux mêmes époques des achats fort considérables.

D. Je crois devoir vous faire observer que le chiffre que vous venez de donner n'est pas d'accord avec les documens officiels de l'époque, qui se trouvent dans les archives de mon ministère?

R. J'ai pleine confiance dans les informations que j'ai prises, et d'après lesquelles j'ai parlé.

D. Savez-vous à combien s'élèvent aujourd'hui vos exportations pour les pays que vous venez d'indiquer, c'est-à-dire pour les États du Nord, la Hollande et Hambourg compris?

R. Elles se sont élevées, pour les années 1824, 1825 et 1826, à un taux moyen de 30,000 tonneaux; elles avaient été, en 1819, 1820 et 1821, de 48,000 tonneaux, et en 1802, 1803 et 1804, de 50,000 tonneaux environ par année. Je dois remarquer que le chiffre de 30,000 tonneaux, pendant les années 1824, 1825 et 1826, n'a été atteint que parce que les propriétaires de vignobles, à défaut de demandes de la part de l'étranger, ont tenté eux-mêmes des envois au dehors, et que, le résultat de ces tentatives n'ayant pas été favorable, on doit s'attendre à une exportation moindre dans les années suivantes. J'ai dit plus haut que je ne pouvais m'expliquer en général sur la part prise par chaque pays dans les achats qui nous sont faits: je sais toutefois qu'il résulte de renseignemens obtenus à Saint-Pétersbourg, par la voie du consulat français, que nos exportations de vins en Russie ont été, en 1819, 1820 et 1821, de 16 à 20,000 barriques, plus, 1,200,000 bouteilles, et qu'elles n'ont été, en 1828, que de 7,482 barriques, plus 800,000 bouteilles.

D. Je crois qu'en parlant des exportations de 1824, 1825 et 1826 pour les pays du Nord en général, vous êtes fort près de la vérité des faits; mais que vous êtes dans l'erreur, relativement à celles de 1819, 1820 et 1821, époque dont le chiffre s'éloigne beaucoup moins que vous ne paraissez le penser de celui des mêmes années 1824, 1825 et 1826. Quant aux exportations de 1802, 1803 et 1804, je n'ai pas en ce moment sous les yeux les documens au moyen desquels pourrait être vérifiée l'exactitude des nombres que vous indiquez; mais je dois vous faire remarquer qu'à cette époque, nous tirions fort peu de fers de l'étranger, et que l'ensemble de nos tarifs était beaucoup plus restrictif qu'il ne l'est aujourd'hui : d'où semble résulter cette conséquence, que, si nos exportations de vins étaient alors plus considérables, ce n'est ni à une plus grande consommation de fers étrangers, ni à un régime de douanes plus libéral qu'il faut l'attribuer?

R. Je regarde comme très-dignes de foi les informations d'après lesquelles j'ai parlé.

D. Jusqu'à quel point pensez-vous que les vins de Bordeaux aient pu être remplacés dans la consommation des puissances du Nord par les vins de Languedoc?

R. Je ne pense pas que les vins de Bordeaux aient été à l'étranger remplacés par les vins du Languedoc, attendu que la décroissance que je viens d'indiquer dans les importations de vins de France en Russie n'annonce pas que, dans ce pays du moins, nos pertes aient été compensées par une augmentation au profit d'une autre portion du royaume.

D. Vous savez qu'en Angleterre, les droits sur nos vins, comme sur ceux de toute autre origine, ont subi en 1826 une diminution considérable. N'en concluez-vous pas que ce n'est pas d'après la taxe que nous demandons aux fers que les Anglais règlent les droits qu'ils demandent à la consommation de nos vins?

R. La diminution qu'ils ont opérée sur le tarif de nos vins n'a point augmenté nos exportations, parce qu'il existe toujours une trop grande différence entre ce que paient les vins de Portugal et de l'Espagne, et ce que paient les nôtres. Un tonneau de vin de France supporte encore en Angleterre 1,200 fr. de droits.

D. Savez-vous que les vins de France ne sont pas plus imposés en Suède et en Russie que les vins des autres pays? Et ne peut-on pas en conclure que la taxe n'y est pas déterminée par notre tarif des fers?

R. Il peut en être ainsi pour la Suède : mais quant à la Russie, je sais que les vins de Hongrie et de Moldavie y paient moins de droits que les vins de France.

D. En supposant qu'il en soit ainsi, ne savez-vous pas que le tarif des douanes d'Autriche est beaucoup plus prohibitif que celui de France; et ce moindre droit payé par les vins d'un pays plus restrictif que le nôtre, ne serait-il pas lui-même une preuve que la taxe des vins en Russie est déterminée par des considérations autres que celles du régime de douanes établi dans les divers pays qui les produisent?

R. Je crois fermement que la Russie n'a successivement augmenté la taxe sur nos vins que parce qu'elle a trouvé trop défavorables ses échanges avec nos produits. Le moyen le plus sûr d'empêcher la consommation de nos produits était de les frapper de forts droits, et ce but a été atteint en ce qui concerne les vins, puisque, depuis les aggravations dont je parle, nos exportations en ce genre pour l'empire russe ont diminué de plus de moitié.

D. Voulez-vous tirer de ce fait, que j'ai d'ailleurs lieu de croire n'être pas parfaitement exact, la conséquence que l'augmentation de la taxe sur nos vins en Russie ait eu pour cause le droit dont nous grevons le fer de Russie en France?

R. Je crois que ce droit y a contribué pour beaucoup, c'est-à-dire que c'est en raison de l'effet progressif de notre tarif sur la non importation des fers et autres produits du Nord, que la Suède et la Russie ont, à diverses époques, élevé leurs droits sur nos vins.

D. Vous parlez de l'augmentation progressive de nos droits sur les fers étrangers : vous savez cependant que les fers traités au charbon de bois et au marteau, les seuls que produisent les états du Nord, ne paient aujourd'hui que les droits établis en 1814?

R. Je le sais; mais l'aggravation imposée en 1822 sur les fers traités à la houille et au laminoir a pu prouver à la Russie que nous étions loin de renoncer, à l'égard des fers en général, au système de restriction de 1814, lequel cependant n'avait été présenté, à cette dernière époque, que comme transitoire.

D. Savez-vous qu'aux époques où, comme vous le disiez tout à l'heure, la Russie et la Suède ont élevé leurs droits sur nos vins, ces aggravations n'ont pas porté seulement sur les vins de France, mais aussi sur les vins de toute autre origine?

R. Je l'ignore, en ce qui concerne la Suède : j'ai déjà dit qu'en Russie les droits sur les vins de Hongrie, de Moldavie et de l'Archipel sont restés les mêmes.

D. J'ai lieu de croire que vous êtes mal informé sur ce point, et que, même en Russie aucune augmentation de droit n'a été établie sur les vins de France qu'elle n'ait affecté, dans une proportion relative, les vins des autres origines.

R. Je n'ai parlé que d'après des renseignemens à l'exactitude desquels j'ai tout lieu de croire.

D. Avez-vous connaissance de la mesure par laquelle en 1826 la Suède a réduit les droits sur nos vins?

R. Oui, mais je crois qu'elle n'y a été déterminée que par la crainte de la contrebande, crainte que faisait naître l'exagération du droit de 800 francs par tonneau.

D. Pensez-vous que la production des vins dans la Gironde, soit aujourd'hui plus considérable qu'en 1789?

R. Oui.

D. Pensez-vous que la production se soit augmentée aussi relativement à 1814?

R. Je le crois.

D. Pourriez-vous dire dans quelle proportion?

R. Je crois qu'elle est d'un sixième de plus qu'en 1789, et d'un quart de plus qu'en 1814.

D. Sur quoi fondez-vous cette opinion?

R. Je ne la fonde pas sur des documens écrits, mais sur la connaissance que j'ai des faits locaux.

D. Pensez-vous que cette augmentation de production soit le résultat de plantation de nouvelles vignes, ou d'améliorations apportées dans la culture?

R. C'est le résultat de l'amélioration dans la culture de la vigne.

D. N'avez-vous à aucune époque vendu vos vins à aussi bas prix qu'aujourd'hui?

R. Jamais, depuis 1814, nos vins ordinaires n'ont été à un prix aussi bas qu'aujourd'hui. Les années 1808, 1809, 1810, 1811, 1812 ont été aussi des années désastreuses pour la vente de nos vins.

D. Pourriez-vous comparer entre elles des années à peu-près semblables, quant à la récolte, sous le double rapport de la quantité et de la qualité?

R. Oui, je puis comparer les années 1819, 1820, 1821 avec les années 1826, 1827 et 1828.

D. Les années 1815 et 1825 n'ont-elles pas offert des qualités à-peu-près semblables?

R. Oui.

D. Dans quel rapport de prix ont été les vins pendant chacune de ces deux années?

R. En 1825, les vins de bonne qualité se sont vendus un peu plus cher que ceux de 1815, mais il y a eu égalité de prix pour les qualités inférieures, avec cette différence toutefois qu'en 1815 le prix d'achat a été plus avantageux pour l'acheteur qu'en 1825.

D. Combien se sont généralement vendus, en 1826, en 1827 et 1828, les vins de Côte et de Palu?

R. De 160 à 160 francs, c'est-à-dire aux mêmes prix qu'aux époques désastreuses du système continental.

R. Combien se sont vendus les mêmes vins en 1819, 1820 et 1821?

R. De 200 à 220 francs.

D. Combien se sont-ils vendus en 1815 et 1825?

R. De 240 à 300 francs.

D. Avez-vous quelques observations générales à faire?

R. Dans mon opinion, les intérêts des vignobles ont été trop perdus de vue dans la fixation des droits plus ou moins prohibitifs qui pèsent sur un grand nombre de produits agricoles ou industriels. Nous nous plaignons plus vivement encore des impôts exorbitans que nous payons sur la consommation intérieure. Nous nous plaignons aussi des entraves de tous genres qui résultent, pour le commerce des vins, des formalités qu'ils ont à subir, soit pour la perception du droit de mouvement, soit dans les rapports avec les octrois des villes. Nous desirons que le droit à imposer soit modéré, et qu'il soit perçu sur le producteur, au moment de la vente, déduction faite de ce qui sert à sa consommation.

J'ajouterai, comme observation générale, qu'un traité de commerce avec l'Amérique méridionale nous ferait espérer pour nos vins un débouché plus considérable, et que nous aurions dans les Antilles anglaises un plus grand débouché, si nous profitions de l'offre faite par l'Angleterre à tous les pays étrangers d'admettre leurs produits dans ses possessions occidentales, à charge de réciprocité.

D. Les frais de culture des vignes ont-ils diminué?

R. Ils ont plutôt augmenté; et cela en raison, 1.° de ce que la main-d'œuvre est plus chère d'un dixième depuis trois ans; 2.° en raison du plus haut droit d'entrée perçu sur certains produits dont l'agriculture fait usage.

D. De quels produits entendez-vous parler?

R. J'entends parler particulièrement des fers.

D. Pour quelle part croyez-vous que l'augmentation du prix des fers entre dans l'augmentation du prix de la culture de la vigne?

R. Pour 4 à 5 fr. l'hectare.

D. Les barriques sont-elles aujourd'hui plus chères qu'avant 1791?

R. Oui.

D. Quelle en est la cause?

R. C'est d'une part le renchérissement du bois, et de l'autre, celui de la main-d'œuvre.

Je dois dire aussi que, si le fer était moins cher, les propriétaires pourraient faire cercler leurs barriques en fer, au lieu de les faire cercler en bois de châtaignier, et qu'ainsi elles coûteraient moins d'entretien : j'ajoute que les vins destinés à une exportation lointaine doivent être dans des barriques cerclées de fer, que chaque barrique reçoit quatre cercles de fer, que les cerclées de fer travaillé au charbon de bois coûtent 1 fr. 50 cent., et que les cercles faits en fer au laminoir, qui sont moins solides, coûtent 1 fr.

D. Quelle est la consommation annuelle de fer pour la culture d'un hectare de vigne?

R. Nous comptons 600 fr. de fer pour 50 hectares. Si le fer était à meilleur marché, nous en consommerions davantage : c'est ordinairement du fer de Berry et de Périgord que nous employons, et qui nous coûte de 50 à 60 fr.

Séance du 13 Décembre,

Présidée par le Ministre.

M. Aubertot, maître de forges dans le Berry.

D. Dans quelle partie du Berry sont situées vos usines?

R. Dans le département du Cher à Vierzon, à sept lieues de Bourges; et dans le département de l'Indre, à trois lieues de Châteauroux.

D. Quelle est la consistance de vos établissemens?

R. Cinq hauts-fourneaux et quatorze feux d'affinerie.

D. Vous fabriquez la fonte et le fer au charbon de bois?

R. Oui.

D. Quelle quantité de fonte fabriquez-vous, année moyenne?

R. 3,250,000 kilogrammes, dont un million en fonte moulée.

D. Quelle quantité de fer produisez-vous?

R. 1,500,000 kilogrammes.

D. A quel prix vendez-vous maintenant sur place la fonte moulée?

R. De 32 à 34 francs les 100 kilogrammes.

D. A quel prix l'avez-vous vendue précédemment?

R. De 38 à 40 francs, il y deux ans.

D. Vendez-vous de la fonte crue?

R. Je n'en vends plus depuis deux ans.

D. A quel prix la vendiez-vous alors?

R. 24 francs les 100 kilogrammes.

D. A quel prix vendez-vous maintenant le fer sur place?

R. A 54 et 55 francs.

D. A quel prix l'avez-vous vendu précédemment?

R. 62 à 64 francs, il y a deux ans.

D. A quel taux estimiez-vous vos bénéfices, quand vous vendiez le fer 64 francs?

R. De 5 à 6 francs.

D. Voulez-vous dire que ce bénéfice de 5 à 6 francs représentait l'excédant de votre prix de vente sur votre prix *de revient?*

R. Je veux dire qu'étant déjà couvert d'un intérêt de 5 p. o/o sur le capital, tant du mobilier que du fonds de roulement, j'avais un bénéfice de 5 à 6 francs, en d'autres termes, un bénéfice de 10 p. o/o.

D. Au prix actuel de 55 francs, quels sont vos bénéfices?

R. Nous n'en avons pas; c'est le prix coûtant, y compris l'intérêt de notre argent.

D. Quels sont vos principaux débouchés?

R. Paris, Bordeaux, Nantes, Saumur et le Limousin.

D. Dans quel rapport jugez-vous que se trouve la qualité de vos fers avec celle du fer roche de Champagne, et quelle différence le consommateur établit-il entre les uns et les autres?

R. Il y a à-peu-près égalité de prix et de qualité.

D. Quelle est la valeur immobilière de vos usines, en distinguant vos hauts-fourneaux et vos forges, et en y comprenant les accessoires qui sont immeubles par destination?

R. Je suis propriétaire de trois hauts-fourneaux et de six feux d'affinerie que j'évalue à 1,200,000 francs. Je suis locataire des autres usines. L'une se compose d'un haut-fourneau et de six feux de forges, y compris un affouage de quatre cents cordes de bois, laquelle usine j'ai louée au mois de mai dernier 55,000 francs; les trois baux précédens, de neuf ans chaque, avaient été passés à 35,000 francs et à 40,000 francs. L'autre se compose d'un haut-fourneau et de deux feux de forges que j'ai loués par un bail récent 20,000 francs.

D. A quelle somme estimez-vous votre fonds de roulement?

R. A 1,200,000 francs.

D. Combien vous coûte maintenant la corde de bois sur pied?

R. 8 francs la corde de quatre-vingts pieds cubes.

D. A combien l'avez-vous payée à des époques antérieures?

R. Il y a quelques années, je l'ai payée 6 francs; mais en 1789, elle ne valait que 2 francs.

D. A combien vous revient le charbon, la corde de bois étant à 6 francs?

R. A 8 francs les 100 kilogrammes représentant deux sacs de charbon.

D. A quel prix vous revenait-il précédemment?

R. A 6 francs 50 centimes avec le bois que je payais 6 francs la corde, et à 4 francs à l'époque où le bois ne valait que 2 francs.

D. Combien de kilogrammes de charbon employez-vous pour 100 kilogrammes de fonte?

R. 1,800 kilogrammes.

D. De quelle distance tirez-vous votre minerai?

R. De deux à six lieues.

D. Quel est son rendement?

R. De 33 à 36 p. 0/0.

D. Pour quelle somme de minerai mettez-vous dans la fabrication de 1,000 kilogrammes de fonte?

R. Pour 36 francs environ.

D. Pour quelle somme de castine?

R. Pour 1 franc 50 centimes environ.

D. Combien vous coûte en main-d'œuvre, en frais d'entretien et de réparation, la production de 1,000 kilogrammes de fonte?

R. 10 francs environ.

D. A combien estimez-vous, dans vos frais généraux, la dépense de 1,000 kilogrammes de fonte?

R. A 40 francs.

D. Quelle quantité de fonte crue employez-vous pour produire 1,000 kilogrammes de fer?

R. 1,500 kilogrammes.

D. Combien de charbon employez-vous pour cette fabrication?

R. 2,000 kilogrammes.

D. A combien s'élèvent, pour cette même fabrication, la main-d'œuvre et les frais d'entretien et de réparation?

R. A 22 francs.

D. Combien vous coûtent les frais généraux appliqués à 1,000 kilogrammes de fer?

R. A 58 francs.

D. Quel serait, dans votre opinion, l'effet d'une réduction de droit sur les fers étrangers?

R. Elle amènerait une grande réduction de fabrication.

D. La consommation de la France ne diminuerait cependant pas par l'effet d'une telle réduction de droit?

R. Non: mais il en résulterait une grande introduction de fers étrangers.

D. Mais une grande introduction de fers étrangers ne serait la conséquence d'une réduction de droit qu'autant que vous ne pourriez pas diminuer vos prix d'une somme égale?

R. Pour mon compte, je ne pourrais supporter une telle réduction de prix qu'autant que le bois aurait subi lui-même une diminution proportionnelle.

D. Mais ne pensez-vous pas que la réduction du prix du bois serait la conséquence nécessaire de la réduction du prix du fer?

R. Je ne le crois pas, attendu que les bois que j'emploie à la fabrication du fer trouveraient leur écoulement vers d'autres genres d'emploi.

D. Appliquez-vous cette observation à votre localité, ou à la généralité de la France!

R. A ma localité seulement.

D. Pour quelle proportion la fabrication du fer entre-t-elle dans l'emploi du bois dans votre localité?

R. Elle en emploie les deux tiers.

D. Que deviendrait donc cette portion de bois si la fabrication était diminuée?

R. Elle irait à des usages domestiques, qui tous les jours tendent à s'accroître. La petite ville de Vierson, par exemple, qui ne consommait que 600 cordes de bois, il y a douze à quinze ans, en consomme maintenant 1,500.

Séance du 13 Décembre,

Présidée par le Ministre.

M. Darblay, agriculteur et maître de poste à la Croix-de-Berny, près Paris.

D. De combien d'hectares de terre se compose votre exploitation?

R. De 120 hectares, représentant 360 arpens dits *de Paris*.

D. En êtes-vous propriétaire?

R. Je suis propriétaire d'une partie: mon gendre, qui continue mon exploitation, est propriétaire d'une autre partie: le reste est tenu en location.

D. Combien d'hectares ensemencez-vous annuellement en froment? combien d'hectares en autres grains? combien d'hectares en prairies artificielles? et combien d'hectares conservez-vous en jachère?

R. Nous n'avons point de jachère. Nous ensemençons 30 hectares en froment; 30 hectares en autres grains, c'est-à-dire 20 en avoine et 10 en orge; 40 hectares en prairies artificielles; 20 hectares en pois, vesces et autres légumes et fourrages.

D. Combien employez-vous de charrues?

R. Trois.

D. Combien d'hectares pouvez-vous cultiver avec une charrue?

R. 40 hectares.

D. Combien un hectare ensemencé en froment vous produit-il d'hectolitres, en récolte moyenne?

R. 22 hectolitres.

D. Dans quel rapport le produit brut est-il avec la semence?

R. Nous employons 2 hectolitres et demi par hectare. Ainsi nous obtenons neuf fois environ la semence.

D. Combien vous coûte une charrue, bois et fer?

R. 120 francs environ, modèle de la grande charrue de la province de l'Île-de-France.

D. Pour quelle somme le prix du fer, main-d'œuvre comprise, entre-t-il dans ces 120 francs?

R. Pour 80 francs environ.

D. Pour quelle somme la main-d'œuvre entre-t-elle dans ces 80 francs?

R. Pour moitié : c'est-à-dire pour 40 francs environ.

D. Quelle quantité de fer pensez-vous qu'il entre dans la confection d'une charrue?

R. De 55 à 59 kilogrammes; c'est-à-dire, terme moyen, 57 kil.

D. Combien vous coûte par abonnement l'entretien annuel des ferremens d'une charrue?

R. L'entretien annuel par abonnement des ferremens d'une charrue se confond ordinairement avec le ferrage des trois chevaux destinés à la conduire. Le prix de l'abonnement varie depuis 36 jusqu'à 48 fr. par tête de cheval; soit de 108 à 144 francs pour les trois chevaux et la charrue. Cette différence provient,

1.° Du plus ou moins de charrois que font les chevaux sur les routes pavées. Cette considération fait varier la dépense du ferrage de 1 à 2 francs par mois, par cheval;

2.° Et pour la charrue, de la nature différente des terres; car l'entretien ordinaire des ferremens consiste presqu'en totalité dans celui du soc qui a besoin de plus ou moins fréquentes réparations, suivant que la terre est plus ou moins douce ou difficile, et notamment pierreuse et graveleuse, ce qui nécessite de le forger, acérer ou affiler fréquemment.

D. Pour quelle proportion entre la main-d'œuvre dans cet abonnement?

R. Je ne puis indiquer la proportion exacte; mais je sais, qu'en ce qui concerne la charrue, l'usure du fer est bien peu de chose; et les fréquentes réparations à faire au soc, et qui consistent pour la majeure partie en main-d'œuvre, forment la presque totalité de la dépense.

Pour le ferrage des chevaux, le coût de la matière première peut être évalué au tiers du coût total.

D. Pour quelle somme, en résumant ces données, et en y ajoutant les détails que vous avez pu omettre, entre le prix du fer, main-d'œuvre comprise, dans les frais de culture, calculés par charrue faisant valoir 40 hectares?

R. Pour 256 francs, savoir : pour l'entretien des ferremens de la charrue et du ferrage des trois chevaux qui est, terme moyen, de 126 francs, ci.................................... 126f

Pour l'entretien des dents de fers des herses............ 10.

Pour la réparation des fers des roues des charrettes...... 120.

TOTAL.............. 256.

Je fais observer que je n'ai pas fait entrer dans ce calcul la dépense des ustensiles de ménage en fer, ni celle des menus outils employés à la ferme, tels que bêches, pioches, fourches, &c; et cela par le motif qu'une telle dépense est en général assez minime et le plus ordinairement comprise dans l'entretien de la charrue. Je n'ai pas parlé non plus des outils propres à la moisson, parce qu'ils sont la propriété des moissonneurs, et que la dépense en est comprise, sans pouvoir être évaluée, dans le salaire de ces ouvriers.

D. Pour quelle somme entrent dans ces 256 francs les frais de main-d'œuvre?

R. Pour 127 francs environ.

D. Quelle valeur de fer brut entre dans ces mêmes 256 francs?

R. 129 francs.

D. Ainsi la dépense annuelle du fer, main-d'œuvre comprise,

entre dans la dépense totale de votre exploitation, au moyen de trois charrues, pour une somme de 387 francs?

R. Oui.

D. Dans quel rapport cette dépense se trouve-t-elle avec le produit total de vos terres arables, en supposant une récolte moyenne, et le froment à 18 francs l'hectolitre?

R. Le produit brut de mes terres arables (et ici je ne parle que de ma localité), en supposant une récolte moyenne et le prix du froment à 18 francs l'hectolitre, est de 48,930 francs, savoir :

1.° 30 hectares de blé : 22 hectolitres chaque, à 18 fr. 11,880f

2.° 20 hectares d'avoine : 54 hectolitres chaque, à 7 fr. 7,560.

3.° 10 hectares d'orge : 36 hectolitres chaque, à 8 fr. 2,880.

4.° 40 hectares de prairie artificielle :

Première coupe, 750 bottes de 5 à 6 kilogrammes;
Deuxième coupe, 300 *idem*.

1,050 à 35 francs........................14,700.

5.° 20 hectares de pois, vesces, pommes de terre, légumes.. 4,300.

6.° Les pailles de 30 hectares de blé, sept cent cinquante bottes à l'hectare, de 5 à 6 kilogrammes, à 20 fr. le cent de bottes.. 4,500.

7.° Les pailles de 20 hectares d'avoine, trois cents bottes à l'hectare, de 10 à 11 kilogrammes, à 35 francs le cent de bottes.. 2,100.

8.° Les pailles de 10 hectares d'orge, trois cents bottes à l'hectare, de 8 à 9 kilogrammes, à 27 francs le cent de bottes.. 810.

TOTAL........................ 48,930.

Or, la dépense du prix du fer, main-d'œuvre comprise, étant

de 387 francs, représente 79 centimes par 100 francs du produit brut.

D. Pensez-vous que la consommation du fer, par l'industrie agricole, s'accroîtrait beaucoup, si une réduction de tarif, ou toute autre circonstance, faisait baisser le prix du fer?

R. Je crois que l'accroissement serait considérable, et qu'il résulterait, 1.° de ce que l'on fabriquerait en fer beaucoup d'outils et d'ustensiles qui aujourd'hui se fabriquent en bois; 2.° de ce qu'on emploierait aux constructions rurales beaucoup de fer et de fonte en remplacement des bois?

D. Quelle réduction vous semblerait nécessaire pour que cet accroissement eût lieu?

R. Je crois que, pour que cet accroissement de la consommation du fer pût commencer, il faudrait que le prix du fer et de la fonte fût au moins de 20 à 25 p. 0/0 au-dessous du prix actuel. Je n'ai pas besoin d'ajouter que, dans ma pensée, une baisse plus forte encore amènerait un accroissement de consommation relativement plus considérable.

Séance du 13 Décembre,

Présidée par le Ministre.

M. Devillez, maître de forges dans les départemens de la Meuse et des Ardennes.

D. Quelle est la consistance de vos établissemens?

R. Ils se composent de deux hauts-fourneaux en activité et d'un troisième en construction; de six fours à pudler; de deux fours pour chaufferie à la houille, et de dix feux d'affinerie au charbon de bois.

D. Fabriquez-vous la fonte exclusivement au charbon de bois?

R. Oui.

D. Quelle quantité de fonte produisez-vous, année moyenne?

R. 2,200,000 kilogrammes.

D. Vendez-vous une partie de votre fonte brute?

R. Non; nous en achetons au contraire, celle que nous fabriquons ne suffisant pas à nos propres besoins.

D. Quelle quantité de fer fabriquez-vous au charbon de bois?

R. 2,000,000 kilog.

D. Combien en fabriquez-vous à la houille?

R. A-peu-près autant.

D. Combien vendez-vous maintenant sur place le fer fabriqué au charbon de bois?

R. Nous ne le vendons qu'à l'état de fer fondu.

D. Combien le vendriez-vous en grosses barres?

R. 450 fr. les 1,000 kilog.

D. Quel prix valait le même fer en grosses barres, en 1820 et 1821?

R. 500 fr.

D. A quel prix vendez-vous maintenant le fer en grosses barres, travaillé à la houille?

R. 410 fr.

D. A quel prix l'avez-vous antérieurement vendu?

R. 450 fr.

D. Quels sont vos principaux débouchés pour vos fers?

R. Charleville et la Flandre.

D. Combien vous coûte la corde de bois sur pied?

R. 12 fr. la corde de 90 pieds cubes.

D. Combien l'avez-vous payée antérieurement?

R. 7 à 8 fr., en 1820 et 1821.

D. De quelle distance tirez-vous vos bois?

R. De cinq lieues, terme moyen.

D. La corde de bois étant à 12 fr. sur pied, à combien vous revient la banne de charbon rendue dans vos usines?

R. De 60 à 64 fr. la banne de 32 hectol.

D. A combien vous revenait-elle en 1821 et 1822?

R. De 40 à 44 fr.

D. Combien employez-vous de bannes de charbon pour produire 100 kilog. de fonte?

R. Deux bannes.

D. De quelle distance tirez-vous votre minerai?

R. De trois lieues, terme moyen.

D. Quel est le rendement de votre minerai?

R. 33 à 35 p. 0/0.

D. Pour quelle somme de minerai employez-vous dans la fabrication de 1,000 kilog. de fonte?

R. Pour 36 fr. à-peu-près.

D. Pour combien de castine?

R. Nous n'employons pas de castine.

D. Combien vous coûte en main-d'œuvre, entretien et réparations la production de 1,000 kilog. de fonte?

R. 10 fr.

D. Quelle part faites-vous, pour vos frais généraux, dans le coût de 1,000 kilog. de fonte?

R. 12 fr.

D. Combien estimez-vous la valeur immobilière d'un de vos hauts-fourneaux?

R. 130,000 fr.

D. Quel fonds de roulement vous faut-il par chaque fourneau?

R. 50,000 fr.

D. Il résulte de votre première réponse que vous convertissez la fonte en fer, partie au charbon de bois, et partie à la houille : dites-nous d'abord quelle quantité de fonte vous employez, pour produire 1,000 kil. de fer marchand au charbon de bois?

R. De 1,400 à 1,450 kilog.

D. Combien employez-vous de bannes de charbon pour cette fabrication ?

R. Deux bannes.

D. Combien vous coûte, en main-d'œuvre, la fabrication de 1,000 kilog. de fer ?

R. 26 fr.

D. Et en entretien, réparations et autres frais généraux, non compris l'intérêt de l'argent ?

R. 16 fr.

D. Combien pour l'intérêt de l'argent ?

R. 20 fr. environ, à raison de 6 p. 0/0.

D. Quelle quantité de fonte employez-vous pour fabriquer 1,000 kil. de fer à la houille ?

R. 1,350 kilog.

D. Quelle quantité de houille employez-vous pour cette fabrication ?

R. 1,500 kilog.

D. D'où tirez-vous votre houille ?

R. De Liége et de Charleroi.

D. A combien vous revient-elle, rendue dans vos usines ?

R. A 4 fr. 50 cent. les 100 kilog.

D. Combien vous coûte, en main-d'œuvre, la fabrication de 1,000 kilog. de fer à la houille ?

R. 26 fr.

D. Combien en entretien, réparations et frais de régie, autres que l'intérêt de l'argent ?

R. 12 fr.

D. Combien pour l'intérêt de l'argent ?

R. 8 fr.

D. Quel pensez-vous que pourrait être l'effet sur les forges, travaillant tant au bois qu'à la houille, d'une réduction des droits sur les fers étrangers, si, par exemple, elle était du tiers?

R. Une telle réduction causerait la ruine des forges de France, tant au bois qu'à la houille.

D. Quel serait, dans votre opinion, l'effet sur les mêmes forges d'une réduction qui ne serait que d'un cinquième du droit actuel?

R. Je pense qu'une réduction d'un cinquième serait fort dommageable, si elle portait sur le droit spécialement applicable au fer étranger fabriqué à la houille, et qu'elle le serait beaucoup moins, si elle ne portait que sur le droit payé par les fers étrangers fabriqués au bois. Je n'entends, au surplus, parler ici que relativement à ma localité.

D. Vous pensez donc que, si les fers de la Belgique, produits au charbon de bois, étaient admis au droit de 12 fr., au lieu de celui de 15 fr. qu'ils paient aujourd'hui, vous n'auriez pas à souffrir de leur concurrence ?

R. Je crois que nous n'en souffririons pas.

D. N'êtes-vous pas propriétaire d'usines à fer dans les Pays-Bas ?

R. Oui ; mais nous n'y exploitons que des hauts-fourneaux.

D. Dans quelle partie de la Belgique?

R. Dans le duché de Luxembourg.

D. A quel prix produisez-vous la fonte dans vos hauts-fourneaux de Belgique ?

R. A 120 et 140 fr. les 1,000 kilog.

D. Dans quels rapports ces prix sont-ils avec les prix *de revient* des fontes que vous fabriquez en France ?

R. La fonte nous revient, dans nos établissemens de France, à 160 et 180 fr.

D. Pourquoi ne fabriquez-vous plus de fer dans vos forges des Pays-Bas ?

R. Parce que ce fer ne pourrait trouver d'écoulement que dans les

Pays-Bas, et qu'en raison de notre éloignement des houillières, il nous reviendrait à un prix plus haut que celui auquel se vendent les fers de Liége.

D. Combien le fer vaut-il à Liége?

R. 300 fr. les 1,000 kilogrammes.

Séance du 13 Décembre,

Présidée par le Ministre.

M. Baule, propriétaire-exploitant des mines de Roche-la-Molière et Firming, dans le bassin de Saint-Étienne.

D. Êtes-vous concessionnaire ou co-propriétaire de houillières en exploitation à Saint-Étienne?

R. Je suis co-propriétaire de l'une de ces houillières.

D. Quelle est l'étendue de votre concession?

R. 56 kilomètres carrés.

D. De quelle époque date-t-elle?

R. De 1767.

D. A quelle quantité d'hectolitres s'élève annuellement votre vente?

R. A 430,000 hectolitres environ.

D. Quelle est la portion de ces 430,000 hectolitres que vous vendez pour être employée à la fabrication de la fonte et du fer?

R. Je ne pourrais pas l'indiquer d'une manière exacte.

D. A quel prix vendez-vous la houille sur le carreau?

R. Le pérat, 1 franc l'hectolitre;

Le grêle, 75 centimes;

Le menu de forge, 40 à 50 centimes.

Le menu raffort pour les machines à vapeur, 20 centimes.

D. Si les droits sur les fers étrangers travaillés à la houille venaient à subir une réduction notable, par exemple d'un quart ou d'un tiers, quel pensez-vous que serait l'effet de cette réduction sur les usines de France travaillant au coke et à la houille, et par suite sur l'exploitation de vos houillières?

R. Je crois que les usines qui sont éloignées des houillières, comme par exemple celle de la Basse-Loire, supporteraient difficilement une telle réduction, et que le décroissement de leur travail exercerait une fâcheuse influence sur notre exploitation. Je pense aussi que la même réduction de tarif serait fatale aux usines placées aux environs de Saint-Étienne, et que, si leur fabrication venait à se restreindre, nous éprouverions un notable déficit dans la vente de nos produits; ce qui en élèverait nécessairement le prix, attendu que la masse des frais généraux devrait se répartir sur une moindre quantité.

D. A quel prix pensez-vous que revient, à Saint-Étienne, la fabrication de 1,000 kilogrammes de fonte?

R. A 200 francs; mais je dois dire que, lorsque les nouvelles communications actuellement en projet seront réalisées, ce prix pourra s'abaisser à 150 francs; et qu'on pourrait même espérer de le voir descendre à 140 francs, si d'autres améliorations dans le transport venaient à se produire ultérieurement.

D. Comment composez-vous ce chiffre de 200 francs, représentant le coût actuel de 1,000 kilogrammes de fonte?

R. Voici comment je le compose. Pour la fabrication de 1,000 kilogrammes de fonte, il faut consommer 3,000 kilogrammes de coke, ci .... 39.

Pour la machine soufflante, 8 hectolitres de houille, ci..... 2.

La castine est assez chère; 1,000 kilogrammes de castine, à raison de 1 fr. 50 cent. les 100 kilogrammes, reviennent à... 15.

Main-d'œuvre.............................. 12.

Frais généraux............................ 12.

Quant au minerai, on a cru pendant long-temps que le bassin de Saint-Étienne avait de l'analogie avec celui du Straffordshire. J'ai étudié l'une et l'autre localité et je me suis convaincu

C.

A reporter...... 80.

Report...... 80.

qu'il n'y a entre elles aucune analogie. Je ne pense pas que le minerai qu'on exploitera dans le bassin de Saint-Étienne puisse jamais suffire aux besoins d'une grande fabrication; car, dans l'état actuel des choses, il est impossible d'extraire annuellement plus de 1,400 mètres cubes de fer lithoïde carbonaté, et il ne revient pas à moins de 30 fr. le tonneau, rendu à la bouche du haut-fourneau. Il résulte de là que ce n'est guère que des départemens de la Haute-Saone, de Saone-et-Loire, de l'Ardèche et de l'Ain, que les usines de Saint-Étienne peuvent tirer leur minerai: or ce minerai leur revient dans ce moment à 40 fr. le tonneau; il rend 33 p. 0/0; il faut donc, à raison de trois tonneaux, compter.. 120.

TOTAL........................ 200.

D. A quel prix reviennent 1,000 kilog. de fer?

R. A 413 fr., savoir: 1,450 kilogrammes de fonte à 200 fr., ce qui fait.. 290.

3,500 kilog. de houille, à 1 fr. 12 cent. les 100 kilog., ce qui fait.. 30.

Houille pour la machine à vapeur.................... 2.

Main-d'œuvre, &c............................ 42.

Frais généraux.............................. 40.

TOTAL........................ 413.

D. Quelle est votre opinion sur la diminution de prix qui, dans un avenir peu éloigné, pourra s'opérer à Saint-Étienne, dans la fabrication de la fonte et du fer?

R. Je dirai d'abord que la diminution ne me semble pas pouvoir provenir du moindre prix auquel on obtiendrait le combustible, car il est en ce moment, à Saint-Étienne, à un prix aussi bas que possible. Les exploitans de houille ne font pas de profit en ce moment; mais l'avenir peut leur en assurer, si leurs exploitations se développent. Cette même baisse du fer et de la fonte ne saurait non plus être produite par celle du coût de la main-d'œuvre, qui ne paraît pas susceptible de varier prochainement. Il n'en est pas de même des frais généraux; cet article est susceptible de subir une réduction, en ce sens que le développement de la fabrication tend à l'amortissement du capital immobilisé et à la réduction de la part que chaque unité fabriquée a à supporter dans les frais fixes. Mais la principale économie à espérer est celle qui portera sur les frais de transport du minerai et de la castine.

Je dirai, à cet égard, que les propriétaires de hauts-fourneaux à Saint-Étienne ne paraissent pas jusqu'à présent avoir épuisé toutes les ressources qui se trouvent dans le rayon d'approvisionnement de leurs usines. D'après les calculs que j'ai établis, le minerai qu'ils tirent de la Franche-Comté leur revient à 40 fr. le tonneau. Or, j'ai vu, dans un rapport de la société du Creusot, qu'on recueille sur les bords du canal du Centre des minerais qui pourraient être rendus à Saint-Étienne à un prix bien moindre; je veux parler du minerai de Remigny, département de Saone-et-Loire, à trois lieues de Châlons. Ce minerai, rendu au bord du canal du Centre, revient à 11 francs le tonneau. Si l'on ajoute les frais de transport, en tenant compte de l'économie qui résultera de l'ouverture du chemin de fer de Lyon à Saint-Étienne, le minerai de Remigny, rendu sur le terrain houillier, ne reviendrait pas à plus de 24 francs, au lieu de 40 francs, prix actuel du minerai de Franche-Comté. Il est vrai de dire que le minerai de Remigny ne rend que 28 p. 0/0, tandis que celui de la Franche-Comté rend 35 et 37 p. 0/0; mais il paraît que le premier est chargé de chaux, ce qui restreindrait l'emploi de la castine qui est très-chère à Saint-Étienne.

D. Quel est, d'après ces divers élémens d'appréciation, le chiffre de l'économie qui pourrait être obtenue à une époque non éloignée, dans le bassin houillier de Saint-Étienne, sur la fabrication de 1,000 kil. de fonte par vous estimée à 200 fr.?

R. Une économie de 50 fr., de sorte que la fonte ne reviendrait plus qu'à 150 fr.

D. Connaissez-vous, pour la fabrication du fer, d'autres élémens possibles d'économie prochaine que ceux résultant de l'économie sur la fonte ?

R. Je n'en vois pas d'autres que ceux qui s'obtiendraient sur les frais généraux, ainsi que je l'ai déjà indiqué.

D. Le minerai de fer se rencontre-t-il avec la houille dans les mines que vous exploitez? Dans quelle proportion recueillez-vous l'un et l'autre, et quel est le rendement du minerai?

R. Nous ne trouvons le minerai qu'en très-faible quantité. Son rendement est de 22 à 28 p. 0/0 avant le grillage. Je dois dire toutefois que la situation générale de la France, comparativement à l'Angleterre, n'est pas aussi défavorable qu'on le croit communément. Ainsi, d'abord, nous avons la houille à aussi bon marché qu'en Angleterre; et, quant au minerai, dans le Staffordshire, où il est extrêmement abondant, on ne peut l'extraire à moins de 15 francs le tonneau, tandis qu'en France nous aurons des minerais qui ne reviendront sur place qu'à 5 francs. La question repose donc tout entière sur la différence du prix des transports dans l'un et l'autre pays.

Séance du 16 Décembre,

Présidée par le Ministre.

M. Ségin, l'un des entrepreneurs du chemin de fer de Lyon à Saint-Étienne.

D. A quelle époque l'entreprise du chemin de fer de Lyon à Saint-Étienne a-t-elle été commencée?

R. En 1826.

D. Quelle sera l'étendue de ce chemin de fer?

R. Quinze lieues.

D. Quelle portion de l'entreprise se trouve aujourd'hui achevée?

R. La moitié environ.

D. Les quantités de fonte et de fer employées à cette construction proviennent-elles de France ou de l'étranger?

R. Elles proviennent de France les unes et les autres.

D. Quelle quantité de fonte sera nécessaire pour la totalité de l'entreprise?

R. 750,000 kilogrammes. Ce sont des fontes moulées de deuxième fusion. Elles sont destinées à servir de chairs ou supports.

D. Combien en avez-vous employé jusqu'à ce jour?

R. Les trois cinquièmes environ, c'est-à-dire 450,000 kilogrammes.

De quelle partie de la France sont-elles tirées?

R. De la Franche-Comté.

D. Quel en a été le prix?

R. 40 francs les 100 kilogrammes rendus à Lyon.

D. La qualité de ces fontes vous a-t-elle paru satisfaisante?

R. Très-satisfaisante?

D. A quel prix la fonte anglaise de même espèce et qualité vous reviendrait-elle, rendue à Lyon, les droits compris?

R. Je ne puis répondre avec précision, mais je pense que ce prix s'éloignerait peu de celui auquel je viens de dire que nous revient la fonte française : je dois ajouter que, lorsque le chemin de fer que nous construisons sera achevé, et que les usines que nous projetons dans la presqu'île de Perrache, seront en activité, nous espérons produire à 30 francs par 100 kilogrammes la même fonte qui nous revient aujourd'hui à 40 francs.

D. Quelle quantité de fer pensez-vous devoir être employée dans votre entreprise?

R. 3,000,000 de kilogrammes.

D. Quelle portion en a déjà été employée?

R. Les deux cinquièmes, c'est-à-dire 1,200,000 kilogrammes.

D. De quelle partie de la France ce fer a-t-il été tiré?

R. De Charenton d'abord, et du Creuzot depuis que l'établissement de Charenton n'existe plus.

D. Ainsi le fer que vous employez est fabriqué à la houille et au laminoir?

R. Oui.

D. Quel en a été le prix?

R. Le prix de ce fer a été de 52 francs les 100 kilogrammes rendus à Montchanin, celui des ports du canal qui est le plus près de l'établissement; à cette somme, il faut ajouter 50 centimes pour le transport jusqu'à Lyon. Je dois dire à ce sujet que l'opinion où avaient d'abord été les maîtres de forges, que les barres de fer pour rails, provenant de l'étranger, seraient atteintes par la prohibition du fer ouvré, en avait porté plusieurs à demander un prix de 60, 64 ou 65 francs pour les barres analogues, et que ce fut lorsque nous fûmes autorisés à introduire ces rails moyennant les droits, si nous y trouvions avantage, que nous avons obtenu le prix de 52 francs que je viens d'indiquer : il est bon de remarquer, toutefois, que l'établissement de Charenton, qui a pu nous livrer à ce prix, se trouvait monté d'une manière toute spéciale pour des fabrications de ce genre.

D. Ce prix de 52 francs que vous venez d'indiquer donne lieu de penser que la confection des barres pour rails est plus coûteuse, en raison de leur forme spéciale, que la confection des barres ordinaires?

R. Sans doute.

D. Quel est le surcroît de prix qu'occasionne cette spécialité de forme?

R. Ce surcroît, à l'époque où nous avons acheté, pouvait être de 10 francs par 100 kilogrammes; de sorte que 52 francs pour les rails correspondaient au prix de 42 francs pour les barres ordinaires. Mais aujourd'hui la différence ne dépasserait pas 5 à 6 francs.

D. A quel prix le fer Anglais de même espèce et qualité aurait-il été acheté par vous en Angleterre?

R. A 22 francs 50 centimes les 100 kilogrammes.

D. A quel prix ce même fer vous serait-il revenu rendu à Lyon, les droits non compris?

R. A 37 ou 38 francs, ce qui, avec les droits, aurait fait 64 à 65 francs.

D. Le fer français que vous avez acheté à 52 francs est-il d'aussi bonne qualité que le fer anglais qui vous serait revenu à 38 francs, rendu à Lyon, les droits non compris?

R. Je suis autorisé à croire que le fer français est meilleur : il est de notoriété que le fer anglais, lorsqu'on l'emploie pour *charroi*, est plus sujet à casser que celui de France; et quant aux rails, je puis dire que, dans une opération qui a été faite dans la vue d'essayer comparativement ceux de France et ceux d'Angleterre, les premiers, qui avaient été fabriqués à Charenton, ont été reconnus offrir plus de résistance.

D. Pourquoi n'avez-vous pas acheté le fer qui vous était nécessaire dans les forges de Saint-Étienne, dont la plus grande proximité vous aurait assuré une plus forte réduction sur le prix du transport?

R. Les forges de Saint-Étienne sont précisément celles dont j'ai parlé plus haut comme ayant demandé des prix de 60, 64 et 65 fr., antérieurement à la décision qui a autorisé l'admission des rails étrangers : mais depuis lors, ces forges ont pu réduire leurs prétentions, et je ne crois pas me tromper en disant qu'elles ont offert dans ces derniers temps de fournir les mêmes rails à la compagnie du chemin de fer d'Andrezieux à Roanne, moyennant le prix de 48 francs.

D. A quel taux les prix du fer et de la fonte se trouvaient-ils portés dans les prospectus publiés pour la formation de votre entreprise?

R. A 50 francs par 100 kilogrammes pour la fonte, et 80 francs pour le fer.

D. Quelle est la quantité de fonte et quelle est la quantité de fer qui entrent dans la construction d'une lieue de chemin de fer, comme le vôtre?

R. 50,000 kilogrammes de fonte et 200,000 kilogrammes de fer.

D. Quelle est la somme totale à laquelle vous calculez que vous reviendra le chemin de fer de Saint-Étienne à Lyon?

R. A 650,000 francs par lieue; ce qui fait 9,750,000 francs pour les quinze lieues.

D. Ainsi la fonte et le fer, aux prix où vous les avez payés, entrent pour 124,000 francs dans le coût de 650,000 francs par lieue?

R. Oui.

D. Veuillez nous dire si, d'après les notions générales que vous avez recueillies sur la situation de nos usines, il vous paraît que l'on puisse espérer l'abaissement des prix auxquels elles vendent aujourd'hui la fonte et le fer.

R. Je pense que, dans un avenir assez prochain, les usines de France pourront livrer le fer en barres au prix de 34 ou 35 francs les 100 kilogrammes : ce prix est du moins celui auquel pourra le livrer l'établissement que nous projetons dans la presqu'île de Perrache, lorsque le chemin de fer de Saint-Étienne à Lyon sera en activité.

D. Pensez-vous que les améliorations nécessaires pour opérer une telle baisse des prix français pourraient s'effectuer en présence d'une réduction du droit qui se perçoit maintenant à l'entrée des fers étrangers?

R. Je pense qu'une réduction du droit d'entrée sur les fers étrangers n'arrêterait pas les améliorations qu'on peut espérer, pourvu que cette réduction ne fût pas telle que le fer anglais se vendît au-dessous de 40 à 42 francs les 100 kilogrammes.

D. Vous entendez ainsi fixer à 40 ou 42 francs le prix au-dessous duquel la concurrence du fer anglais serait un obstacle au perfectionnement de cette industrie?

R. Oui.

D. Il me reste à vous demander si vous appliquez cette appréciation à la généralité des usines de France?

R. Je l'applique exclusivement aux usines de Saint-Étienne et du Creuzot, les seules dont je connaisse les conditions de fabrication.

D. Entendez-vous dire que les usines de Saint-Étienne et du Creuzot pourraient soutenir la lutte dans nos ports contre les fers anglais qui s'y vendraient de 40 à 42 francs?

R. En disant que les fers de Saint-Étienne et du Creuzot pourrraient lutter contre les fers anglais se vendant de 40 à 42 francs, je n'ai entendu parler que de la concurrence qui pourrait s'établir entre les uns et les autres sur les marchés de l'intérieur. Je ne suis pas préparé à porter un jugement sur les résultats que la même concurrence pourrait avoir sur le littoral maritime.

Séance du 16 Décembre,

Présidée par le Ministre.

M. Albouy, entrepreneur de serrurerie en bâtimens.

D. Quelles sont les principales entreprises que vous avez exécutées?

R. J'ai concouru à la construction du palais de la Bourse, à celle du pont des Invalides et à celle de la nouvelle salle de Feydeau.

D. Quelles sont les espèces de fer les mieux appropriées à ce genre de construction?

R. Le fer laminé et le fer roche.

D. Quelle est, dans une construction, la destination spéciale de l'une et de l'autre espèce?

R. Le fer laminé sert pour les gros ouvrages, et le fer roche pour la serrurerie proprement dite.

D. Dans quel ordre de qualité classez-vous les fers laminés des diverses usines de France?

R. Je mets au premier rang ceux de Fourchambault; viennent ensuite ceux du Creuzot, et enfin ceux de Châtillon.

D. A quel prix achetez-vous le fer roche et le fer laminé?

R. Nous payons ici le fer roche 57 ou 58 francs, et le fer laminé 50 ou 52 francs les 100 kilogrammes. Je ne sais pour quelle quotité entrent dans ces prix les frais du transport, depuis l'usine jusqu'à Paris.

D. Pourriez-vous nous dire quels étaient les prix des mêmes espèces et qualités de fers dans les années antérieures?

R. Ces prix ont peu varié depuis quelques années, excepté toutefois, en 1825, époque à laquelle une forte augmentation fut le résultat d'un chômage extraordinaire.

D. Établit-on communément quelque différence de qualité entre le fer laminé et le fer martelé d'espèce analogue?

R. On fait maintenant peu de différence entre l'un et l'autre, quand il ne s'agit de les appliquer qu'à des ouvrages ordinaires.

D. Pour quelle somme le prix du fer entre-t-il dans la dépense de construction d'une maison valant 100,000 francs?

R. Pour 8 ou 9,000 francs, somme qui se répartit par moitié entre les gros ouvrages et les ouvrages de serrurerie.

D. Quelle part, dans ces 8 ou 9,000 francs de la valeur des fers, faites-vous aux frais de main-d'œuvre?

R. Les frais de main-d'œuvre figurent pour trois huitièmes dans la valeur des gros ouvrages, et pour six huitièmes dans la valeur des ouvrages de serrurerie.

D. A quelle somme s'est montée la dépense de la couverture du palais de la Bourse?

R. A 230,000 francs, y compris le plancher en fer qui la soutient.

D. Quelle part faites-vous à la valeur du fer dans cette somme?

R. Moitié environ.

D. D'où provenait le fer employé à cette construction?

R. Nous avons employé du fer de Berry, qui est le plus doux que nous connaissions.

D. Ne pourrait-on pas appliquer à ce même genre de travaux du fer laminé?

R. Il n'a été guère employé que de ce dernier fer dans la construction de la salle Feydeau.

D. Vous pensez donc qu'on aurait pu effectuer, avec du fer laminé, la couverture de la Bourse à laquelle vous n'avez employé que du fer de Berry?

R. On l'aurait pu, sans doute; mais à l'époque où la Bourse a été construite, l'usage du fer laminé était peu répandu, surtout dans la construction des bâtimens.

D. Quel a été le prix de la coupole de Feydeau, que vous annoncez avoir été construite avec du fer laminé?

R. 400,000 francs, dont la moitié représente la main-d'œuvre.

D. Pensez-vous que, si le prix du fer était moins elevé, on ferait un plus grand emploi de ce métal dans les constructions de bâtimens?

R. Sans aucun doute.

D. Quelle devrait être, selon vous, l'importance d'une telle réduction, pour amener ce résultat, d'une plus grande consommation de fer dans la bâtisse?

R. Il faudrait, selon moi, que le fer descendît au prix de 30 à 32 fr. les 100 kilogrammes. Je suis amené à croire qu'il faudrait au moins une réduction de cette importance, par la considération de ce fait, qu'aujourd'hui, en employant le fer dans les constructions, on fait une dépense des deux tiers plus forte que si l'on y avait employé du bois.

Séance du 18 Décembre,

Présidée par le Ministre.

M. Thomas Nodler, marchand de fer en gros, à Paris.

D. Quels sont les principaux points de fabrication où vous formez vos approvisionnemens?

R. Particulièrement la Bourgogne, la Champagne et la Normandie.

D. Achetez-vous en Champagne et en Bourgogne du fer fabriqué à la houille?

R. La Champagne ne nous fournit guère que du fer fabriqué au charbon de bois. Quant à la Bourgogne, nous en tirons du fer fabriqué à la houille, depuis qu'il existe à Châtillon des forges au laminoir.

D. A quel prix achetez-vous sur place le fer que vous tirez de Champagne et qui est fabriqué au charbon de bois?

R. Il y a plus de huit mois que ma maison n'a rien acheté dans les forges de Champagne. Les derniers prix que j'ai payés, sont:

Pour le fer roche, les 104 kilogrammes rendus à Joinville... 51f

Pour le fer vosges, *idem*........................ 49.

Et pour le fer demi-roche, *idem*.................... 47.

D. A quel prix les achetiez-vous en 1821 et également sur place?

R. En 1821, nous les avons payés, savoir:

Le fer roche..................... 44 francs 50 centimes,

Le fer vosges.................... 43 francs,

Et le fer demi-roche.............. 42 francs toujours les 104 kilogrammes.

D. A quelle cause attribuez-vous l'augmentation de prix survenue depuis 1821?

R. A l'augmentation du prix des bois, et aux mesures par lesquelles, en 1822, on est venu au secours des forges en restreignant l'importation des fers étrangers.

D. Quel est le prix de transport de 100 kilogrammes de fer, de Joinville à Paris et de Châtillon à Paris?

Le prix du transport de Joinville à Paris est, terme moyen, de 3 fr. 50 cent.; de Châtillon à Paris, le transport coûte 4 fr.

D. Pourriez-vous dire quel a été dans le premier semestre de 1828, et dans les années 1818, 1821, 1824 et 1827, le prix sur place des fers de Bourgogne, de Champagne et de Normandie?

R. Ces prix ont été:

		1818.	1821.	1824.	1827.				1828.
					1.er trimestre.	2.e trimestre.	3.e trimestre.	4.e trimestre.	1.er semestre.
Champagne.	Roche....	480.	425.	430.	490.	470.	480	490.	540.
	Vosges....	470.	410.	425.	470.	450.	440.	460.	530.
	Demi-roche.	460.	400.	415.	460.	440.	430.	440.	500.
Normandie.	....	545.	490.	590.	630.	630.	580.	580.	540.
Bourgogne.	....	485.	440.	460.	485.	485.	470.	455.	490.

On remarquera que tous ces prix sont ceux auxquels on a pu acheter dans le courant desdites années. Les fers sont cotés pris *en forges.*

Les fers de Champagne, qui d'ordinaire se vendent avec une bonification de 4 p. o/o en poids, sont cotés au poids brut.

D. A quel prix peut-on aujourd'hui faire arriver dans nos ports le fer de Suède?

R. A 54 et 55 fr., droits acquittés.

D. En achetez-vous des quantités considérables?

R. J'en ai acheté cette année 1,500,000 kilogrammes.

D. A quel usage est-il particulièrement destiné?

R. A la taillanderie, à la fabrication de l'acier et de certains instrumens d'agriculture.

D. Quelle espèce de fer de France regardez vous comme la plus rapprochée du fer de Suède par sa qualité et par les divers emplois qu'elle peut recevoir?

R. Les fers de Franche-Comté, de Berry et le fer roche.

D. Est-il cependant quelque usage pour lequel vous croyiez que le fer de Suède doive être préféré à quelque fer de France que ce soit?

R. Je pense que, pour la taillanderie, le fer de Suède ne peut être remplacé d'une manière satisfaisante par aucun fer de France. Le fer demi-roche toutefois le remplacerait plutôt encore que le fer-roche. J'ajoute que pour le même usage, ainsi que pour la fabrication de l'acier, il y a une espèce de fer préférable à celui de Suède, c'est le fer de Sibérie.

D. Ne croyez-vous pas qu'on puisse faire de bon acier avec le meilleur fer de France?

R. Je le crois : nous avons des qualités de fer parfaitement propres à faire de bon acier. Je citerai particulièrement e fer des Pyrénées.

D. A quel prix peut aujourd'hui revenir dans nos ports le fer anglais travaillé à la houille?

R. A 49 fr., droits acquittés.

D. A quelle qualité des fers français, faits à la houille et au laminoir, croyez-vous que puisse équivaloir la qualité du fer anglais?

R. Je crois que les fers de Saint-Étienne sont les plus rapprochés en qualité des fers anglais. J'ajoute que les fers de Châtillon produits à la houille, mais provenant de fontes traitées au charbon de bois, sont meilleurs que les fers anglais.

D. Cette comparaison que vous établissez entre le fer anglais et certains fers français, vous est-elle suggérée par le cours des prix auxquels se vendent habituellement en France les uns et les autres?

R. Je n'établis cette comparaison qu'en raison des qualités que j'ai reconnues dans les uns et les autres. Il serait difficile d'établir une telle comparaison d'après les prix, attendu que, depuis la promulgation du tarif actuel, il n'a pas été possible aux spéculateurs d'importer des fers anglais avec avantage.

D. Est-il à votre connaissance qu'il y ait eu engorgement dans les forges au mois de mai dernier?

R. Je crois qu'à cette époque il a pu y avoir engorgement : ce qui le prouverait, c'est que depuis lors les prix ont toujours tendu à la baisse.

D. Croyez-vous que les maîtres de forges qui travaillent d'après les anciennes méthodes, obtiennent des bénéfices considérables, au prix auquel se vend aujourd'hui le bois?

R. Je crois qu'au prix où est maintenant le bois, les maîtres de forges sont plutôt en perte qu'en bénéfice.

D. Que pensez-vous de l'effet que produirait sur les forges de France en général, un changement dans le tarif des fers étrangers?

R. Je pense qu'un abaissement du tarif serait funeste à notre industrie, soit qu'il eût pour objet le droit payé sur les fers au bois, soit qu'il portât sur le droit des fers à la houille. Toutefois, appliquée à cette dernière espèce de fer, une réduction me paraîtrait surtout redoutable par le motif qu'elle permettrait aux Anglais, dont la production peut être en quelque sorte illimitée, d'inonder notre marché. Le danger ne me semblerait pas le même à l'égard des fers du nord, dont la production n'est pas susceptible, comme celle d'Angleterre, d'un accroissement instantané, et cependant le mal que produirait une plus grande facilité accordée à l'importation de ces fers pourrait avoir une certaine gravité.

D. A quel prix sont maintenant à Paris les fers de Suède?

R. On n'emploie pas à Paris les fers de Suède. Lorsqu'ils y arrivent, ce n'est qu'à la suite de fausses spéculations; et dès-lors, ils n'y ont pas de cours régulier.

D. La tendance à la baisse, qui s'est manifestée depuis quelque temps, vous semble-t-elle incliner à se maintenir ou même à s'étendre?

R. Dans mon opinion, cette baisse ne peut que s'étendre par l'effet d'une plus grande concurrence intérieure, laquelle sera elle-même le résultat de la formation de tous les établissemens nouveaux.

D. Pensez-vous que le maintien formel des droits actuels ne déterminerait pas un prompt retour à la hausse?

R. Je crois qu'en effet le maintien du tarif actuel pourrait déterminer une certaine réaction vers la hausse, à moins (ce qui n'est guère probable) qu'il ne se produisît en même temps une baisse dans le prix des bois.

Séance du 23 Décembre,

Présidée par le Ministre.

***M. Beaunier**, inspecteur divisionnaire au corps royal des mines.*

D. Quels sont les départemens qui composent l'inspection divisionnaire confiée à vos soins?

R. Les départemens de la Loire, de la Haute-Loire, du Cantal, du Puy-de-Dôme, du Rhône, de l'Ain, du Jura, du Doubs, de l'Isère, de la Drôme, des Hautes-Alpes, des Basses-Alpes, de Vaucluse, du Var, des Bouches-du-Rhône, et la Corse.

D. Quels sont les établissemens déjà existans dans l'arrondissement de Saint-Étienne, en y ajoutant les hauts-fourneaux de la Voulte (Ardèche), que nous savous dépendre de l'un d'eux (celui de Terre-Noire), et quelle est la consistance de ces établissemens ?

R. L'établissement du *Janon*, composé de deux hauts-forneaux au coke, quatre fourneaux de grillage, et un atelier de moulage ;

L'établissement de *Saint-Julien*, composé de deux hauts-fourneaux au coke, une affinerie, neuf fours de pudlage, quatre chaufferies, cinq cages de laminoirs;

L'établissement de *Terre-Noire*, composé de deux affineries, quatorze fours de pudlage, huit chaufferies, une tôlerie, une fonderie, un grand nombre de cages de laminoirs;

Les quatre hauts-fourneaux de la Voulte (Ardèche) dépendent de cet établissement. Deux de ces fourneaux sont en roulement.

L'établissement de *Lorette*, composé de deux affineries, dix fours de pudlage, plusieurs chaufferies, plusieurs cages de laminoirs.

Il existe en outre, dans l'arrondissement de Saint-Étienne, quatre petites usines établies sur des cours d'eau, pour la conversion de la fonte et des riblons en fer malléable, à l'aide de la houille.

D. Pouvez-vous indiquer la quantité de fonte et de fer qui se fabrique, année moyenne, dans chacun de ces établissemens?

R. L'établissement du Janon produit 3 à 4 millions de kilog. de fonte par an.

L'établissement de Saint-Julien produit 4 à 5 millions de kilog. de fonte, et 4 millons de kilog. de fer.

L'établissement de Terre-Noire produit 4 à 5 millions de kilog. de fer.

Chacun des hauts-fourneaux de la Voulte produit environ 2 millions de kilog. de fonte.

L'établissement de Lorette produit environ 4 millions de kilog. de fer.

Le produit des quatre petits établissemens dont j'ai parlé peut être évalué à 3 ou 4 millions de kilog. de fer.

D. Lorsque ces établissemens ont été formés, n'avait-on pas l'opinion que le bassin de Saint-Étienne produirait tout-à-la-fois la houille et le minerai? L'expérience n'a-t-elle pas fait connaître que le minerai ne s'y rencontre qu'en médiocre quantité? N'est-il pas arrivé de là que les propriétaires de hauts-fourneaux ont été contraints de tirer chèrement la plus grande partie des minerais dont ils font usage, de la Franche-Comté et de la Bourgogne?

R. On a supposé dans l'origine que le bassin de Saint-Étienne renfermait l'espèce de minerai de fer propre aux terrains houilliers, en plus grande abondance qu'il ne le renferme réellement. J'entrerai, à cet égard, dans quelques explications.

Le sol houillier dont il s'agit est contenu de toute part dans un bassin de roche granitique, ou de roche de l'âge des granits (roches primitives), qui s'étend de la Loire au Rhône, sur une surface de 200 kilomètres carrés.

Les couches pierreuses et fragmentaires qui accompagnent, en stratification parallèle, les couches de houille et de minerai des houillières (fer carbonaté lithoïde), sont formées des débris, plus ou moins divisés, du vase, ou bassin qui les contient. L'ensemble de toutes ces couches forme le sol houillier, qui se présente, pour Saint-Étienne, avec ce caractère particulier, qu'il repose immédiatement sur le sol granitique, et qu'il règne jusqu'au jour, sans qu'aucun autre terrain le recouvre.

Les couches de minerai renfermées dans le terrain houillier, se présentent dans deux situations différentes. Les unes sont en contact immédiat, et les autres sans contact avec les couches de houille.

A Saint-Étienne, les couches de minerai de fer carbonaté lithoïde, sans contact avec la houille, sont, sans nul doute, moins nombreuses et moins épaisses que dans la plupart des portions du territoire anglais, renommées pour la production du fer; il faut aussi convenir qu'on a trop négligé, dans le département de la Loire, les recherches et l'exploitation de cette sorte de minerai.

L'exploitation des minerais de fer en contact avec la houille, est subordonnée à l'exploitation de cette dernière substance, et la masse des minerais extraits dans un temps donné, dépend de l'extension que reçoit, dans le même temps, l'espace sur lequel se propage l'extraction de la houille.

Mais, d'une part, à Saint-Étienne les couches de houille sont beaucoup plus épaisses qu'elles ne le sont généralement en Angleterre, et d'autre part, la houille s'extrait, chez nous, en moins grande abondance que chez nos voisins; ces deux causes s'opposent à ce que nos exploitations de houille embrassent promptement un champ très-vaste, et conséquemment aussi à ce que l'exploitation des minerais, en contact avec la houille, prenne un développement rapide.

Un gisement de minerai *de fer hydraté*, très-voisin du sol houillier, mais qui lui est étranger, a été découvert, il y a quatre ou cinq ans, dans la commune de Latour, au nord de Saint-Étienne.

Ce minerai se présente en amas, sur une surface dont il est impossible d'assigner, quant à présent, l'étendue. Bien trié, il donne à la fusion 30 à 40 p. 0/0 de son poids en métal. Son exploitation n'a pris une véritable importance que depuis un an ou deux.

En 1828, l'extraction du minerai des houillières a été de 30 à 35,000 quintaux métriques. Je pense qu'elle pourrait être doublée.

Dans la même année, l'exploitation des mines de Latour a fourni 15,000 quintaux métriques de minerai. Elle attire maintenant, d'une manière toute spéciale, l'attention de MM. les maîtres de forges; je la crois susceptible de recevoir de prompts et utiles développemens.

J'ai dit que les quatre hauts-fourneaux en activité dans l'arrondissement de Saint-Étienne, fournissent annuellement 90 à 95,000 quintaux métriques de fonte.

Cela suppose l'emploi de 270 à 290,000 quintaux de minerai, dont 40 à 50,000 quintaux sont, dans l'état actuel des choses, extraits du sol houillier ou du sol qui l'avoisine; tout le surplus est importé des départemens de la Haute-Saone et de l'Ain.

La Haute-Saone fournit des minerais en grain, et l'Ain des minerais *calcaires oolithiques*.

Les minerais en roche de Servance (Haute-Saone) et de la Voulte (Ardèche) pourraient également être traités dans les fourneaux de Saint-Étienne.

D. Croyez-vous que cet état de choses soit de nature à changer?

R. On peut espérer qu'il changera en partie, mais on ne peut l'affirmer.

D. Quel est l'état des concessions de mines faites dans l'arrondissement de Saint-Étienne?

R. Dans le département de la Loire, le bas prix du combustible est garanti par une concurrence très-active entre les exploitans des mines.

Le terrain houillier a été partagé en 56 concessions.

Je lis dans mes notes les nombres suivans :

En 1820, le produit brut des mines de Saint-Étienne et de Rive-de-Gier était de 3,800,066 quintaux métriques;

Et pour l'obtenir on avait employé :

Machines à vapeur	23.
Ouvriers	1945.
Chevaux dans les travaux souterrains	néant.

La production ci-dessus représentait une valeur de 2,893,116 fr.

A la fin de 1827, le produit brut de ces mines était de 6,252,863 quintaux métriques;

Et pour l'obtenir on avait employé :

Machines à vapeur	57.
Ouvriers	2,733.
Chevaux en action dans les souterrains	200.

La production a représenté une valeur de 4,567,854 fr.

Ce grand accroissement de production et de valeur, qui s'est aussi fait sentir de l'année 1827 à l'année 1828, est, sans contredit, dû à l'établissement des nouvelles usines de fer.

Qu'on enlève de pareils débouchés à l'industrie souterraine, et au même instant on diminuera très-notablement la valeur des capitaux *si abondans*, qu'elle a attirés à elle dans ces derniers temps.

En 1812, le produit brut des mines de Saint-Étienne et de Rive-de-Gier était de 2,923,781 quintaux-métriques.

Et pour l'obtenir on avait employé :

Machines à vapeur.......................... 7.

Ouvriers.................................. 1,402.

Chevaux en action dans les souterrains...... *Néant.*

Une très-faible portion du territoire de Saint-Étienne a été concédée, pour l'exploitation du minerai de fer des houillières, à la seule compagnie propriétaire des hauts-fourneaux du Janon.

D. Les forges de l'arrondissement de Saint-Étienne ne doivent-elles pas tirer de la Franche-Comté et de la Bourgogne une partie des fontes destinées à être converties en fer?

R. Oui, et même une forte partie dans l'état présent des choses.

La fabrication du fer, dans l'arrondissement de Saint-Étienne, s'élève à 14 ou 15 millions de kilogrammes : ce qui suppose l'emploi de 18 à 20 millions de kilogrammes de fonte. La quantité de fonte produite dans la localité est de 9 à 10 millions de kilogrammes, à quoi il faut ajouter 4 millions de kilogrammes, de fonte provenant des deux hauts-fourneaux de la Voulte, mis en roulement.

Le déficit à remplir est donc aujourd'hui de 4 à 5 millions de kilogrammes de fonte. Il serait presque nul si quatre hauts-fourneaux étaient en roulement à la Voulte, à moins que les maîtres de forges ne voulussent, pour améliorer la qualité des fers, continuer à introduire dans leurs mélanges une certaine quantité de fonte de Bourgogne et de Franche-Comté, fabriquée à l'aide du *combustible bois*.

D. Pouvez-vous dire quel est, sous les conditions que vous venez d'indiquer, le prix de *revient* des fontes et des fers dans les établissemens de l'arrondissement de Saint-Étienne, en distinguant les frais divers de chaque partie du travail, et en ajoutant aux sommes trouvées celle à laquelle vous croyez que peuvent s'élever les frais généraux pour 1,000 kilogrammes de fonte et pour 1,000 kilogrammes de fer?

R. En ce qui concerne le prix de *revient* de la fonte, j'estime qu'au Janon, par exemple, le prix moyen des minerais mélangés de la Franche-Comté et de Saint-Étienne est de 33 francs par 1,000 kilogrammes. Il faut 3,000 kilogrammes de ce mélange pour obtenir 1,000 kilogrammes de fonte : cette première dépense est donc d'environ 99f

Pour obtenir 1,000 kilogrammes de fonte, on emploie 1,000 kilogrammes de castine valant, prix moyen.	16.
Et 2,500 kilogrammes de coke valant.	30.
Main-d'œuvre.	13.
Houille pour la chaudière.	3.
Frais d'entretien et de chômage.	9.
Frais généraux d'administration	3.
Si l'on suppose que les intérêts de capitaux représentent, par 1,000 kilogrammes de production, une somme de.	15.
On aura, pour prix de revient de 1,000 kilogrammes de fonte, la somme totale de.	188.

Production de 1,000 kilogrammes de fer :

1,400 kilogrammes de fonte au coke et de fonte de Franche-Comté au prix moyen de 200 francs, ci.	280.
30 à 32 hectolitres de houille à 50 ou 60 centimes.	18.
Main-d'œuvre	60.
Entretien des machines.	5.
Frais d'administration.	3.
En tout	366.

Somme à laquelle il faut ajouter l'intérêt de l'argent versé dans les entreprises.

A l'égard des premiers établissemens formés, cet intérêt serait certainement de plus de 36 francs, pour une production de 1,000 kilogrammes de fer.

A l'égard des établissemens récens, où l'on a mis à profit l'expérience actuellement acquise dans les constructions, une somme de 20 francs par 1,000 kilogrammes de fer produit (abstraction faite du travail des hauts-fourneaux) me paraîtrait suffisante pour servir l'intérêt des fonds engagés.

D. Pouvez-vous indiquer les prix auxquels les fers se sont successivement vendus depuis quelques années, et les prix auxquels ils se vendent maintenant?

R. Je lis ce qui suit dans mes notes :

1.° Le prix des fers et des fontes fabriqués au bois, a éprouvé les variations suivantes aux foires de Châlons-sur-Saone, qui ont lieu trois fois par an.

		FER MARCHAND ordinaire, martelé.	FER FIN MARTELÉ.	FONTE BLANCHE ordinaire.	FONTE FINE.
		Les 1,000 kilog.	Les 1,000 kilog.	Les 1,000 kilog.	Les 1,000 kilog.
1820.	Mars.........	450f	530f		
	Juillet.........	450.	550.		
	Novembre.....	440.	565.		
1821.	Mars.........	430.	565.		
	Juillet.........	410.	565.		
	Novembre.....	400.	565.		
1822.	Mars.........	430.	565.		
	Juillet.........	490.	560.		
	Novembre.....	510.	560.		
1823.	Mars.........	470.	560.		
	Juillet.........	460.	560.		
	Novembre.....	440.	560.	180f	215f
1824.	Mars.........	430.	560.	175.	215.
	Juillet.........	450.	560.	190.	215.
	Novembre.....	470.	560.	195.	220.
1825.	Mars.........	480.	560.	200.	240.
	Juillet.........	580.	750.	235.	280.
	Novembre.....	600.	750.	240.	290.
1826.	Mars.........	550.	740.	230.	270.
	Juillet.........	540.	740.	215.	260.
	Novembre.....	490.	730.	200.	240.
1827.	Mars.........	445.	660.	185.	230.
	Juillet.........	500.	660.	210.	215.
	Novembre.....	480.	660.	210.	220.
1828.	Mars.........	515.	660.	220.	235.
	Juillet.........	515.	660.	205.	225.
	Novembre.....	450.	660.	185.	220.

2.° Variation du prix des fers fabriqués dans l'arrondissement de Saint-Étienne, par les procédés anglais.

Prix des fers pris dans les usines de Lorette, Saint-Julien et Terre-Noire.

Années 1821 à 1822,	grosse forge.	440f		les 1,000 kilogrammes.
——— 1822 à 1825	*idem*.......	440 à 500		*idem*.
——— 1825........	*idem*.......	450 à 550		*idem*.
——— 1826........	*idem*.......	530 à 450		*idem*.
——— 1827........	*idem*.......	420 à 470-450		*idem*.
——— 1828........	*idem*.......	440 à 400		*idem*.

Depuis le mois de novembre jusqu'à ce jour, quelques parties de fers ont été vendues à moins de 400 francs les 1,000 kilogrammes. Quelques ventes se sont même opérées au taux de 360 francs; mais ces cas particuliers ne peuvent constituer un cours régulier.

3.° Variations du prix de la fonte fabriquée au Janon, près Saint-Étienne, à prendre à l'usine.

31 juillet.....	1823.	190f 00c	les 1,000 kilogrammes.
idem........	1824.	170. 00.	*idem*.
idem........	1825.	210. 00.	*idem*.
idem........	1826.	225. 00.	*idem*.
	1827.	185. 00.	*idem*.
Mars........	1828.	205. 00.	*idem*.
Juillet.......	1828.	193. 50.	*idem*.
Novembre....	1828.	172. 50.	*idem*.

D. En comparant ces chiffres avec les prix de *revient* que vous avez précédemment établis, on pourrait croire que les compagnies auxquelles appartiennent les hauts-fourneaux et les forges de la Loire, ont fait, à certaines époques, des bénéfices assez importans. Cependant on nous assure que la situation de plusieurs de ces compagnies est assez fâcheuse; qu'il en est même qui se trouveraient contraintes de liquider. Pourriez-vous nous expliquer cette apparente contradiction?

R. On peut établir une distinction entre ce qui a dû s'opérer dans les usines gérées par les propriétaires eux-mêmes, associés en nom collectif, et dans les usines possédées par des sociétés anonymes. Je crois que les premières sont dans une meilleure situation que les secondes; et, en général, on a pu remarquer que l'association anonyme, merveilleusement appliquée aux constructions des routes, des ponts, des canaux, &c., est moins favorable aux entreprises dans lesquelles il s'agit d'acheter, de fabriquer, de vendre, et enfin de *trafiquer*.

Quelques usines à fer de la Loire, quoique encore imparfaitement assises, ont dû réaliser des bénéfices en 1826 et 1827. Mais ces bénéfices ont été généralement absorbés par cette augmentation de mobilier, toujours croissante, qui a lieu dans les forges.

Si quelques établissemens sont forcés d'avoir recours à une liquidation, c'est probablement parce que le capital qui y est engagé, ou qu'il faut y engager encore, est par trop pesant pour l'état actuel de la production et de la vente.

Je suis loin de garantir l'exactitude des explications que je viens de donner; elles ne résultent d'aucuns renseignemens positifs, qui seraient venus jusqu'à moi. Je desire qu'on ne leur attribue pas plus de valeur que je ne leur en attribue moi-même.

D. Plusieurs améliorations dans les voies de communication sont accomplies ou projetées. Quelles sont, dans la région dont nous parlons, et dans celles qui sont ou peuvent être en rapport avec elle pour leurs approvisionnemens respectifs, celles dont on doit attendre, dans un temps donné, des réductions de frais de transport, telles que les maîtres de forges de France puissent fabriquer et vendre à meilleur marché la fonte et le fer?

R. Nos communications intérieures sont susceptibles d'être améliorées sur presque tous les points. Je me bornerai à parler des améliorations qui s'opèrent sur les parties de notre territoire qui me sont particulièrement connues.

Et, d'abord, je dirai quels sont les avantages dont va jouir provisoirement l'industrie du bassin houillier de Saint-Étienne et de Rive-de-Gier.

Ce bassin est situé entre la Loire et le Rhône, précisément vers les points (faciles à trouver sur la carte) où les deux fleuves se rapprochent le plus l'un de l'autre.

Cette position, toute belle qu'elle doive paraître, a pourtant été gâtée jusqu'ici par deux circonstances.

D'une part, la Loire est, dans la partie supérieure de son cours, d'une navigation difficile, chanceuse, et dont le commerce ne profite qu'au temps des crues d'eau ; c'est-à-dire, pendant 50 à 60 jours de l'année ; encore les bateaux expédiés des ports les plus voisins de Saint-Étienne (Andrezieu et Saint-Rambert), ne peuvent-il jamais remonter jusqu'au point de leur départ; ils sont *déchirés* en route ou à Paris.

D'un autre côté, le Rhône, fleuve très-rapide, est difficile à remonter.

Un meilleur ordre de choses se prépare:

Sur le *versant* de la Loire, un premier chemin de fer est construit entre Saint-Étienne et le port d'Andrezieu; un autre chemin de fer partant d'Andrezieu et aboutissant à Roanne, est adjugé; il sera mis en construction au printemps prochain; à Roanne la navigation de la Loire sera remplacée par un canal latéral que le Gouvernement est autorisé à concéder, et qui liera la ligne des chemins de fer avec celle des canaux latéraux à la Loire, tracés entre Digoin et Briare; à partir de Briare, les marchandises suivront le cours de la Loire jusqu'à Nantes, ou bien elles passeront dans le bassin de la Seine, à l'aide des canaux de Briare et de Loing.

Sur le *versant* du Rhône, le chemin de fer tracé de Saint-Étienne à Lyon, et dont la construction est fort avancée, remplacera, de Saint-Étienne à Rive-de-Gier, une route de terre très-difficile; de Rive-de-Gier à Givors, le chemin de fer luttera avec la navigation du canal de Givors; de Givors à Lyon, il remplacera la navigation du Rhône.

Quand toutes ces communications seront établies, l'arrondissement de Saint-Étienne versera, avec une égale facilité, les produits de ses mines et de son industrie dans les vallées du Rhône, de la Saone, de la Loire et de la Seine.

De grands avantages en résulteront pour les forges de la Nièvre et du Cher; ces forges tireront aussi un grand profit de l'achèvement du canal de Mont-Luçon, dont la principale destination est de porter, à bas prix, la houille du bassin de Commeutry dans les lieux où elle doit être consommée.

L'achèvement des canaux de *Bourgogne* et de *Monsieur* n'aura pas une influence moins avantageuse sur le sort des usines à fer, anciennes ou nouvelles, de la *Côte-d'or*, du *Doubs* et de plusieurs autres départemens.

D. Ces indications données, pouvez-vous y appliquer quelques calculs positifs propres à faire connaître la réduction qu'on pourra obtenir, à Saint-Étienne, sur les frais de la fabrication de la fonte et du fer?

R. Les hauts-fourneaux de Janon consomment environ 70 mille quintaux métriques de minerais de la Haute-Saone; les deux hauts-fourneaux de Saint-Julien (dont la production a été dans ces derniers temps de 180 quintaux métriques de fonte par jour) servent au traitement presque exclusif de ces mêmes minerais; la quantité consommée s'élève par an à environ 140 mille quintaux métriques. Les fourneaux du Janon et de Saint-Julien consomment en outre 60 mille quintaux métriques de castine tirée du département de l'Ain et qui, comme les minerais de la Haute-Saone, ont à parcourir le trajet de Lyon aux fourneaux. En tout, 27 omille quintaux de matières premières à transporter.

Pour le trajet dont il s'agit, le prix moyen du transport est de 15 francs 50 centimes par 1,000 kilogrammes de marchandise; pour 270 mille quintaux, la dépense est donc de 418 mille francs.

Or, la distance à parcourir entre Lyon et Saint-Étienne, sur le chemin de fer, sera de 56 kilomètres; d'un autre côté, le tarif accordé aux concessionnaires du chemin est de 0f 098 par 1,000 kilogrammes de marchandises, et par kilomètre parcouru. Quand cette nouvelle voie sera livrée au public, le prix du transport de 1,000 kilogrammes de minerai et de castine, de Lyon aux fourneaux, ne sera que de 5 francs 50 centimes, disons 6 francs avec les frais accessoires. Ci, dépense à venir pour le transport de 270 mille quintaux de minerai de castine, 162 mille francs. L'économie opérée sera de plus de 240 mille francs, pour une production de 8 millions de kilog. de fonte, ou d'environ 30 francs par 1,000 kilogrammes : le gain à faire sur le transport du coke de Saint-Etienne, consommé dans les hauts-fourneaux de Saint-Julien, sera de 4 à 5 francs pour 1,000 kilogrammes de fonte obtenue; d'autres économies très-notables devront aussi être faites un jour sur les frais de main-d'œuvre et sur les frais généraux d'exploitation des usines.

Relativement à la production du fer, il faut se rappeler que les forges de l'arrondissement de Saint-Étienne servent au traitement de 190 à 200 mille quintaux métriques de fonte, dont 100 à 110 mille sont tirés du département de la Haute-Saone et du département de l'Ardèche. Ces fontes auront à parcourir, en tout ou en partie, le chemin de fer en construction, et il en résultera, sur les frais de transport, une économie moyenne de 8 francs par 1,000 kilogrammes, ou de 80 mille francs pour 100 mille quintaux métriques.

Les fers fabriqués suivront la même voie quand il s'agira de pourvoir à la consommation de Lyon et du midi; la nouvelle économie, en résultant pour l'ensemble des forges actuellement existantes, sera de au moins 70,000 francs.

Le chemin de fer de Saint-Étienne à la Loire est déjà en activité; il sert au transport d'une certaine quantité de fer qu'on livre au port d'Andrezieu, à la navigation si chancheuse de la Loire. Dès que le chemin de fer d'Andrezieu à Roanne et les canaux de Roanne à Briare seront terminés, les fers fabriqués dans le département de la Loire seront transportés à Orléans, à Nantes et à Paris beaucoup plus promptement et à moins de frais qu'aujourd'hui. A quelle masse de production cette économie devra-t-elle s'appliquer? C'est ce qu'il m'est impossible de dire quant à présent. Il me suffit de faire voir que les consommateurs tireront un immense avantage de l'ordre de choses qui se prépare.

J'estime que le prix de *revient* de 1,000 kilogrammes de fer pourra être établi comme il suit à Saint-Étienne, après l'achèvement des chemins de fer et des canaux.

224 francs pour 1,400 kilogrammes de fonte à 160 francs; 16 fr.

pour la houille consommée; 60 francs pour les frais généraux et la main-d'œuvre, en tout 300 francs : il faut ajouter à cette somme les intérêts de fonds que nous supposons devoir être de 20 francs par 1,000 kilogrammes. Le prix de vente sera la réunion de toutes les sommes ci-dessus, encore accrues du bénéfice du fabricant.

Je prie la commission de vouloir bien remarquer que les nombres indiqués ci-dessus et tous les nombres du même ordre que je pourrais avoir à fournir dans le cours de la séance, ne sauraient être d'une exactitude rigoureuse. Il faut n'y chercher que des rapports susceptibles eux-mêmes d'être modifiés par une infinité de causes.

D. Pourriez-vous également nous dire quelle sera l'influence de l'établissement des voies de communication dont vous avez parlé, sur le prix de *revient* de la fonte et du fer, dans le Nivernais, dans quelques autres localités, et même à Lyon, si on y élevait des forges?

R. Il me serait impossible d'établir avec précision les économies que l'achèvement des canaux et des chemins de fer procurera aux usines à fer du Nivernais et du Berry. Je me borne à exprimer l'opinion qu'elles seront considérables. Je fais aussi remarquer que l'ordre de choses qui se prépare dispensera les propriétaires de ces usines de pourvoir aux fortes avances de fonds qu'ils font aujourd'hui pour s'approvisionner de houille à Saint-Étienne, de manière à n'en pas manquer pendant les longs intervalles de temps qui s'écoulent souvent d'une crue des eaux de la Loire à une autre crue.

Après l'achèvement du chemin de fer de Saint-Étienne à Lyon, je pense que le prix de *revient* de la fonte et du fer qu'on fabriquerait dans cette dernière ville pourrait être établi comme il suit :

Prix de *revient* de la fonte : 3,000 kilogrammes de minerai mélangé d'Autray, de Villebois et de la Voulte, au prix moyen de 22 francs 70 centimes les 1,000 kilogrammes, 68 francs; 2,750 kil. de coke (y compris les déchets opérés dans le transport) à 19 francs, 52 francs 50 centimes; castine 4 francs; main-d'œuvre et frais généraux 25 à 28 francs; en tout 150 à 152 francs sans les intérêts de fonds.

Prix de *revient* de 1,000 kilogrammes de fer : 1,400 kilogrammes fonte de Bourgogne, de Saint-Étienne ou de Lyon, mélangée, au prix moyen de 136 francs, 233 francs; 32 hectolitres de houille à 1 franc 35 centimes, 43 francs 20 centimes; main-d'œuvre et frais généraux 60 francs; en tout, 335 à 336 francs sans intérêts de fonds.

Les prix de *revient* que je donne ici sont moins avantageux que ceux trouvés pour la localité de Saint-Étienne. Je pense toutefois qu'une forge établie à Lyon pourrait peut-être (pour l'approvisionnement de la ville) lutter avec plusieurs établissemens rivaux, et même avec les forges qu'on se dispose à élever à Alais (département du Gard).

D. Pourriez-vous nous donner quelques détails sur le bassin d'Alais, quevous venez de nommer?

R. Mon témoignage sur cette localité ne sera pas aussi direct qu'il l'a été à l'égard des questions précédentes.

J'ai été ingénieur en chef des mines du Gard avant qu'on ne songeât en France au traitement du fer à la houille. On exploitait pourtant alors, dans le voisinage d'Alais, des minerais de fer, pour l'alimentation d'une forge catalane.

Ce que j'aurais à dire sur le bassin d'Alais serait le résultat de mes souvenirs, de mes communications avec mon collègue, l'inspecteur de la division à laquelle le département du Gard appartient, et des notions officielles que les délibérations du conseil général des mines font nécessairement acquérir, à chacun de ses membres, sur l'état de l'industrie minérale des points les plus intéressans du royaume.

D. Quel serait, dans votre opinion, le prix probable de *revient* de la fonte et du fer dans le bassin d'Alais?

R. Le territoire houillier d'Alais forme réellement deux bassins distincts : le bassin d'Alais proprement dit et le bassin de la Cèze au-dessus de Saint-Ambroix.

On y trouve sur plusieurs points de beaux gîtes de fer *carbonaté lithoïde*, dont la teneur varie de 20 à 40 p. 0/0.

Des ressources bien plus importantes sont offertes par l'exploitation d'autres minerais renfermés dans les terrains calcaires qui recouvrent le terrain houillier; ce sont des *hydrates de fer* en couches ou amas stratiformes très-étendus; leur *teneur* en métal est de 30 à 55 p. 0/0.

Les mines de houille d'Alais sont abondantes, d'une exploitation facile, et donnent un combustible d'une excellente qualité.

Le terrain calcaire posé sur le sol houillier fournit de bonne *castine*. On se procure aussi dans le voisinage d'Alais des argiles très-réfractaires.

Voici comment j'établis le prix de *revient* de 1,000 kilogrammes de fonte à Alais.

Minerais dont la richesse moyenne sera de 36 pour 0/0.

2,800 kilogrammes, au prix moyen de 13 francs 50 centimes, les 1,000 kilogrammes	37f 80.
1,000 kilogrammes de castine de 3 à 4 francs	4. 00.
2,500 kilogrammes de coke à 12 francs	30. 00.
Main-d'œuvre	13. 00.
Houille pour les chaudières	3. 00.
Entretien	9. 00.
Frais généraux	3. 00.
TOTAL	99. 80.
Il est impossible d'établir, quant à présent, à combien s'élèveront les intérêts de fonds par 1,000 kilogrammes de production; supposons-les de	15. 00.
Le *revient*, 1,000 kilogrammes de fonte, sera alors de	114. 80.
Revient du fer; 1,400 kilogrammes, à 114 francs les 1,000 kilogrammes, ci	160. 00.
2,800 kilogrammes de houille à 5 francs *idem*	14. 00.
Main-d'œuvre, frais généraux, entretien, soit	63. 00.
TOTAL	237. 00.
Intérêts de fonds, soit	20. 00.
NOUVEAU TOTAL	257. 00.

Le prix de vente serait cette dernière somme, plus le gain à faire, tant sur la fabrication de la fonte que sur la fabrication du fer.

D. Veuillez nous dire ce que vous savez sur le plus ou moins de facilité qu'auront les fers d'Alais à se porter vers les centres de communication?

R. Dans l'état actuel des communications, la plus grande partie des produits obtenus dans le voisinage d'Alais devra être expédiée par terre, soit à Beaucaire, soit à Lunel, sur le canal de ce nom.

Les produits fabriqués du côté de Saint-Ambroix seraient expédiés à Pont-Saint-Esprit, sur le Rhône. Je crois que le prix du transport de 1,000 kilogrammes de fer ou de fonte, serait :

D'Alais à Beaucaire........................... 15f
D'Alais à Lunel................................ 17.
De Saint-Ambroix au Pont-Saint-Esprit................ 12.

S'il s'agissait de pourvoir à la consommation de Lyon, il faudrait ajouter aux prix de vente des fers d'Alais, le prix de transport ci-dessus de 15 francs, jusqu'à Beaucaire; puis le prix de transport de Beaucaire à la Voulte, que je crois être de 30 francs, par 1,000 kilog., et enfin, le prix de transport de la Voulte à Lyon, qui est, je crois, de 16 à 18 francs.

D. Que savez-vous sur l'état des concessions faites ou à faire dans le bassin d'Alais, tant pour la houille que pour le minerai de fer, et sur le plus ou moins de concurrence que peut promettre l'état de ces concessions?

R. La surface du terrain houillier des bassins d'Alais et de Saint-Ambroix réunis, est de plus de 520 kilomètres carrés.

Treize concessions de mines de houille, déjà délivrées, comprennent la presque totalité de cette surface. Il n'y aurait donc que quelques kilomètres de terrain à concéder pour l'exploitation de la houille, sauf les découvertes nouvelles qui seraient faites, et je crois qu'on en fera.

Les gîtes de minerai de fer ont déjà été l'objet de deux concessions qui présentent ensemble une surface de 83 kilomètres carrés.

L'une de ces concessions est située dans le voisinage d'Alais; elle s'étend sur plusieurs concessions houillières. L'autre concession de minerai de fer est située du côté de Saint-Ambroix; elle ne s'étend que sur une seule concession houillière.

D. Pourriez-vous nous donner quelques explications sur l'importance relative de ces treize concessions, et nous dire quelles sont celles dont l'exploitation est déjà commencée?

R. L'étendue superficielle de chacune des concessions d'Alais et Saint-Ambroix varie de 4 à 30 kilomètres, mais la surface qu'embrasse une concession est loin de donner la mesure de son importance relative. Cette importance ne peut pas non plus s'apprécier par l'activité actuelle des exploitations, attendu que les travaux se sont d'abord portés de préférence sur les points les mieux situés pour la vente de la houille, c'est-à-dire dans le voisinage des grandes routes d'Alais à Nîmes et à Montpellier. Dans un avenir prochain, les concessions tireront principalement leur valeur relative de leurs communications faciles et économiques avec des établissemens formés pour la fabrication du fer.

Aujourd'hui le produit brut des treize concessions n'est pas de plus de 300 mille quintaux métriques de houille consommés presque en totalité sur les lieux, tant pour le chauffage des habitans que pour le dévidage de la soie.

La quantité de houille extraite annuellement dépend uniquement des demandes qui sont faites de ce combustible. Elle peut être augmentée en quelque sorte indéfiniment, et devenir, par exemple, vingt ou trente fois plus considérable qu'elle ne l'est maintenant, sans que les intérêts de l'avenir soient nullement compromis.

D. Le département de l'Aveyron ne dépend pas non plus de votre inspection : pourriez-vous toutefois nous fournir des renseignemens sur cette localité?

R. Je ne suis jamais allé dans le département de l'Aveyron; ce que je sais de sa richesse minérale, de l'état présent de son industrie, et des hautes espérances qu'elle fait concevoir, résulte de la part que j'ai prise aux délibérations du conseil général des mines, relatives aux *concessions* du bassin d'Aubin, et de mes communications officielles, tant avec mon collègue l'inspecteur de la cinquième division, qu'avec d'autres personnes également bien informées.

D. Quelles sont, dans votre opinion, les ressources du bassin que vous venez de nommer, et quel y sera le prix probable *de revient* de la fonte et du fer?

R. Le bassin des mines d'Aubin, que traverse *la rivière du Lot*, renferme des couches de houille nombreuses, d'une grande puissance (épaisseur) et d'une exploitation peu dispendieuse.

Il renferme, en outre, sur plusieurs points, des gîtes de minerai de fer *carbonaté lithoïde*, rendant (avant le grillage) 30 p. 0/0, et qui ne coûte guère, tout extrait, que 12 francs les 1,000 kilogrammes.

Autour du bassin, et à des distances qui varient de 2 à 5 lieues, existent des gîtes nombreux, variés et abondans d'autres minerais de fer, savoir :

1.° Des hématites en filon, rendant 40 et 50 p. 0/0 de fonte.

2.° Des oxydes rouges et des hydrates de fer, rendant 30 à 35 p. 0/0.

Si l'on compare le bassin d'Alais et le bassin d'Aubin, on est porté à penser que le premier présente réunies, dans un rayon plus resserré et avec de plus faciles communications, les matières qui doivent concourir à la fabrication du fer, tandis que le second offrira l'avantage d'une plus facile extraction de ces matières, et d'un prix de main-d'œuvre moins élevé.

De cet ensemble de considérations, je conclus que les prix de fabrication de la fonte et du fer dans le bassin d'Aubin, différeront peu des prix que j'ai indiqués, quand il s'est agi du bassin d'Alais.

D. Voulez-vous bien nous donner quelques explications sur l'état actuel des communications pour l'écoulement des produits des usines à fer de l'Aveyron, et sur les moyens projetés de rendre cet écoulement plus facile et moins cher?

R. En prenant les communications dans leur état actuel, les

maîtres de forges de l'Aveyron auront plus de dépenses à faire que les maîtres de forges d'Alais, pour faire parvenir les produits de leur industrie jusqu'aux grandes lignes de navigation.

Pour gagner le *Tarn* à Montauban, par terre, il en coûtera 34 fr. par 1,000 kilog. de fer ou de fonte.

On pourrait aussi, à certaines époques de l'année, faire descendre une partie de ces matières par le Lot jusqu'à la Garonne, près d'Aiguillon. Le prix du transport de 1,000 kilog. serait alors de 26 fr. 50 cent., y compris 1 fr. 50 cent. pour frais de transport de l'usine au port de Livinhac sur le Lot.

On pourra aussi, dans certaines saisons de l'année, les transporter de Livinhac jusqu'à Bordeaux au prix de 20 à 22 francs les 1,000 kilogrammes.

Ces dépenses seraient réduites de près de moitié, si la navigation du Lot était assez améliorée pour que les bateaux, chargés à la descente, pussent remonter à Livinhac.

D. Quel est l'état des concessions dans le bassin des mines d'Aubin?

R. La surface du bassin houillier d'Aubin est d'environ 67 kilomètres carrés; 17 kilomètres sont concédés et partagés en cinq concessions.

Les mines de fer sont l'objet de plusieurs concessions distinctes, séparées les unes des autres, et réunies dans les mains de M. le duc de Cazes ou de ses associés.

Au reste, les bassins houilliers d'Alais et d'Aubin ne sont pas les seuls que renferme le midi de la France. M. Cordier, inspecteur de la division, en a cité cinq autres auxquels il attribue, relativement à la production du fer à la houille, des avantages naturels plus ou moins étendus.

Ces bassins sont :

1.° Le bassin de Rodez et Séverac, au centre du département de l'Aveyron, sur les rives de la rivière de ce nom;

2. Le bassin des Carmaux, situé près du Tarn, dans le département du Tarn;

3.° Le bassin de Bédarieux et de Saint-Gervais, dans le département de l'Hérault;

4.° Le bassin de Sumène et du Vigan, dans le département du Gard;

5. Le bassin de Ségure et de Durban, dans le département de l'Aude.

Je ne pourrais, quant à présent, fournir aucun détail sur les avantages réels que ces localités présentent, quant à la production du fer à la houille; mais je sais qu'elles excitent, depuis quelque temps, l'attention de capitalistes, qui se sont même déjà constitués, sur quelques points, en demandes de concession de minerais de fer.

Pour de plus amples renseignemens, il faudrait recourir aux documens que possède l'administration des mines.

D. Pourriez-vous envisager la question de la production du fer à l'aide de la houille et du coke d'une manière encore plus générale que vous ne venez de le faire, et nous dire si, dans votre opinion, il n'existe pas en France telles circonstances, présentes ou devant s'accomplir dans un avenir plus ou moins prochain, qui permettront à nos producteurs de satisfaire, à des prix modérés, à tous les besoins de la consommation?

R. Mon intime persuasion est que la fabrication du fer à la houille, protégée par un régime de douanes bien entendu, prendra en France une extension immense.

Elle fera, d'ici à quelques années, une telle concurrence aux établissemens, *marchant au bois*, que ceux-ci devront produire et vendre le fer à bas prix, ou cesser d'exister.

A cette occasion, je ferai remarquer que, quand il s'agit de la fabrication du fer à l'aide du *combustible bois*, la production est toujours possible jusqu'à un certain abaissement dans les prix de vente, facile à assigner.

Supposons, par exemple, un instant que le fer fabriqué à la houille puisse être livré en Bourgogne au prix de 330 francs les 1,000 kilog.; le maître de forges *bourguignon* fera son compte;

il verra à quel prix il peut payer le bois pour vendre avec avantage le fer à ce même taux de 330 francs (sauf la différence de qualité des produits mis en concurrence). Ce prix sera offert au propriétaire de forêts; il faudra que celui-ci l'accepte ou qu'il soit privé du revenu, ou qu'il obtienne la permission de défricher.

Il n'en est pas tout-à-fait de même quand il s'agit de la fabrication du fer à l'aide de la houille; car on peut toujours mesurer à son gré le développement de l'exploitation d'une mine sur les demandes qui sont faites de ses produits.

La quantité de bois que les propriétaires de forêts ont à vendre en France est *finie*, sauf, à la vérité, les variations dont les aménagemens sont susceptibles.

Aussi voyons-nous le maître de forges à la merci des propriétaires de bois, quand il y a disette de fer ou hausse marquée dans le prix des fers; mais la réciprocité existera, il faut bien s'y attendre, dans les circonstances que l'avenir nous prépare.

La quantité de houille à extraire de nos mines est *indéterminée;* elle sera ce que les besoins du public voudront qu'elle soit. Je dois ajouter que, certains frais généraux étant les mêmes pour une grande et pour une petite exploitation, il s'ensuit que la houille sera livrée à un prix d'autant moins élevé qu'on en trouvera un plus grand débit. Il faut pourtant excepter le cas où le bas prix de la houille n'est pas garanti par une concurrence suffisante entre ceux qui l'exploitent.

Quand il s'agit de la fabrication du fer à l'aide du *combustible bois*, on peut distinguer cinq grands foyers de production, savoir:

La Normandie avec partie du Maine et de la Bretagne,

Le Nivernais et le Berry,

La Lorraine et les Vosges,

La Champagne avec partie de la Bourgogne et de la Franche-Comté,

Le Périgord et partie des Landes;

Enfin la région voisine des Pyrénées où s'exerce l'industrie des forges catalanes.

La production du fer à l'aide du *combustible houille* est trop nouvelle pour qu'on puisse la distribuer en groupes déterminés ; mais on voit que les positions déjà prises sont de différens ordres.

Je placerais :

En premier ordre, les positions présentant en un même lieu la réunion naturelle, et en quantité suffisante, des matières employées à la fabrication de la fonte et du fer.

EXEMPLE : dans le Midi, Alais, Aubin, Le Vigan et quelques autres localités que j'ai nommées; dans le centre de la France, Bourg-Lastic (Puy-de-Dôme); au Nord, Aniche et Valenciennes.

Les avantages de pareilles positions peuvent être altérés quand les débouchés des matières fabriquées sont limités par le mauvais état des routes, ou quand les difficultés de l'exploitation élèvent trop sensiblement les dépenses de l'extraction soit de la houille, soit des minerais de fer.

En deuxième ordre : positions présentant en un même lieu le *combustible houille* en grande abondance et à vil prix, et une partie seulement des minerais nécessaires à l'alimentation des fourneaux.

EXEMPLE : Le Creuzot, Saint-Étienne.

Ces localités ont de plus cela de particulier qu'on peut, à raison du très-bas prix de la houille, y convertir avec avantage en fer malléable les fontes fabriquées au bois dans les départemens de la Haute-Saone, du Doubs, &c.

Également en second ordre : positions où les minerais sont très-abondans et à vil prix, et où la houille parvient après avoir parcouru de grandes distances par des voies économiques susceptibles d'améliorations prochaines.

EXEMPLE : Quelques parties du Nivernais et du Berry, la Voulte (Ardèche).

Dans cette dernière localité, le *combustible houille* peut seul être mis en usage; dans le Berry et le Nivernais, le *combustible houille* et le *combustible bois* peuvent être employés réunis ou séparément à la fabrication de la fonte.

En troisième ordre : positions isolées du combustible et des minerais.

EXEMPLE : Vienne (Isère), Chavancy (Loire, sur les confins de l'Ardèche).

Le haut-fourneau de Chavancy est abandonné; on conçoit pourtant qu'une localité de l'ordre dont il s'agit, placée sur la ligne qu'il faut parcourir pour porter des minerais abondans vers la houille, à bas prix, et *réciproquement*, pourrait, dans certains cas, être adoptée pour la fabrication du fer. C'est ainsi que la position de Lyon a été indiquée comme favorable à la production du fer du moment où le chemin de fer de Saint-Étienne au Rhône sera achevé.

Mon opinion est que la position de Saint-Étienne sera toujours préférable à celle de Lyon.

Aujourd'hui l'industrie du fer éprouve en France toutes les douleurs attachées aux régénérations; les maîtres de forges se font une véritable guerre de position. A la fin de la lutte ceux-là seuls resteront debout qui, plus heureux ou plus habiles que leurs rivaux, fabriqueront et vendront sous deux conditions essentielles;

1.° Le combustible, les minerais et les fondans doivent pouvoir être transportés à bas prix au lieu de leur élaboration.

2.° Il faut que les produits fabriqués soient transportés avec profit chez un nombre suffisant de consommateurs.

Quand il s'agit de la fabrication à la houille, d'après les procédés anglais, ce nombre doit être grand; car la production est colossale, et pour qu'il soit grand, il faut l'agglomération d'une population riche près d'un lieu favorable à la production, ou des voies de communication tellement économiques que le cercle de la vente puisse s'étendre sans affecter trop sensiblement le prix du métal.

Une grande révolution a commencé dans l'industrie du fer; je n'hésite pas à répéter que l'accomplissement de cette révolution est inévitable, sous un régime de douanes suffisamment protecteur. *Son résultat nécessaire sera de permettre à nos producteurs de satisfaire à des prix modérés à tous les besoins de la consommation.*

D. Eu égard à l'ensemble des circonstances où se trouvera, selon vous, et dans un avenir plus ou moins éloigné, l'industrie des forges en France, pensez-vous que la fabrication de la fonte et du fer doive, en particulier, recevoir de très-grands développemens dans l'arrondissement de Saint-Étienne?

R. Si j'en juge d'après les faits venus jusqu'ici à ma connaissance, Saint-Étienne aura surtout à redouter les établissemens qui seront formés à Alais; mais en accordant (parce que cela est vrai) que cette dernière localité soit très-favorisée, on voit que le prix des fers qui y seront fabriqués, affecté des frais de transport jusqu'à Saint-Étienne, atteindra un taux supérieur au prix auquel les fers fabriqués à Saint-Étienne peuvent être vendus sur place, et dans un certain rayon.

La quantité de fer fabriqué annuellement dans l'arrondissement de Saint-Etienne est, ainsi que je l'ai dit, de 14 à 15 millions de kilogrammes. Je pense que le cercle de vente qu'on ne peut enlever à cette localité comportera toujours le débit d'une pareille masse de produit. Je pense aussi qu'il serait peu prudent de dépasser, *quant à présent*, la limite déjà si large de production que je viens d'indiquer.

Quand les chemins de fer et les canaux latéraux à la Loire seront terminés; quand la concurrence aura amené un grand abaissement dans le prix de la fonte de Franche-Comté et de Bourgogne, Saint-Étienne sera très-favorablement situé pour la conversion de la fonte en fer malléable; mais la production de la fonte elle-même à Saint-Étienne ne sera jamais susceptible d'un très-grand développement.

Aujourd'hui l'industrie propre à l'arrondissement de Saint-Étienne opère à elle seule une consommation de plus de 8 millions de kilogrammes de fer. .

D. Quelle est votre opinion sur l'effet que produirait relativement aux forges de France en général, et en particulier relativement aux forges qui travaillent déjà au coke et à la houille, ou que l'on se dispose à établir dans le même système, une réduction modérée des droits actuellement existans sur les fers étrangers?

R. Je ne vois pas quel serait le motif qui pourrait porter en ce moment à opérer une réduction, même modérée, dans les droits d'entrée des fers étrangers.

D. Le motif serait naturellement de faire baisser le prix des fers en France.

R. Sans doute il faut que le prix des fers baisse en France, c'est un des besoins les plus impérieux du pays. La question est de savoir si on veut que cet abaissement soit l'effet de la concurrence étrangère, ou l'effet de la concurrence des usines intérieures marchant à la houille, déjà créées ou à créer. S'il était permis de supposer un instant que le premier moyen fût préféré, une *réduction* modérée du droit ne saurait être efficace ; c'est une très-forte réduction de ce droit ou son abolition qu'il faudrait prononcer. Il est vrai qu'un des résultats de cette détermination serait l'anéantissement de la plus grande partie des capitaux employés à la construction des usines à fer et l'avilissement des fonds versés, d'une part, dans l'exploitation des mines de houille, et de l'autre, dans l'établissement de plusieurs voies de communication, principalement destinées au transport des matières employées à fabriquer le fer ; les capitaux ainsi engagés, dans le seul département de la Loire, constituent une somme de plus de 60 millions de francs. Si au contraire, comme l'intérêt bien entendu de la France et des consommateurs de fers eux-mêmes semble l'exiger, l'abaissement du prix du fer doit être l'effet de la concurrence intérieure ; tous les soins de la législature doivent s'appliquer à attirer les capitaux dans les entreprises à former sur les points que nous avons désignés comme éminemment propres à la production du fer. Dès-lors un droit équivalent à une prohibition devient indispensable.

Les économistes les plus absolus dans leurs principes ont admis la convenance des droits prohibitifs pour protéger une industrie naissante, toutes les fois que cette industrie porte en elle un principe de vie et de force qui lui est propre, mais dont le développement ne peut s'opérer qu'avec le secours du temps. . . . .

Je dis que l'industrie du fer, *exercée à l'aide de la houille*, est naissante en France, et je ne crains d'être démenti à cet égard par aucune personne au fait du sujet sur lequel vous m'interrogez. Cette industrie a été fort long-temps à se développer en Angleterre; son développement rencontre en France des obstacles auxquels on n'a pas d'abord attribué leur véritable importance, savoir :

L'insuffisance des communications intérieures;

La différence qui existe à quelques égards dans la nature des minerais de fer, de la houille, des fondans et des *matières réfractaires* employées d'une part en Angleterre et de l'autre en France;

Les erreurs commises dans le choix des localités où certains établissemens ont d'abord été formés;

L'inhabilité des hommes, &c.

Ces obstacles s'aplanissent chaque jour.

La protection du tarif actuel ne s'étend pas seulement aux usines élevées pour la fabrication du fer, mais encore aux associations formées tant pour l'établissement des canaux et des chemins de fer, que pour l'exploitation des mines de houille.

D. Appliquez-vous votre réponse à une réduction de droit que je supposerais par exemple de 5 francs par 100 kilogrammes?

R. Oui, et en effet, après cette réduction, le droit cesserait d'être *prohibitif* ou bien il resterait *prohibitif*.

Dans le premier cas, il y aurait invasion des fers étrangers, et par cela même se trouveraient refoulés les capitaux aujourd'hui prêts à se porter vers les localités connues pour être les plus favorables à la production du fer par les nouveaux procédés.

Dans le second cas, on précipiterait, sans notable avantage pour le pays, et au risque de ralentir un élan bien autrement profitable, une nouvelle baisse de quelques francs, résultat inévitable et prochain du mouvement naturel des choses.

En général, je considère le moment actuel comme un des moins opportuns que l'on puisse saisir pour diminuer le droit; un abaissement très-notable vient d'avoir lieu dans le prix du fer; les magasins des forges et des marchands sont encombrés; nos fabriques sont en souffrance; les capitaux ne se portent vers les entreprises industrielles qu'avec une extrême défiance; enfin tous nos producteurs sont dans un état d'anxiété qu'il importe de faire cesser.

D. Je suppose, par exemple, qu'on se déterminât à réduire le droit de 5 francs, et que par compensation on disposât que le droit resterait à 20 francs, plus le décime, pendant un nombre d'années déterminé; l'anxiété dont vous parlez n'existerait plus, puisqu'elle serait remplacée par une garantie certaine.

R. Je regarde en effet comme fort utile de fixer le sort des fabricans de fer, pour un temps déterminé et suffisamment prolongé; la compensation dont il s'agit serait assurément d'un grand prix; toutefois, je persiste à croire que le moment est inopportun pour diminuer les droits.

Dans mon opinion, cette diminution ne pourra, dans tous les cas, avoir lieu sans danger, avant l'achèvement des canaux qui sont actuellement en construction, avant que les hauts-fourneaux et les forges qui s'élèvent dans les Cevennes, dans l'Aveyron et dans quelques autres contrées, ne livrent des produits abondans à la consommation, avant qu'un nombre suffisant d'ouvriers et de chefs d'ateliers ne soit formé pour le travail du fer par les nouveaux procédés.

D. Votre opinion est-elle qu'une réduction de 5 francs amènerait une importation considérable de fers étrangers?

R. En Angleterre le fer vaut aujourd'hui 7 livres 10 schellings la tonne, soit pour 1,000 kilogrammes	187f
Le prix du transport dans plusieurs de nos ports est, fret et assurances compris	30.
Le droit d'entrée avec le décime en sus est de	275.
TOTAL	492.
Une réduction de droit de 5 francs par 100 kilogrammes donnerait, pour 1,000 kilogrammes, décime compris	55.
Les fers anglais seraient alors livrés à la consommation française au prix de	437.

Or, nulle part en France, le fer ne se vend maintenant à meilleur marché qu'à Saint-Étienne, et là son prix actuel (le fabricant étant probablement en perte, ou du moins sans bénéfice), est par 1,000 kilogrammes de.................. 400.

Les frais de transport de Saint-Étienne à Nantes sont, pour 1,000 kilogrammes (abstraction faite de plusieurs menus frais), de.. 60.

TOTAL................ 460.

Les fers de la Champagne et du Nivernais ne peuvent, dans l'état présent des choses, être livrés dans le même port et à Nantes, à moins de 480 à 485 francs.

Je conclus de cet exposé qu'une réduction de 5 francs aurait pour résultat l'introduction en France d'une quantité de fer très-considérable.

D. Je crois que l'on peut déduire, de ce que vous venez de dire, cette opinion : qu'une réduction modérée des droits pourrait avoir pour effet de livrer une certaine partie de la consommation du littoral aux fers étrangers, ce qui réduirait sans doute la vente des produits de nos forges. Examinée sous ce point de vue, la question serait de savoir si ce partage momentané ne serait pas un moyen puissant de hâter les améliorations à l'aide desquelles la France verra satisfaire la juste impatience où elle est d'obtenir une diminution dans le prix des fers.

Donnez-nous votre opinion sur la question ainsi posée?

R. Je crois que l'impatience dont vous parlez serait beaucoup moins utilement satisfaite par l'abandon fait à l'étranger d'une partie de la consommation française, que par une protection sans partage accordée à la fabrication des fers français.

En Bretagne, les nouveaux procédés de fabrication ont été mis en usage dans plusieurs établissemens voisins des côtes; on anéantirait ces établissemens, si on les privait *brusquement* du seul débouché qu'ils possèdent.

En laissant au contraire agir librement et dans toute son énergie la concurrence intérieure, les inégalités de condition des usines, les unes vis-à-vis des autres, naîtront de la nature même des choses, et elles s'établiront graduellement.

Les maîtres de forges moins favorisés auront le loisir de modifier leur industrie, et de la mettre en harmonie avec les circonstances nouvelles. Ainsi, par exemple, on conçoit que les établissemens très-voisins du littoral pourront être transformés en ateliers destinés à façonner, pour l'usage de la marine, les fers fabriqués dans l'intérieur de la France. Tout le littoral du midi est destiné à se voir bientôt approvisionné par les forges de l'Aveyron et du Gard. Mais pour cela il faut que les nouvelles entreprises se multiplient, et pour qu'elles se multiplient, il faut que les capitalistes ne voient pas arriver le fer anglais à bas prix dans les ports de Bordeaux ou de Marseille.

D. Vous avez mis au nombre des améliorations qui doivent amener une réduction dans le prix de nos fers, l'établissement de chemins de fer dans bon nombre de localités. On doit croire que le haut prix des fers est principalement la cause pour laquelle il se fait peu de constructions de ce genre, et de plus nous voyons que, si ces constructions venaient à se multiplier, il en résulterait une telle perturbation dans les rapports de la production et de la consommation, qu'une hausse dans le prix du métal, semblable à celle qu'il a fallu subir en 1825 et 1826, deviendrait inévitable.

Dans un pareil état de choses, pensez-vous qu'il n'y ait pas avantage à admettre, moyennant une forte réduction, des fers étrangers exclusivement destinés à la construction des chemins de fer?

R. La perturbation dans le rapport de la production et de la consommation, qui résulterait des demandes multipliées de métal pour la construction des chemins de fer, me semble beaucoup moins à redouter qu'on ne le suppose généralement.

Ainsi, on a dit que les forges françaises ne pourraient suffire à l'établissement de 100 lieues de chemin de fer dans une année; c'est une erreur. La quantité de fer nécessaire pour l'établissement d'un chemin de fer à *voie double*, est de 52 à 56 kilogrammes par mètre courant de chemin; ou, par lieue de 4,000 mètres, 210,000 kilogrammes, et pour 100 lieues, 21 à 22 millions de kilogrammes. C'est la sixième partie de la production annuelle de la France.

Mais un grand nombre de chemins de fer peuvent et doivent avoir une voie simple, et pour que l'on effectuât la pose *des rails* (barreaux de fer) sur 100 lieues de chemins de fer par an, il faudrait que la longueur des chemins de cette sorte, mis en construction, fût au moin de 500 lieues, supposition tout-à-fait inadmissible.

Le temps est à peine arrivé où l'on peut espérer de voir s'achever chaque année, en France, plus de 12 à 15 lieues de chemin de fer.

Pour qu'un chemin de fer à voie simple assure un revenu suffisant aux entrepreneurs, il faut que ceux-ci aient l'assurance d'opérer, par année, un transport de 70 à 80 millions de kilogrammes de marchandises; peu de localités offrent, quant à présent, une pareille expectative: c'est là, et non pas dans le haut prix du métal, qu'il faut chercher le véritable obstacle qui s'oppose au prompt développement de l'établissement des chemins de fer en France.

A l'égard du chemin de fer de Saint-Étienne à la Loire, le montant de la valeur du métal employé est aux frais totaux *de premier établissement* (achats de terrain, terrassement et travaux d'art compris) dans le rapport de 10 à 37.

A l'égard du chemin de fer de Saint-Étienne à Lyon, dont la construction est très-avancée, le rapport dont il s'agit sera probablement de 1 à 5.

En définitive, il résulte des calculs consignés dans les notes que j'ai sous les yeux, qu'une baisse de 30 p. 0/0 dans le prix du fer aurait, sur les entreprises de chemins de fer, les résultats que voici :

Les frais de *premier établissement* seraient diminués de 6 à 7 p. 0/0.

Les frais de construction des chariots, et en général du matériel d'exploitation, seraient diminués de 10 à 12 p. 0/0.

D'un autre côté, si la baisse du fer était le résultat de l'introduction des fers étrangers, les entrepreneurs de chemins de fer se verraient privés en grande partie du gain à faire sur le transport des matières qui entrent dans la fabrication de la fonte, et sur le transport de la fonte à convertir en fer malléable.

Il n'y a aucune exagération à admettre que, eu égard à plusieurs des localités désignées jusqu'à présent comme étant favorables à l'établissement des chemins de fer, le revenu des entreprises serait alors diminué de au moins 30 p. o/o de sa valeur.

Ma conclusion est que le plus sûr moyen d'encourager l'établissement des chemins de fer, est de favoriser le développement de la fabrication du fer en France.

M. Duval, maître de forges à la Poultière, département de l'Eure.

(Des circonstances de famille n'ayant pas permis à M. Duval de déférer à l'invitation qui lui avait été faite de se rendre à Paris, la Commission a jugé utile que certaines questions lui fussent adressées avec prière d'y répondre par écrit: M. Duval a déféré à ce vœu de la Commission; et il a paru d'autant plus convenable que ces réponses figurassent dans ce Recueil, que la partie de la Normandie où sont situés ses établissemens n'a pas de représentans parmi les personnes entendues oralement.)

D. Quelle est la consistance de vos usines en nombre de hauts-fourneaux, en feux de forge, &c.?

R. Huit hauts-fourneaux, dont moitié environ produisent de la fonte en gueuse, et les autres des fontes dites *de moulerie.*

Vingt-quatre feux de forge, sur lesquels vingt-une affineries et chaufferies, et trois feux de renardière, pour les fers de tirerie, propres à l'aliment d'une tréfilerie, que nous avons élevée en 1822.

Nous faisons également dans cette tirerie, ou laminoir, les divers feuillards dont nous pouvons trouver l'écoulement.

D. Quelle quantité de fonte produisez-vous, année moyenne, en distinguant celle dite *de moulerie* et celle destinée à être convertie en fer?

R. De 1,800,000 à 2,000,000 kilogrammes de fonte en gueuses, et de 2,000,000 à 2,200,000 kilogrammes fonte dite *de moulerie*. (Partie des jets et débris des mouleries est brûlée aux feux de renardière, avec la gueuse, et le surplus à ceux d'affinerie.)

D. Quelle quantité de fer fabriquez-vous, année moyenne?

R. 1 million 7 à 800,000 kilogrammes, savoir : 1 million 5 à 600,000 kilogrammes, fers d'affinerie, et 150 à 200,000 kilog. de fers propres aux fils de fer.

D. A quel prix vendez-vous maintenant votre fer pris aux usines?

R. Les fers en barres 520 francs les 1,000 kilogrammes aux principaux marchands, contractant pour des quantités déterminées, et 540 francs les 1,000 kilogrammes en détail.

D. A quel prix l'avez-vous vendu, par maximum et par minimum, en 1821, 1822, 1823, 1824, 1825, 1826 et 1827?

R. *Maximum*............... 600 fr. 1,000 kilogrammes.
Minimum............... 515 fr. 1,000 kilogrammes.

D. De combien de pieds cubes est votre corde de bois?

R. De quatre-vingt-quatre pieds cubes.

D. Combien vous coûte maintenant la corde de bois sur pied; et si vous ne l'achetez pas, combien vaudrait-elle sur les lieux, pour tout autre maître de forges qui aurait à l'acheter?

R. 12 francs, en bois de l'âge de 15 à 18 ans; 14 francs, de l'âge de 25 à 30 ans. Nous achetons annuellement de 15 à 18,000 cordes, dans les bois de l'État et ceux des particuliers, pour compléter, autant que cela est possible, nos approvisionnemens.

D. Combien valait-elle en 1821 et les années suivantes?

R. 10 francs, en bois de l'âge de 15 à 18 ans.
12 francs de 25 à 30 ans.

De 1821 à 1825, les prix ont peu varié; mais en 1826 et 1827, ils se sont élevés jusqu'à 15 fr. la corde, en bois de 15 à 18 ans, et à 18 fr. celle de ceux de 25 à 30 ans.

En comparant le prix du bois aujourd'hui avec celui de 1821, il a subi une augmentation d'un cinquième environ.

Au reste, depuis 20 ans, le prix du bois s'est soutenu dans les diverses forêts des arrondissemens d'Évreux, de Dreux et de Mortagne, dans lesquelles les forges situées dans ces trois arrondissemens s'approvisionnent ordinairement, par la raison qu'il y a généralement de l'aisance dans le pays, et qu'il en résulte une grande consommation de bois; qu'il s'y est élevé aussi un assez grand nombre d'établissemens ou fabriques qui en emploient beaucoup, et les forges ne peuvent acheter qu'après que les besoins ci-dessus sont remplis, puisqu'elles sont hors d'état de soutenir la concurrence de ces besoins divers.

D. A combien estimez-vous les frais d'abatage et de dressage, et la cuisson, par corde de bois?

R. 2 fr., terme moyen.

D. Combien employez-vous de cordes de bois pour produire une banne de charbon (ou toute autre mesure sur laquelle vous seriez dans l'usage de compter)?

R. La corde de bois de 15 à 18 ans donne 3 sacs de charbon, du poids de 55 kilog. l'un, poids du sac déduit.

Celle de 25 à 30 ans, 3 sacs et 1/2 du même poids.

D. Quel nombre de pieds cubes contient cette banne ou cette mesure?

R. Huit pieds.

D. A combien, d'après ces diverses données, et au prix actuel des bois, estimez-vous que vous revienne le charbon, rendu dans vos usines?

R. A 5 fr. les 55 kilog.

D. Combien employez-vous de charbon pour produire 1,000 kil. de fonte?

R. 1,320 kilog. de charbon pour 1,000 kilog. de fonte en gueuse, déchet de halle compris.

D. Quel est le rendement de votre minerai ?

R. 36 à 37 p. 0/0, dans les fourneaux produisant de la fonte en gueuse.

D. De quelle distance le tirez-vous ?

R. De 4 lieues, pour 3 fourneaux faisant de la gueuse, et de 5 minerais différens, mais dont le mélange est indispensable pour avoir de la fonte de bonne qualité.

D. Pour quelle somme de minerai consommez-vous pour produire 1,000 kilog. de fonte?

R. Pour 36 fr.

D. Pour quelle somme de castine ?

R. Pour 4 fr.

D. Combien vous coûte la main-d'œuvre de 1,000 kilog. de fonte ?

R. 8 fr.

D. Combien en frais généraux autres que les intérêts d'argent ?

R. 23 fr., cours d'eau compris.

Nota. Les frais de transport et de main-d'œuvre ont augmenté, en Normandie, depuis 1820, de près d'un quart; mais si les établissemens continuent d'être en souffrance, on rétablira aisément les anciens prix. Cette observation s'applique aux 15.ᵉ, 16.ᵉ, 17.ᵉ, 18.ᵉ, 19.ᵉ, 22.ᵉ, 23.ᵉ et 24.ᵉ questions.

D. A combien évaluez-vous, pour 1,000 kilog. de fonte, l'intérêt des capitaux, soit immobiliers, soit de roulement ?

R. A 14 fr.

D. Combien employez-vous de fonte pour produire 1,000 kilog. de fer ?

R. 1,450 à 1,500 kilog.

D. Combien employez-vous de charbon pour cette opération ?

R. 1,760 kilog. pour les fers de forges assortis ;

1,925 pour ceux de tirerie propres aux fils de fer, déchet de halle compris.

D. Combien vous coûte la main-d'œuvre de cette même fabrication?

R. 34 fr.

D. A combien estimez-vous, pour cette même fabrication, les frais généraux, autres que les intérêts d'argent?

R. 43 fr.

D. A combien évaluez-vous, pour la fabrication de 1,000 kilog. de fer l'intérêt des capitaux, soit immobiliers, soit de roulement?

R. A 48 fr.

Les intérêts d'argent sont calculés de la manière suivante :

Nous évaluons à 150,000 fr, les fonds nécessaires pour le roulement d'un fourneau et celui d'une forge et de la fonderie, dont la fabrication est réglée de manière à atteindre 225 à 250,000 kilog., chaque année, environ.

La vente des fabrications étant toujours lente, depuis 1814, nous accordons aux acheteurs 6, 9 et 12 mois de terme, et il arrive souvent qu'ils en prennent 3 de plus, et que nous ne rentrons dans nos capitaux qu'au bout de 2 ans à 2 ans et 1/2 ; que la mise de 150,000 f. est insuffisante, et qu'il faut faire de nouveaux fonds. C'est le seul moyen que nous ayons trouvé pour conserver une partie de nos principaux marchands, que de leur donner des facilités pour nous régler la valeur des fers que nous leur fournissons.

Avant 1814, il fallait moitié moins de fonds pour faire valoir une forge en Normandie qu'il n'en faut aujourd'hui, par la raison que les fers s'écoulaient beaucoup promptement.

COMPTE RENDU

DE

L'ENQUÊTE ET DES DÉLIBÉRATIONS

DE LA COMMISSION D'ENQUÊTE

EN TOUT CE QUI CONCERNE L'INDUSTRIE DES FERS.

M. le B.on PASQ
Rapporteur

MESSIEURS,

Arrivés au terme de vos recherches et de vos délibérations sur ce qui concerne l'industrie des fers, vous avez désiré qu'on fît repasser sous vos yeux, dans un rapide exposé, les principes qui vous ont servi de guides, les faits que vous avez constatés et les conséquences que vous en avez tirées, après quatre mois de l'investigation la plus consciencieuse et de l'étude la plus approfondie. Cherchant ainsi à vous donner à vous-mêmes une nouvelle garantie de la sagesse et de la prudence des avis que vous avez adoptés, il vous a semblé en même temps que cet exposé pourrait rendre plus facile l'intelligence de la volumineuse enquête qui sera sans doute publiée, et dont la lecture, pour quiconque n'est pas familiarisé avec de semblables matières, ne laisse pas que d'être ardue et laborieuse. Vous voudriez donc faire jaillir aux yeux de tous les lumières dont vous avez avez été frappés; vous voudriez donner à chacun le moyen de se rendre propres les idées qui peuvent seules conduire à la solution des hautes questions que vous avez dû résoudre. En de telles questions, il ne suffit pas en effet que des hommes, soit qu'ils conseillent l'administration, soit qu'ils administrent eux-mêmes, soient convaincus à leurs propres yeux; mais il faut encore que leur conviction, pour porter tous ses fruits, soit communicative et finisse même par obtenir un assentiment presque général.

En montrant ainsi le but que vous voudriez atteindre, j'arrive, Messieurs, à être encore plus convaincu de l'insuffisance de celui que vous avez chargé de rédiger le travail dont il va vous être donné lecture. Je vous ai déjà avertis de cette insuffisance, mais vous avez persisté, et j'ai obéi. Qu'il me soit permis de vous dire encore cependant qu'à tout ce qui manquait déjà à votre rédacteur, il faut ajouter le temps qui n'a pu lui être laissé dans une étendue suffisante. Les momens sont précieux en effet, si on pense qu'il soit nécessaire d'obtenir, dans le cours de la présente session, une mesure législative quelconque.

Heureusement la marche de mon exposé était tracée à l'avance. Comme vous avez procédé avec une grande méthode, il m'a suffi, pour placer toutes choses dans leur ordre le plus naturel, de m'attacher pas à pas à celui que vous avez vous-mêmes suivi. J'aurai ainsi l'avantage de mieux montrer la succession des idées qui ont dû naître au milieu de vous, des convictions qui ont dû s'emparer de vos esprits. Enfin, ce qui me rassure un peu, c'est que rien en quelque sorte n'est de moi dans ce que vous allez entendre, et que, si mon faible travail pouvait avoir quelque mérite, ce ne serait jamais que celui d'avoir heureusement choisi entre tant de faits importans, tant de lumineux aperçus, tant de sages idées, qui ont été recueillis dans vos procès-verbaux et dans l'enquête.

Votre première réunion ayant eu lieu le 27 octobre dernier, vous entendîtes d'abord M. le Ministre du commerce qui, après avoir retracé le but de votre convocation, jugea à propos d'appeler votre attention sur la nécessité de *fixer avant tout les principes qui devaient présider à la solution des questions graves, mais spéciales, qui allaient être soumises à votre examen.* Devant des personnes moins expérimentées, le débat que cette nécessité devait faire naître aurait pu entraîner de grandes longueurs, et peut-être ne serait-on que bien difficilement arrivé à un résultat quelconque; car enfin il ne se serait agi de rien moins que de ce qu'on entend par le régime commercial et industriel pris dans son ensemble, et là seraient venues se placer toutes les théories, toutes les doctrines scientifiques; là on aurait pu mettre en présence, à l'appui d'opinions diverses, tous les écrivains en matière d'économie politique. Mais si on doit de justes égards aux opinions de plusieurs de ces savans écrivains, si on ne peut s'empêcher de reconnaître que leurs travaux, lors même qu'ils n'ont pas offert de résultats littéralement ou immédiatement applicables, ont cependant contribué puissamment à répandre de sages et utiles idées qui se sont, avec le temps, introduites dans la pratique, cela n'empêche pas qu'il ne faille aussi convenir qu'il se rencontre, dans tout état dont l'existence ne date pas de la veille, un certain nombre de faits qui lui sont particuliers, et dont la reconnaissance et le dépouillement doivent précéder l'établissement de toute théorie, en tant qu'elle serait applicable à cet état. Dans une société qui se constituerait nouvellement, on pourrait peut-être procéder conformément aux principes d'une liberté qui permettrait à chacun de tout entreprendre, de tout produire, de tout emporter, de tout apporter, suivant son bon plaisir, mais avec le secours de ses seuls moyens ou de ceux qu'il saurait s'associer, et sans aucune assistance de la part du Gouvernement et de l'administration, qui ne prendrait pas plus de soin pour protéger, pour encourager, que pour interdire. Là, en effet, et dans un ordre social ainsi conçu, le consommateur aurait le droit de demander pourquoi on prétend le taxer au profit de la profession de son voisin, et tel producteur, pourquoi l'on gêne ses débouchés extérieurs pour assurer des avantages et quelquefois même un monopole à tel autre producteur? Mais cette utopie d'un état civilisé, où tous les droits rangés sur la même ligne partiraient et s'avanceraient d'un pas égal dans la route que leur indiquerait leur intérêt personnel, ne s'est pas encore réalisée et ne se réalisera jamais dans notre Europe, régie, ou, si l'on veut, tourmentée depuis plusieurs siècles, par une foule de lois commerciales, habituellement restrictives quand elles n'ont pas été prohibitives, et toujours combinées suivant de certains intérêts qu'il s'est agi de faire prévaloir, soit que ces intérêts aient été ceux de tout un pays, soit que, dans ce pays, ils aient été ceux d'une certaine classe de propriétaires, de producteurs, de négocians.

Ce régime, que les puissances dominatrices du commerce ont toutes successivement adopté, que plusieurs ont poussé le plus loin possible, et en tête de celles-là il faut toujours placer l'Angleterre ; ce régime enfin, avec lequel beaucoup d'états ont prospéré long-temps aux dépens de leurs rivaux, n'a jamais été étranger non plus à la France ; mais il n'y avait régné à aucune époque aussi impérieusement, aussi durement que sous le gouvernement qui a précédé la restauration. Alors un grand intérêt politique, qu'il fût bien ou mal entendu, n'importe, a prédominé sur tous les autres intérêts, et les a immolés sans scrupule toutes les fois que cette rigueur lui a semblé utile pour arriver à son but principal. Vous voyez, Messieurs, que je veux parler du blocus continental et de toutes ses conséquences. Je dis *toutes* avec intention ; car en même temps qu'il anéantissait certaines industries et fermait au commerce extérieur la plus grande partie de ses voies, il contribuait efficacement, par l'établissement de ses prohibitions ou de ses taxes équivalentes, à accroître, à élever certaines industries auxquelles de puissans capitaux et de nombreux intérêts sont venus aussitôt s'attacher, et dont n'a pas tardé à dépendre l'existence d'un grand nombre de citoyens. Ainsi se sont créées, à l'abri d'une nouvelle et spéciale protection, de nouveaux intérêts, et par conséquent de nouveaux droits ; car dans tout ordre social bien constitué, des intérêts qui se sont fondés sur une condition posée par le Gouvernement, avec une protection accordée, garantie au nom de l'État, ne sauraient être privés de cette protection qu'avec de grands ménagemens, et s'il est démontré qu'on ne peut diminuer ou retirer sans entraîner la ruine de ceux qui ne se sont engagés que sur la foi des avantages qu'elle leur offrait. « Il pourrait suffire à l'intérêt général (a dit l'un de vous, Messieurs, et j'ai tout à gagner à citer ces paroles), « il pourrait suffire à cet intérêt, qu'à côté de l'industrie qui tombe-« rait, il s'en élevât une également profitable; mais envers l'entre-« preneur cette compensation n'est pas admissible : le seul fait de « l'existence de son établissement lui constitue un droit qui doit être « mis dans la balance avec tous les autres droits, et qui y porte aussi « son poids. » Que sera-ce donc si on veut bien songer que ces grandes perturbations, où on croiroit que ce qui se perd d'un côté doit se regagner de l'autre, ne peuvent jamais s'accomplir sans une foule de désastres individuels qui portent toujours à la fortune publique et aux intérêts généraux des coups trop sensibles pour qu'ils ne s'en ressentent pas pendant de longues années?

Quand on cherche des principes qui puissent être utilement invoqués en présence des faits et de leurs conséquences, il ne faut donc point les aller chercher dans un système absolu; car il n'en existe aucun qui soit applicable nulle part. Celui des prohibitions, supposé complet, isolerait chaque peuple et n'admettrait aucun commerce; celui de la liberté indéfinie opérerait la destruction d'une foule d'industries introduites à grands frais et qui ne sauraient subsister qu'avec l'aide d'une protection; mais cette protection, bien qu'on la reconnaisse nécessaire, ne doit pas dégénérer dans un système absolu et en quelque sorte indéfini qui se prêterait à toutes les exigences et favoriserait ainsi des entreprises légèrement, témérairement conçues ou ne se rattachant qu'à des vues d'un intérêt trop resserré. Quand on protège, il faut d'abord examiner soigneusement à qui ce secours est accordé, et ensuite jusqu'où il convient de le porter. Une fois placé sur ce terrain, il n'est peut-être pas impossible de rencontrer quelques règles, sinon positives et rigoureuses, du moins le plus souvent applicables. Ainsi on pourrait établir que tout ce que le sol et le climat accordent et permettent d'eux-mêmes doit être cultivé, encouragé et protégé de préférence; que pour tout ce qui peut être nationalisé sans obstacles sérieux, avec grand profit pour la fortune publique et privée, on doit en aider la transplantation par une protection plus ou moins prolongée; mais dont il est à desirer que le terme soit entrevu, s'il ne peut être formellement prévu. Quant à ce qui ne saurait se soutenir que par de grands efforts, avec l'aide d'un monopole éternel et constitué au profit de quelques-uns seulement, on n'en devrait jamais rechercher l'établissement; et si des engagemens de cette nature avaient été pris, si on avait favorisé des habitudes de cette espèce, il faudrait travailler à dénouer les uns, à se défaire des autres, mais toutefois sans rien brusquer et en y procédant par degrés avec une prudente lenteur dont j'ai dit plus haut les motifs.

Les parts étant ainsi faites, et revenant à cette protection sage et prudemment appliquée que tant d'intérêts réclament, nous répéterons qu'il faut, pour en bien concevoir la nécessité, ne jamais perdre de vue que l'état qu'on pourrait dire *naturel* n'existe nulle part, et que des industries qui, par la nature des choses, ne devraient pas appartenir à un peuple plutôt qu'à un autre, se trouvent cependant établies avec le plus grand avantage dans tel ou tel pays, par cela seul que ce pays s'en est occupé le premier, et que son expérience acquise, ses capitaux engagés de longue main lui ont donné, dans les procédés de fabrication, une supériorité qui ne permettrait à aucun autre producteur, entrant dans la même carrière, de se présenter nulle part, même sur ses propres foyers, en concurrence avec lui; que si, dès-lors, cette industrie est cependant jugée utile à acquerir, quelquefois même nécessaire, et cela n'est pas impossible, il faut bien la protéger, et même fortement, autrement ce serait *laisser un enfant aux prises avec un homme dans toute sa force :* ce sont encore les paroles d'un membre de la Commission. Plusieurs exemples pourraient être donnés dans ces hypothèses.

Mais cette protection alors si indispensable, ne peut-il, ne doit-il pas même venir un jour où elle ne sera plus nécessaire au même degré, où elle pourra même devenir inutile? C'est un cas qui doit être soigneusement prévu, car l'intérêt général commande d'en profiter aussitôt qu'il se présente. Ceci ramène à la seule vérité qui plane continuellement sur toute la matière, c'est que l'étude des faits, en ce qui concerne le régime commercial et industriel d'un pays, doit passer avant toute autre, et qu'il n'y a pas de théorie qui puisse prédominer sur les résultats qui sortent de cette étude.

Qu'ensuite on soutienne que toute prohibition qui n'est pas indispensable est un mal, parce qu'elle impose à la société, qui est obligée de s'y soumettre, des privations toujours plus ou moins pénibles, parce qu'elle diminue les moyens d'échange qui sont la vie du commerce; qu'on fasse remarquer qu'il est telle faveur accordée à un produit industriel, qui peut nuire à l'écoulement au dehors d'un produit naturel fort important (c'est ce qu'on a dit pour les vins au sujet des droits établis sur les fers étrangers); qu'on tire de tout cela la conséquence qu'il faut prohiber le moins possible, rien de mieux; qu'on ajoute que les taxes protectrices qui remplacent, ou à-peu-près, la prohibition, doivent être employées avec la même discrétion, cela encore ne saurait se contester; mais il n'en est pas moins certain qu'il y a des prohibitions et des surtaxes qui, malgré des inconvéniens qui ne sauraient être niés, ont pu et pourraient encore s'établir avec utilité!

A Dieu ne plaise que le conseil soit donné de rien exagérer; mais enfin il ne faut rien dire d'absolu, parce qu'on ne serait plus dans le vrai. Ce qui est incontestable, c'est que l'état actuel de l'industrie française ne permet pas de lui retirer la protection sous laquelle elle a vécu, grandi et prospéré jusqu'à ce jour, et sans laquelle il serait à craindre que plusieurs de ses portions les plus importantes ne vinssent bientôt à s'écrouler, ou n'atteignissent pas le développement dont elles sont susceptibles. Mais ce n'est pas à dire pour cela que la mesure de la protection actuelle ne doive être soigneusement étudiée, et qu'elle ne dût être diminuée si elle avait pour conséquence, au taux où elle existe, d'élever le prix de la denrée au-delà de ce qui est nécessaire pour assurer une fabrication suffisamment profitable; de l'élever, par conséquent, sans nulle compensation, et au détriment des consommateurs. Encore donc, et toujours par conséquent, des questions de fait à examiner. Ce résultat auquel nous arrivons sans cesse, auquel nous sommes tous arrivés, Messieurs, est d'autant plus remarquable, que cette unanimité, qu'il importe beaucoup de constater, s'est rencontrée entre personnes qui, sur les points de doctrine et les questions de théorie, ne se sont pas toutes présentées ici avec des idées semblables.

Les nuances des opinions se sont même à cet égard, vous le savez, suffisamment manifestées, et il a été facile et satisfaisant tout à la fois, de reconnaître que la Commission renfermait dans son sein tous les élémens d'une discussion où aucun des principes que peuvent en différens sens professer les hommes les plus éclairés ne manquait de défenseurs et d'organes en état de les faire valoir. Eh bien ! c'est dans une réunion ainsi formée qu'on est arrivé, sans aucun discord, à reconnaître que, dans l'état de l'industrie en France, et en présence de la quantité d'intérêts qui s'y trouvaient engagés, et qui pouvaient exercer une si grande influence sur la prospérité générale du pays, il fallait s'en tenir à un système raisonné de protection, ce qui suppose, d'une part, la nécessité de protéger efficacement le travail du pays, et de l'autre, le devoir d'étudier soigneusement, pour chaque industrie, la quotité de la protection nécessaire, en présence des dommages qu'une protection excessive, accordée à certaines industries, pourrait faire peser sur les consommateurs et sur d'autres industries elles-mêmes.

Tel a été le résultat de votre première séance. Cela posé, il a été convenu que la première question dont la Commission s'occuperait, et qu'elle approfondirait par tous les moyens en son pouvoir, serait celle des fers; dans celle-là, en effet, se rencontre une quantité de questions subsidiaires qui, touchant aux intérêts les plus hauts, les plus divers, réclament une solution qui puisse dégager ces intérêts de l'espèce d'anxiété où les ont jetés depuis quelque temps des doléances trop généralement élevées pour qu'elles ne méritent pas d'être approfondies. En effet, d'une part, l'industrie des fers, telle qu'elle existe aujourd'hui et avec l'extension dont elle paraît susceptible, avec les capitaux qui s'y sont portés et qui doivent naturellement s'y porter encore, exerce une grande influence sur la valeur des bois qui composent une partie si importante du revenu public, de celui des communes et d'un grand nombre de particuliers. Elle doit décider dans beaucoup de localités de la valeur des mines de houille dont l'exploitation peut devenir, sous tant de rapports, une des principales sources de la richesse publique. Elle emploie un nombre très-considérable de bras, et dans des contrées où la population a le plus grand besoin de ce secours; mais, d'autre part, la protection accordée depuis plusieurs années à cette industrie, a eu pour conséquence de porter ou de maintenir en France le prix du fer à un taux infiniment plus élevé que celui auquel il aurait pu être livré par les producteurs étrangers, notamment par l'Angleterre qui est parvenue à le fabriquer à un bon marché sans exemple jusqu'à nos jours. Or, le fer entre comme portion essentielle dans presque tous les usages et les besoins de la vie.

Il est pour l'agriculture une partie importante de ses dépenses; les constructions de navires et de maisons en emploient des quantités considérables, et ces quantités augmenteraient sensiblement, au grand avantage de la commodité et de la solidité de ces constructions, si la matière revenait à des prix plus modérés. A cet égard, l'exemple de l'Angleterre est tout-à-fait concluant. Il n'existe pas enfin un seul art de quelque importance dans lequel le bon marché souvent, et toujours la qualité supérieure du fer, ne soit une des conditions premières d'une bonne et utile fabrication. Or, cette qualité supérieure, la possédons-nous réellement, et nos usines la peuvent-elles fournir à nos consommateurs en quantité suffisante? Peuvent-elles offrir, indépendamment des fers forgés, les fontes dont l'usage s'est tellement étendu depuis un certain nombre d'années, usage dans lequel la différence des qualités joue peut-être encore un rôle plus important que dans celui du fer? Sur tout cela, comme de raison, les consommateurs ne sont pas d'accord avec les producteurs. Vient enfin l'intérêt des propriétaires de vignes qui attribuent une partie des difficultés que rencontre au dehors la vente de leurs vins, au tarif qui, ne permettant pas aux fers étrangers d'entrer dans la consommation de la France, ôte aux producteurs de ces fers les moyens d'échange qui leur seraient nécessaires pour acheter ces vins. Or les vignes tiennent une trop grande place dans la richesse nationale pour qu'on ne doive pas s'imposer, avec le devoir d'examiner soigneusement si les plaintes des pays vignobles sont fondées, celui de chercher le remède au dommage, dans le cas où il serait suffisamment constaté.

Voilà sans doute, Messieurs, une vaste carrière de recherches et d'explorations à parcourir; vous y êtes entrés avec courage et avec la résolution de ne rien épargner pour dissiper toutes les obscurités, pour pénétrer jusqu'au fond de toutes les situations.

L'administration avait en sa possession beaucoup de renseignemens et de documens; elle les a mis à votre disposition. Ils étaient précieux, mais ils ne fournissaient qu'une partie des pièces de l'instruction du procès (on peut, je crois, se servir de cette expression); et dans ce procès l'administration sous laquelle s'était établi le régime qu'il s'agissait de juger s'offrait nécessairement à la pensée, quelle que fût la droiture de ses vues, sous la couleur d'une partie sinon intéressée, du moins tant soit peu prévenue, et dont l'opinion ne pouvait avoir toute sa valeur qu'autant qu'elle subirait l'épreuve d'un contrôle. Or, ce contrôle ne pouvait s'obtenir que par une enquête où les opinions les plus contraires auraient le moyen de se débattre, où les intérêts les plus opposés pourraient se produire et se faire entendre. L'enquête était donc d'abord indispensable, et de plus elle devait fournir l'élément le plus précieux de la conviction à laquelle il fallait arriver dans un sens ou dans un autre. Mais, pour qu'elle portât tous ses fruits, il était nécessaire de se fixer à l'avance sur un certain nombre de questions que la commission aurait à résoudre plus spécialement et qui fourniraient les élémens de celles qu'on devrait poser dans tous les interrogatoires des personnes appelées. Ces questions, adressées ainsi à des individus pris dans des situations diverses, mais dont les connaissances sur la matière ne seraient pas douteuses, amèneraient nécessairement des réponses qui, en se détruisant, se confirmant ou se rectifiant mutuellement, feraient jaillir la vérité dont on avait un si pressant besoin. Les secours ne vous ont pas manqué, Messieurs, pour la position de ces questions si importantes. Dans votre seconde séance, vous entendîtes d'abord un exposé dont le

Ministre vous donna lecture et où se trouvait raconté comment et pour quels motifs avaient été établis successivement les droits imposés à l'entrée des fers étrangers, et objet de tant de vives réclamations.

Ces droits sont de deux sortes, celui de 15 francs, qui date de 1814, et se perçoit sur tous les fers fabriqués au charbon de bois et au marteau, c'est-à-dire sur les fers du Nord, de l'Espagne, et même des Pays-Bas; celui de 25 francs, établi en 1822 seulement, et qui pèse sur les fers fabriqués à la houille et au laminoir, c'est-à-dire à peu-près exclusivement sur les fers d'Angleterre. Les droits ont été calculés d'abord dans le but de garantir l'ancienne fabrication au bois si long-temps prospère en France, et dont les exploitations s'étaient fort multipliées pendant les vingt-cinq années de guerre maritime, et plus tard dans celui d'encourager en France les nouvelles méthodes dont l'exemple a été donné si utilement en Angleterre. Par une conséquence naturelle, le droit de 2 francs, d'abord établi par 100 kilogrammes de fonte, a été porté à 9 francs pour l'importation par mer et à 6 francs pour l'importation par terre, sauf la frontière de l'arrondissement d'*Avesnes* pour laquelle le droit, en raison de circonstances locales, a été réduit à 4 francs.

A la suite de cette position des faits relatifs à l'existence des droits, l'exposé du Ministre offrait en résumé les principales questions élevées dans le commerce lui-même sur la convenance ou les inconvéniens de ces droits.

Puis venaient plusieurs tableaux auxquels, depuis, il en a été joint de plus étendus qui vous ont été distribués,

Sur la production en France des fontes, des fers et des houilles;

Sur l'importation des fontes et des fers en France, de 1815 à 1828, de 1822 à 1828, avec distinction de provenance;

Sur l'importation des fontes et des fers en France, pendant l'année 1788, avec distinction de provenance;

Sur les droits imposés sur les fers en Angleterre depuis 1814, et dans les États-Unis depuis 1815;

Sur l'importation des fers en Angleterre en 1815 et années suivantes;

Sur l'importation des fers dans les États-Unis, depuis 1822 jusqu'en 1827;

Sur l'exportation des vins de France à l'étranger, de 1787 à 1789, et 1815 à 1828;

Sur l'exportation des vins de France à l'étranger pendant l'année 1788, divisée par pays de destination;

Pareillement, sur l'importation des eaux-de-vie;

Sur les droits imposés en Angleterre depuis 1814, avec les quantités de vins déclarés pour la consommation intérieure en 1823 et années suivantes;

Sur les droits imposés, en Suède, sur les vins depuis 1816;

Idem, en Russie, depuis 1810;

Idem, aux États-Unis, depuis 1818;

Sur la quantité de vins importés aux États-Unis, depuis 1822 jusqu'en 1827.

Après avoir écouté la lecture de cet important travail, et pris en communication les susdits tableaux, vous entendîtes deux de vos membres, MM. Portal et Humann, qui vous présentèrent aussi, chacun de leur côté, une série de questions dont ils estimaient que la solution était nécessaire. Sur un grand nombre de points, ils s'étaient naturellement rencontrés entre eux et avec le Ministre; et, de plus, on observa que plusieurs des questions contenues dans leur série, se trouveraient nécessairement résolues par les documens que fournissait l'administration.

Il fut donc convenu qu'on ferait le départ de ces questions, à l'effet de reconnaître celles qui ne pouvaient être approfondies que par la voie de l'enquête, et trois d'entre vous (MM. le baron Portal, Humann et Gautier) furent invités à se réunir pour rapprocher et fondre ensemble, suivant cet esprit, les séries de questions déjà présentées.

Mais, avant de terminer la séance, on avait déjà touché une partie des points qui devaient être l'objet de l'investigation la plus sérieuse, et plusieurs idées importantes avaient été émises, qui toutes tendaient à montrer combien la matière était délicate, et sous combien de points de vue différens elle pouvait et devait être envisagée. Ainsi le prix coûtant du fer dans les forges françaises, ou autrement dit le prix *de revient*, était un des points les plus importans à constater pour établir ensuite entre ce prix et celui des fers étrangers une comparaison d'où pût sortir la connaissance exacte du taux auquel devait être élevée ou maintenue, si on voulait qu'elle fût efficace, la protection accordée aux fers français. Mais le prix *de revient* en France est soumis à des différences énormes, suivant qu'on le cherche dans la fabrication au bois ou dans la fabrication à la houille. On pouvait bien faire assez aisément un prix moyen applicable à toutes les fabrications au bois, mais si on voulait y faire entrer la fabrication à la houille, alors la fixation devenait beaucoup plus difficile et on courait risque de la rendre ruineuse pour la fabrication au bois. Mais pourquoi donc cette dernière fabrication était-elle si coûteuse? en était-il ainsi avant la révolution? Non sans doute, mais alors le prix des bois était moins élevé, et beaucoup de forges étaient alimentées de combustible par des affouages qui leur procuraient le bois au prix le plus modique. Tout le monde enfin connaît la grande augmentation survenue récemment dans la valeur du bois. A quoi faut-il attribuer cette augmentation? les causes en sont-elles naturelles? la taxe sur les fers étrangers n'y a-t-elle pas puissamment contribué? fait important à vérifier.

Que si on arrivait à étudier les effets de la taxe sous le rapport du commerce d'échange qu'elle pouvait empêcher ou diminuer, notamment en ce qui concerne celui des vins, il était facile d'entrevoir que, pour obtenir à cet égard un résultat de quelqu'importance, il ne suffirait pas d'abaisser le droit sur les fers étrangers de manière à les tenir seulement à un prix approchant de celui des fers indigènes, mais qu'il faudrait encore les laisser vendre sur notre marché au-dessous du cours possible de ceux-ci. Ce serait en en effet le seul moyen possible d'attirer une forte importation, qui se solderait ensuite avec une d'autant plus grande quantité de vins; autrement, le résultat serait à-peu-près nul; mais alors aussi on ne serait plus dans le système de la protection : on l'abandonnerait de fait complétement.

Je suis entré, Messieurs, dans cet aperçu fort abrégé des difficultés qui vous sont, dès cette époque, apparues de toutes parts, pour mieux faire comprendre à quel point le secours de l'enquête était nécessaire, et comment elle pouvait seule vous donner les moyens de tout apprécier à sa juste valeur. Déjà, au reste, cette enquête, prévue et annoncée, occupait beaucoup les esprits : rien de plus naturel, et comme de toutes parts on exprimait le desir d'être entendu, comme il fallait aussi fixer quelques bornes à une audition de témoins qui ne pouvait, sans de grands inconvéniens, rester indéfinie, vous dûtes vous occuper de la manière dont serait fait le choix des individus appelés. Vous aviez, à cet égard, l'exemple de ce qui se pratique dans le pays où les enquêtes sont le plus en usage, et où on n'entend point quiconque demande à être ouï, mais où les personnes chargées de diriger et de recevoir l'enquête désignent celles dont elles jugent que le témoignage sera le plus utile. Il fut donc convenu qu'on entendrait, tant comme producteurs que comme intéressés ou contradicteurs, des maîtres de forges, des propriétaires de forêts et de houillières, des marchands de fer, qu'on peut regarder comme représentans d'une partie des consommateurs; des agriculteurs, et particulièrement en vignobles; des armateurs, tant en raison de ce que leurs constructions consomment de fer, que sur l'intérêt des échanges de produits avec l'étranger; des constructeurs de maisons, et enfin des fabricans de machines employant la fonte.

Quant aux individus tirés de ces différentes catégories, le Ministre déclara qu'il suffirait qu'un membre désignât un témoin jugé utile par lui, pour que ce témoin fût entendu, et il donna lui-même à connaître diverses personnes qu'il lui semblait bon d'appeler, et qui furent agréées. Il fut, en outre, invité à engager les chambres de commerce, que les présentes décisions intéressaient, à envoyer devant la Commission un de leurs membres, ou telle autre personne de leur confiance, qui pût faire connaître leurs vues sur les objets traités.

A votre troisième séance, les trois membres que vous aviez chargés de recueillir les questions à poser et à traiter vous ont donné connaissance de leur travail. Il était précédé de quelques observations destinées à faire sentir dans quel esprit les questions, au nombre de vingt-sept, avaient été choisies et classées; on y trouvait un exposé succinct de l'état ancien et présent de l'industrie du fer en France; une comparaison, aux différentes époques, de ses produits avec ceux des pays étrangers; enfin un aperçu de ses différens points de contact avec les autres industries, considérées, soit comme consommant le fer, soit comme interressées aux échanges de leurs propres produits avec les pays étrangers qui ont du fer à vendre.

Ce qui ressortait le plus clairement de cet exposé, sur lequel il est important de s'arrêter, c'est qu'avant la révolution, et tant que le fer ne s'était fabriqué en Europe qu'avec le bois, la France, non-seulement avait suffi, hors quelques qualités particulières tirées de la Suède, à sa propre consommation, mais avait encore alimenté celle d'une partie considérable des états dont elle est environnée. Alors l'Angleterre ne fabriquait presque pas de fer, et le peu qu'elle en produisait revenait à un taux plus élevé qu'en France. Cela s'explique facilement par les avantages dont j'ai déjà dit que jouissaient les forges françaises, relativement au prix du combustible, la plupart d'entre elles ayant été créées par le besoin de donner quelque valeur à la propriété forestière. La révolution mit fin à la partie de ces avantages qui tenait aux affouages; mais bientôt après, la guerre qu'elle suscita augmenta tellement le besoin du fer, qu'il fallut y satisfaire à tout prix par les ressources de l'intérieur, celles du commerce extérieur étant à-peu-près anéanties. Les usines françaises ont donc, pendant cette période de temps, suffi à tout; mais elles ne l'ont fait qu'aux dépens du bon marché des produits; et l'augmentation du prix des salaires, le renchérissement extraordinaire du prix des bois, ont été la conséquence inévitable de cette impulsion extraordinaire. L'équilibre dut nécessairement se rétablir un peu à l'époque de la restauration; et en effet, l'exploitation des forges, à partir de cette époque, a pris une marche plus régulière, sans toutefois que le prix des bois ait éprouvé une diminution sensible.

La cherté de cette denrée s'est maintenue, non plus seulement par l'activité des forges, mais aussi par le besoin de l'industrie, en général chaque jour plus étendue, et surtout par le luxe d'habitations, qui a considérablement augmenté la consommation pour le chauffage. C'est un grand désavantage sans doute, pour une industrie quelconque, que le renchérissement extraordinaire de l'objet principal de ses consommations; cependant un danger plus imminent menaçait encore l'existence de nos forges.

L'Angleterre, avec laquelle nous étions si long-temps restés sans communications, n'en avait que plus activement poursuivi, pendant ce laps de temps, ses conquêtes industrielles; et la plus importante de toutes était peut-être d'avoir achevé la découverte des moyens de rendre la houille parfaitement propre à la fusion du minérai de fer. Cette découverte, avec ses houillières inépuisables, entremêlées de couches de minerai suffisamment riche et peu réfractaire, avec ses machines, de plus en plus perfectionnées, avec le bon marché de ses transports de toute nature, avec l'immensité enfin des capitaux dont elle dispose, lui avait donné le moyen de produire le fer à un prix tellement bas, que nulle part il n'était plus possible à aucun producteur d'entrer en concurrence avec elle.

Cette révolution industrielle, restée à-peu-près ignorée de la France, durant son isolement des pays situés hors du continent, se révéla dès les premiers momens de la restauration, et cependant la fabrication anglaise n'avait point encore atteint les développemens auxquels elle est parvenue depuis, ses produits ayant à-peu-près triplé pendant les vingt années qui se sont écoulées de 1806 à 1826. Mais déjà, en 1814, on avait reconnu la nécessité de protéger les forges françaises, si on ne voulait pas livrer de fait le marché de la France au monopole de la fabrication anglaise. On calcula, d'après les prix alors existans, que la protection serait suffisante, avec un droit de 15 francs par 100 kilogr. de fer en grosses barres, et ce droit fut établi. Malheureusement l'équilibre qu'on avait cru fonder ne se soutint pas long-temps, et l'extension prodigieuse de la fabrication anglaise amena une perturbation nouvelle, les prix s'étant abaissés en Angleterre jusqu'au taux de 8 ou 7 livres 1/2 sterling la tonne de 1,000 kilogr. Les maîtres de forges françaises ne pouvaient manquer dans cette situation de faire entendre des cris de détresse, et le gouvernement, y ayant égard, consentit, en 1822, à élever le droit de 15 à 25 francs par 100 kilogr. de fer marchand en grosses barres fabriquées à la houille et au laminoir.

Ce tarif n'a pas été modifié depuis, et il est l'objet des réclamations qui ont motivé le nouvel examen dont on s'occupe aujourd'hui. S'il ne s'agissait que d'appliquer le système de protection dans la mesure des nécessités du moment, la tâche serait simple et facile, puisqu'il suffirait de bien constater les prix du dehors et du dedans pour ensuite charger ceux du dehors de telle manière que l'avantage du meilleur marché fût assuré à la production intérieure; mais on ne saurait retenir l'examen et la discussion dans cette étroite limite que l'opinion a déjà devancée. Les consommateurs demandent s'ils doivent être long-temps encore condamnés à payer le fer au taux élevé auquel il leur revient aujourd'hui, alors qu'ils pourraient le tirer du dehors à un prix si différent et si profitable pour eux; ils demandent si les avantages faits aux maîtres de forges n'ont pas eu pour objet de leur donner le temps de profiter des exemples qui leur sont offerts en Angleterre, si ce temps n'est pas bientôt écoulé, et si les hauts-fourneaux qui doivent opérer la fusion du fer au moyen de la houille et dont on leur a tant parlé, ne devraient pas être en pleine activité, de manière à opérer enfin dans les prix un abaissement si desirable. Il est donc évident que la fabrication à la houille, les progrès qu'elle a faits, et les résultats qu'on en peut attendre, doivent être le sujet de l'étude la plus attentive, des recherches les plus approfondies. Il faut savoir enfin si elle est en état de tenir les promesses qu'elle a faites, d'accomplir les espérances qu'on en a conçues.

Quand on aura approfondi la matière en ce qui touche, pour le présent comme pour l'avenir, la production et la consommation du fer, la commission aura à s'occuper des produits dont l'écoulement au dehors est, dit-on, arrêté par la faculté qui leur a été retirée de s'échanger contre les fers étrangers. A la tête de ces produits, il faut incontestablement placer ceux de la vigne; ce sont, d'ailleurs, les propriétaires de vignes qui ont fait entendre les réclamations les plus vives : mais pour tenir entre ces réclamations et les intérêts qui leur sont opposés une juste balance, il est nécessaire de se rendre un compte exact de l'effet immédiat ou successif de la protection accordée aux fers français, relativement à notre commerce d'exportation, et, dès-lors, il devient indispensable de remonter au passé et d'examiner quel était, antérieurement à l'établissement d'une taxe sur les fers étrangers, quel a été depuis l'état de nos échanges avec les pays producteurs de ce métal, et dans quelle proportion les produits de la vigne prenaient et ont pris place dans ces échanges. La comparaison de ces données avec l'état présent peut seule indiquer l'influence qu'a exercée, et qu'exerce encore, sur les débouchés de la France, l'établissement successif de son tarif sur les fers. Il sera même nécessaire d'examiner jusqu'à quel point les restrictions imposées par les pays producteurs de fers à l'importation des vins français, ont été provoquées par celles que la France a apportées elles-mêmes à l'introduction des fers étrangers, ce qui ne se peut faire qu'en comparant les époques auxquelles les restrictions ont été réciproquement établies.

Cet extrait, fort abrégé, de l'excellent exposé dont la lecture précède celle des questions qu'il vous fut proposé d'admettre, doit suffire pour vous en rappeler les principaux motifs. A moins de faire un livre, il est impossible que je n'abrège pas beaucoup, lors même que les développemens auraient le plus d'intérêt. Ces questions, au reste, quelque bien choisies et libellées qu'elles fussent, on reconnut bientôt qu'elles pouvaient et devaient même en entraîner beaucoup d'autres, et qu'il ne fallait les considérer que comme des têtes de chapitres, sous lesquelles viendraient se placer toutes celles que pourrait suggérer au Ministre, dans le cours de chaque interrogatoire, le besoin de tout approfondir, chaque membre de la commission ayant d'ailleurs le droit incontestable de proposer, à mesure qu'on avancerait, celles qui lui paraîtraient convenables et nécessaires. Comme cette prévision s'est accomplie; comme, à mesure que le travail de la commission s'est avancé, le texte même des vingt-sept questions s'est évanoui sous les nombreuses divisions, sous-divisions et modifications qu'elles ont reçues, je crois inutile de les rapporter ici littéralement; il suffira de dire qu'on a pu analyser et distribuer à-peu-près comme il suit les recherches que ces questions supposaient :

1.° Somme de la production du fer et de la fonte, en leurs diverses espèces;

2.° Suffisance ou insuffisance pour les besoins de la consommation;

3.° Prix des fabrications des différentes sortes, considérées dans leurs élémens, et comparées aux prix étrangers, soit à la fabrique, soit rendus en France;

4.° Effet des prix sur l'agriculture et les objets de consommation; effets de la répulsion des fers étrangers sur les échanges, notamment sur les vins; effets probables sur ces mêmes échanges, si cette répulsion venait à cesser;

5.° Somme des capitaux engagés dans l'industrie des fers; somme des salaires qu'elle crée;

6.° De quel développement cette industrie est-elle susceptible, particulièrement en ce qui regarde le travail par la houille?

7.° Quelles ont été et quelles sont les quantités de vins fournies par la France au pays qui nous fournissaient du fer? Quels rapports se sont trouvés entre les variations de nos tarifs et les différences de ces quantités exportées? Y a-t-il indice que nos produits aient été écartés par les étrangers, à titre de représailles, à cause de la répulsion de leurs fers.

Toutefois, pour ne rien omettre d'important, je dois faire mention de deux débats qui s'élevèrent dans cette séance : l'un, relatif à l'une des questions posées, qui parut, à plusieurs membres de la commission, admettre trop absolument la possibilité de la cessation entière du travail des forges. Il fut répondu que, pour envisager une situation sous toutes ses faces, il fallait admettre toutes les hypothèses, faire tous les bilans en perte et en gain; d'autres pensèrent qu'on pouvait admettre la diminution du travail dans les forges, mais jamais sa cessation absolue, dont les conséquences devraient effrayer les imaginations les plus froides. Cela conduisit à expliquer ainsi l'hypothèse : De quoi s'agit-il? de savoir s'il convient ou ne convient pas de protéger les fers indigènes. La négative n'est point admissible; mais le taux de la protection actuelle est-il sagement calculé dans l'intérêt de tous? Si le droit sur les fers étrangers est plus élevé d'une quotité quelconque, supérieure à celle qui est nécessaire pour maintenir les forges françaises, on peut, on doit même le réduire de manière à obliger les producteurs français à diminuer leurs bénéfices, à baisser leurs prix au profit des consommateurs. Mais, quant au droit vraiment protecteur, il n'y a pas de demi-protection : il faut conserver ou détruire; or, toute concurrence qui aurait pour conséquence de rendre invendable, sur le marché français, la denrée française, serait destructive de l'industrie qui la produit.

Relativement à une autre question portant sur le dommage qui tomberait sur les houilles et les bois, toujours dans la supposition que les forges viendraient à s'éteindre, il fut observé qu'en s'écartant de cette supposition beaucoup trop absolue, il ne faudrait pas traiter de pur dommage la réduction de revenu qu'une diminution dans le prix du combustible ferait éprouver aux propriétaires de forêts et de houilles. Ce qu'ils recevraient de moins, dans cette hypothèse, serait un soulagement pour le consommateur, et dans ce changement, l'État ne serait peut-être pas en perte. Cette observation en amena d'autres sur le revenu que l'État tirait de ses forêts, et sur la part que l'administration elle-même, comme le plus gros détenteur de la denrée, avait eue dans l'élévation de son prix; qu'elle avait pu souvent fixer suivant son bon plaisir, au moyen de la forme adoptée pour ses enchères. Il en était résulté, ainsi que cela a déjà été exposé, que la taxe sur les fers étrangers avait peut-être, dans certaines localités, tourné au profit des propriétaires de bois beaucoup plus qu'à celui des exploitations d'usines. Or, ce n'était pas le but qu'on s'était proposé en établissant cette taxe. Mais comment éviter cet inconvénient? Il était sans doute à desirer que de plus justes rapports vinssent à s'établir entre les besoins des usines pour leur consommation en bois et les propriétaires de ces bois, et rien ne pouvait mieux conduire à ce résultat qu'une connaissance exacte des situations réciproques, connaissance que l'enquête ne pouvait guère manquer de donner et de répandre.

Toutefois, puisqu'on avait incidemment mis en avant une question de théorie sur les avantages qui pourraient résulter pour la société entière d'une diminution considérable dans le prix des bois et des houilles, il fut observé qu'une si grave question, qu'on n'avait point heureusement à résoudre, ne devait pas être envisagée sans une grande circonspection. Tout se tient en matière d'économie politique; tout doit y être combiné dans une sage mesure. Il est sans doute desirable que les produits du sol soient tenus à des prix modérés qui en permettent l'usage aux consommateurs, mais il ne serait aussi nullement profitable que ces prix vinssent à s'abaisser ou trop subitement ou trop sensiblement. Il n'y a pas d'intérêts qui soient isolés. Les coupes de bois paient le bled, le vin, les consommations, les salaires, et si on atténuait leur valeur outre mesure, on porterait coup à toutes les productions, à tous les genres de travail. La France industrielle manque de capitaux, et les capitaux dans un grand pays essentiellement agricole ne se composent le plus souvent que des économies que rassemblent les propriétaires et les producteurs de toute nature. Il est donc important qu'il puisse en être formé au moyen d'un prix suffisamment élevé des produits de la propriété territoriale. En dernier résultat, on reconnait qu'il y a là matière d'un aperçu général, mais rien qui se puisse préciser d'une manière absolue.

Une autre observation très-importante a encore été faite dans le cours de cette séance par un membre, qui a déclaré que, selon lui, l'existence des usines en fer dépendait du développement que pouvait prendre la fabrication du fer à la houille, et qui, dès-lors, desirait que les personnes appelées fussent questionnées sur ce qu'on peut espérer de baisse dans les frais de transport par la construction et l'achèvement des canaux et des chemins en fer projetés. Il cite le département de l'*Aveyron*, l'un des plus riches en mines de houille et de fer, et où les moyens de communication manquent presque entièrement. Il est reconnu que la question indiquée entrera nécessairement dans celles relatives aux élémens dont la valeur des fers se compose, et dans lesquels entrent pour une si forte part les prix des houilles, des bois, des charbons et des frais de transport.

Enfin on demande que, parmi les faits qui seront recherchés dans les documens administratifs, se trouve celui de la quantité de fer et de fonte consommée en France. A cet égard il est reconnu que l'administration ne peut donner que les quantités dont l'entrée est constatée par les douanes, plus celles produites par les usines françaises et constatées par la direction des mines. On pense qu'il doit résulter de ces deux données au moins une approximation suffisante.

Là se sont terminés tous les travaux préparatoires de l'enquête. Nous aurions voulu pouvoir en offrir une analyse plus complète; mais nous espérons que, bien que fort abrégé, le compte qui vient d'en être rendu suffira pour donner une facile intelligence de l'esprit dans lequel cette enquête a été conduite. Puisqu'elle est la première qui se soit pratiquée en France sous le régime du gouvernement constitutionnel et dans les formes que ce régime admet, il peut n'être pas inutile de faire mention des usages qui y ont été adoptés, et qui, s'ils le méritent, formeront peut-être un jour ce qu'on appelle des précédens. J'ai déjà dit ce qui avait été convenu relativement à la manière d'appeler les témoins et au droit que la commission a cru devoir se réserver de les désigner. Cependant, de tous côtés, à Paris et dans plusieurs grandes villes, des réunions se formaient à l'effet de discuter les questions qu'on savait ou qu'on supposait devoir se traiter devant la commission; de tous côtés un ardent desir se manifestait de suivre ses opérations, ses délibérations, d'y assister en quelque sorte; rien de plus simple, puisque tant d'intérêts y étaient attachés. On aurait donc voulu que ces opérations fussent rendues publiques, jour par jour; on aurait voulu au moins connaître les questions sur lesquelles devaient rouler les interrogatoires.

Chacun des appelés, disait-on, pourrait de cette manière se préparer d'avance à y répondre, et ceux-mêmes qui ne seraient pas appelés auraient le moyen d'émettre leurs idées. Au premier aperçu, quelques membres de la commission n'étaient pas éloignés d'admettre que, s'il n'y avait pas grand avantage, il serait au moins sans inconvénient de donner connaissance des questions qui devaient être la matière de l'enquête. Ce serait une satisfaction accordée à de très-justes impatiences. Tout, dans une enquête, devait aboutir à la publicité, et quel inconvénient verrait-on à la devancer un peu? Après un plus mûr examen, cette pensée fut fort généralement abandonnée. Il n'y avait rien à apprendre au public en lui disant que, sur la question des fers, on s'apprêtait à rechercher le prix courant, le prix vénal, la comparaison avec les fers étrangers, l'effet du droit sur les consommateurs et dans les échanges. Si des questions plus détaillées étaient publiées, on ne pourrait guère le faire sans les accompagner d'explications, de commentaires, sans quoi telle question mal entendue pourrait donner une fausse alarme à telle branche d'industrie et de commerce. Autant était bonne la publicité donnée entière et quand elle devait l'être, autant pourrait être dangereuse une publicité incomplète qui, répandant isolément les parties d'une discussion ou d'une enquête, induirait en erreur le public et les intérêts débattus. Le commerce impatient s'informerait avec sollicitude de la marche de la commission: eh bien! il fallait lui faire savoir que les témoins allaient être entendus, et que les interrogatoires seraient sténographiés pour être rendus publics à la fin. Ensuite, on devait s'en tenir à l'exemple donné par le parlement d'Angleterre, dont l'autorité peut à juste titre être invoquée en cette matière. En Angleterre donc, les comités d'enquêtes ne publient pas d'avance les questions qui sont faites. Ils appellent les témoins réputés capables de donner de justes informations et de se contrôler l'un par l'autre; ils ne font pas connaître les procédés jour par jour, mais, l'enquête faite, ils impriment non un procès-verbal, mais un rapport auquel sont joints les interrogatoires, comme pièces à l'appui. La Commission décida qu'elle procéderait d'une manière analogue.

ENQUÊTE.

La première séance de l'enquête a eu lieu le 20 novembre, et la dernière, le 23 décembre. Vingt-sept personnes ont été entendues, dont quatorze maîtres de forges ou propriétaires de mines, soit de fer, soit de houille; deux délégués du commerce, l'un de Nantes, l'autre de Bordeaux; deux marchands de fer en gros, deux fabricans de machines, un fondeur, un fabricant de limes, un propriétaire de vignobles dans la Gironde, un agriculteur maître de poste, un entrepreneur de chemin de fer, un entrepreneur de serrurerie en bâtimens, un inspecteur divisionnaire des mines. Un propriétaire de bois a été aussi appelé; mais faisant partie d'une réunion de propriétaires au même titre que lui, et n'étant pas délégué par eux, il n'a voulu donner, à ce qu'il a dit, que le caractère d'une conversation, renvoyant, pour des éclaircissemens positifs et en quelque sorte officiels, à un Mémoire qui devait être incessamment publié au nom des propriétaires de bois, et qui a été distribué, en effet, peu de jours après. La commission avait appelé dans son sein, pendant la durée de l'enquête, deux ingénieurs des mines, M. Cordier et M. Héron de Villefosse, dont les ouvrages sont connus de tous ceux qui s'occupent de ce genre d'exploitation; elle avait jugé leur présence nécessaire pour des éclaircissemens qui pourraient quelquefois rendre plus facile l'intelligence des demandes et des réponses.

Une enquête n'est guère susceptible d'une analyse régulière et suivie. Pour la bien faire connaître, il faudrait la présenter toute entière et en transcrire ici toutes les pages: elle n'offre d'ailleurs qu'une série de faits, entre lesquels l'esprit de chacun doit choisir, pour en tirer, après comparaison, les déductions convenables; toutefois, afin de rendre à ceux qui l'entreprendront, ce travail plus facile, je me suis appliqué à grouper les plus importans des faits donnés sous des titres principaux, en ayant soin de réunir sous le même titre les dispositions qui s'y rapportent, mais qui se trouvent éparses et disséminées dans l'enquête elle-même; j'y ai joint aussi les principaux documens que l'administration nous a fournis. Ce résumé, très-imparfait sans doute, mais qui cependant m'a paru comprendre tout ce qu'il était essentiel de recueillir, se divisera donc sous les titres suivans :

1.° Production en France de la fonte et du fer; proportions diverses de ces produits; montant de l'importation en 1828.

2.° Prix de fabrication ou *de revient;* élémens principaux de ces prix; prix courans; variation des prix courans; baisse probable.

3.° Montant des capitaux engagés dans l'industrie du fer; montant des salaires que crée cette industrie.

4.° Qualités des produits indigènes; comparaison avec les produits étrangers.

5.° Influence des prix actuels sur les frais de culture de la terre et de la vigne, et sur ceux de construction des maisons, vaisseaux, machines, etc. Consommation.

6.° Rapports entre les taxes frappées à diverses époques sur l'importation des fers étrangers, et les quantités de vins exportées à ces mêmes époques.

7.° Développement probable de l'industrie du fer.

Vous n'allez entendre, Messieurs, qu'une nomenclature bien sèche et bien aride; mais la position des faits est la première base de toute discussion. C'est ainsi que vous avez procédé vous-mêmes dans vos travaux, et je n'ai fait que suivre la marche que vous avez tracée. Je dois aussi remarquer que quelques faits qui pourraient appartenir à la fois à plusieurs des titres que j'ai choisis n'ont dû être et n'ont été placés que sous un seul.

Production en France de la fonte et du fer. — Proportions diverses de ces produits. — Montant de l'importation.

La production annuelle de la fonte, en France, est de deux millions deux cent mille, à deux millions trois cent mille quintaux métriques : sur cette quantité, la production de la fonte douce, propre au moulage, est de deux cent cinquante à trois cent mille quintaux métriques.

La production annuelle du fer forgé est d'un million quatre cent mille, à un million cinq cent mille quintaux métriques, y compris les produits des forges à la catalane qui convertissent le minerai immédiatement en fer.

La production du fer forgé se classe en trois grandes divisions; savoir : le fer fabriqué à la houille, le fer fabriqué au charbon de bois, des qualités dites marchandes, et peu supérieur au premier; enfin le fer fin également fabriqué au charbon de bois.

La fabrication à la houille fournit aujourd'hui les deux sixièmes environs de la production totale.

Il existe quatorze hauts-fourneaux travaillant au coke, et situés dans cinq établissemens, ceux de *Saint-Jülien*, du *Janon*, du *Creuzot*, de *La Voulte* et de *Firmy*; douze autres hauts-fourneaux au coke sont en construction sur d'autres points, et un plus grand nombre en projet.

Le fer de qualité dite marchande, fabriqué au bois, entre pour trois sixièmes dans la quantité totale de la production, et le fer fin pour un sixième seulement.

Il faut ajouter à la production actuelle et totale de la France, en fonte et en fer, pour l'année 1828, une importation de 8,760,140 kilogrammes de fonte brute, et de 5,796,942 kilogrammes de fer en barres. Cependant, aujourd'hui, la consommation est inférieure à la production. L'importation n'est donc motivée que par le besoin de certaines qualités de fonte et de fer. Les fontes importées pour l'usage des fonderies et de la moulerie proviennent de l'Angleterre, et les fers de la Suède.

Prix de fabrication ou *de revient*.—Élémens principaux de ces prix.—Prix courans. — Variation des prix courans. — Baisse probable de ces prix.

Le prix *de revient* de la fonte au coke, pour 100 kilogr., est, dans le bassin de Saint-Étienne, de 18 fr. 80 cent.; au Creuzot, de 11 fr. 50 centimes.

Le prix *de revient* du fer fabriqué avec de la fonte au bois, et traité avec le charbon de terre, est, à Fourchambault, de 46 fr. 50 c.

Le prix *de revient* du fer fabriqué avec la fonte au bois, et traité avec le bois est,

En Champagne	de 44f 50c	à	46f 10c
En Franche-Comté	de 47. 80.	à	57. 20.
En Normandie	de 54. 00.	à	58. 70.
En Bretagne	de 50. 90.	à	52. 30.

Dans ces calculs, on fait entrer à 5 pour 0/0 l'intérêt des capitaux engagés. On calcule qu'il faut un capital engagé de 1,250 fr. au moins pour produire annuellement 1,000 kilogr. de fer au charbon de bois, et de 800 francs au moins pour produire par année 1,000 kilogr. de fer au coke et à la houille. Pour bien connaître la décomposition du prix *de revient*, il est indispensable de la chercher dans l'enquête, et il n'y a rien de plus important.

La valeur totale du combustible bois employé, chaque année, dans les forges, peut être calculée à 30 millions de francs, ce qui est le quart à-peu-près du revenu forestier.

Le prix du combustible bois est, dans la Nièvre, dans le Cher et les départemens composant l'ancienne province du Berry, de 2 fr. 80 cent.; dans la Champagne, de 4 fr. 50 cent.; en Franche-Comté, de 5 fr.; en Normandie, de 4 fr. 45 cent.; en Bretagne, de 2 fr. 25 cent. le stère.

Le prix du combustible bois était, dans les mêmes lieux, savoir :

Dans le Nivernais et le Berry, en 1821, de 1 fr. 55 centimes; dans la Champagne, en 1821, de 3 fr. 10 cent.; dans la Franche-

Comté, en 1821, de 2 fr. 95 cent.; en Normandie, en 1821, de 3 fr. 60 cent.; en Bretagne, en 1821, de 2 fr. 5 cent.

Le prix moyen de la houille, à Saint-Étienne, est de 46 centimes; au Creuzot, de 40 centimes 1/3; rendue à Fourchambault, de 2 fr. 15 cent.

Le prix moyen du fer fabriqué au bois est de 49 fr. 12 cent.

Le prix moyen du fer fabriqué à la houille est de 38 fr. 50 cent.

Le prix moyen du fer marchand, fabriqué tant à la houille qu'au bois, est de 43 fr. 18 cent.

Partout où le minerai de fer et la houille ne se trouvent pas à côté l'un de l'autre, le prix de transport, soit de la houille, soit du minerai, entre dans le prix *de revient* pour une quotité qui peut être évaluée de 10 à 13 p. 0/0. Quand ce surcroît de dépense, pour les frais du transport destiné à rapprocher et à mettre en contact ces deux matières premières, est par trop considérable, il faut en conclure que les établissemens sont mal placés. Ce résultat s'est vérifié pour la grande et belle usine établie à Charenton, et qui n'a pu se soutenir, malgré l'habileté des personnes qui la dirigeaient et la bonne qualité des ouvrages qui en sortaient.

Quant à la progression croissante ou décroissante des prix du fer en France depuis la taxe de 1822, on remarque que, de 1823 jusqu'à 1826, la consommation du fer ayant augmenté rapidement, par une conséquence nécessaire des nombreuses constructions qui s'exécutèrent dans la capitale et dans les provinces, les prix de cette matière ont aussi subi une hausse progressive, qui les a portées de 43 à 44 fr. où étaient, en 1822, les 100 kilogrammes de fer dit marchand, à 54 et 55 fr., taux le plus élevé auquel ils soient arrivés, et qui s'est rencontré en 1825. Ce fait doit se rapprocher de celui analogue en Angleterre, où les prix qui étaient, en 1822, de sept livres sterling, ou 175 fr. la tonne, se sont élevés, dans le même espace de temps, jusqu'à 16 livres sterling la tonne, c'est-à-dire jusqu'à 400 fr.

Depuis la fin de 1826, la position a beaucoup changé, soit par suite de l'extension donnée à la production, soit à cause du ralentissement dans les entreprises de construction. La consommation n'a plus suffi pour absorber les produits, d'où est résulté encombrement. Il y a donc eu réaction dans les prix, et la baisse a été de 20 p. 0/0 au moins. Aujourd'hui, les 100 kilogrammes de fer dit marchand ne valent plus que 44 à 45 francs.

Le même effet s'est fait sentir en Angleterre, où les prix sont redescendus à 7 et même à 6 livres sterling 1/2 la tonne, ce qui donne en France, de 175 à 162 fr. 25 c.

Le cours des fontes a naturellement éprouvé des variations analogues.

La fonte française coûtait, en 1822	186 fr.	75 c.
Elle s'est élevée, en 1826, à	197	60
En 1827, à	195	80
Elle est, en 1828, à	186	40

La fonte anglaise coûtait, en 1822...	112 fr.	50 c.
Elle s'est élevée, en 1826, à.....	200	00
Elle coûte, en 1828, de 90 fr. à...	100	00

Cette baise, dans les prix, jointe à la cherté du bois, ayant rendu la condition des producteurs bien moins avantageuse, a amené aussi de leur part des efforts pour obtenir des économies dans la fabrication, et, sous ce rapport, il y a eu amélioration générale.

Le fer, presque partout où on emploie le bois, est fabriqué avec une économie de charbon qui, selon les localités et le plus ou moins d'habileté des exploitans, peut être calculée du douzième au seizième.

Dans les usines où on peut faire arriver la houille à un prix qui n'est pas exagéré, elle est substituée pour quelques manipulations au charbon de bois, et l'on obtient par ce moyen une économie sur le prix *de revient* qui varie de 25 à 60 fr. pour 1,000 k.

Dans plusieurs usines, et le nombre en augmente d'année en année, on continue à produire la fonte au charbon de bois; mais le fer s'y fabrique complétement à la houille par les procédés anglais et à des prix très-modérés. La fabrication du fer a donc été notablement perfectionnés en France, et cette industrie est en plein progrès.

Les deux marchands de fer de Paris entendus ont déclaré qu'ils croyaient que la baisse actuelle devait se soutenir et même augmenter progressivement, attendu l'extension que prenait et que devait prendre chaque jour la fabrication de la fonte et des fers au coke et à la houille. La production du fer, selon l'un d'eux, s'est accrue d'un cinquième depuis deux années, et tend à s'accroître bien davantage. Elle tend à dépasser dans une proportion notable la limite des besoins actuels. Ce renseignement est assez d'accord avec ceux qu'a donnés la direction générale des mines sur la production des usines travaillant au coke ou à la houille.

Le prix de 32 francs auquel l'entrepreneur du chemin de fer de Saint-Étienne à Lyon a payé le fer en rail, a tenu à la fabrication particulière qui était nécessaire pour l'usage auquel il le destinait, et à l'inexpérience des usines dans cette sorte de fabrication. Elle lui a donc causé un surhaussement de prix qui n'a pas été moindre de 10 francs par 100 kilogrammes, et qui ne serait pas aujourd'hui de plus de 5 à 6 francs. Il pense que, dans un avenir assez prochain, les usines de France, du moins celles de Saint-Étienne et du Creuzot, qu'il connaît plus particulièrement, pourront donner le fer en barres au prix de 24 ou de 35 francs les 100 kilogrammes. C'est aussi celui auquel il croit pouvoir les livrer quand l'établissement qu'il projette à l'île Perrache sera en activité.

Il reste encore en cela au-dessus de l'estimation donnée par l'administrateur des forges du Creuzot, car celui-ci déclare produire aujourd'hui à [illegible] francs les 100 kilogrammes de fer en barre, et se flatte d'en pouvoir produire dans un an à 28 francs, toutefois fabriqué avec la fonte du Creuzot; car, dans cette usine, le fer ne provient guère que pour moitié de la fonte produite sur le lieu même, l'autre moitié étant encore obtenue avec des fontes tirées de la Nièvre, de la Bourgogne et de la Champagne; ce qui en porte encore aujourd'hui le prix moyen *de revient* à 39 francs.

Montant des capitaux engagés dans l'industrie du fer. — Montant des salaires que crée cette industrie.

379 hauts-fourneaux au bois à 100,000 fr. le haut-fourneau	37,900,000.
14 hauts-fourneaux au coke à 175,000 fr. l'un	2,450,000.
1,125 feux d'affinerie à 40,000 francs l'un	45,000,000.
40 forges à l'anglaise, par évaluation	4,000,000.
130 forges à la catalane, par évaluation	4,500,000.
Capital immobilier	93,850,000.
Sur lesquels 47 environ appartiennent aux usines nouvellement établies.	
Il faut un capital pour fonds de roulement de	93,000,000.
TOTAL des capitaux engagés dans l'industrie des forges	186,850,000.

Nota. Le capital immobilier est calculé sur ce qu'il en coûte pour former des établissemens de cette nature. Aujourd'hui, il y aurait beaucoup à retrancher de ce capital pour le réduire à sa valeur réelle et actuelle.

Pour les forges au bois, les salaires et transports entrent, par moyenne, pour 43 p. 0/0 dans les prix *de revient*; et pour les forges à la houille et au coke, pour 29 p. 0/0 environ. Pour les deux natures de productions, la dépense pour salaires et transports est, par moyenne, de 38 1/3 p. 0/0.

La France dépense annuellement, pour sa consommation en fonte moulée et fers bruts, environ 80 millions, dont 38 1/3 p. 0/0 en salaires et transports, soit 30,666,000 francs. Les seules usines à bois emploient, pour la fabrication de la fonte et du fer, cent dix mille individus.

Le travail pour mouler la fonte, pour convertir le fer en fil de fer, tôles, martinets, cercles, rubans, ferblanc, &c., occasionne une autre dépense en salaires d'au moins 20 millions; et en résumé, on doit évaluer le montant de la consommation annuelle de la France, en fontes brutes et moulées, en fer brut et dénaturé, à 110 millions au moins, et les salaires qu'on dépense dans les usines, sans compter aucunement les salaires des ouvriers d'ateliers, à 50 millions au moins.

Qualités des produits indigènes. — Comparaison avec les produits étrangers.

Il y a des qualités de fer qui ne s'obtiennent à un degré suffisant de perfection que par la fabrication au bois. Le fer qu'on appelle *fer fin* est généralement dans ce cas.

Quant au fer dit *marchand*, fabriqué au coke et à la houille, la différence qui subsiste encore un peu dans la valeur que le commerce lui attribue comparativement à celui qu'on fabrique au bois, tient peut-être autant à d'anciennes habitudes qu'à une appréciation exacte et réelle.

La différence entre la fonte obtenue par la fusion au bois, et celle obtenue par la fusion au coke, est plus réelle.

Généralement parlant, les deux marchands de fer entendus dans l'enquête considèrent le fer français fabriqué au coke et à la houille comme d'aussi bonne qualité que le fer anglais; l'un d'eux pense même que les fers du Creuzot sont meilleurs.

Tous deux croient qu'aucune qualité de fer de France ne remplace complétement bien, pour certains usages, le fer de Suède. Cependant il existe encore un fer préférable à celui de Suède, c'est celui de Sibérie. Quant à l'acier, on trouve en France, notamment dans les Pyrénées, le fer le plus propre à le produire.

L'un deux, en reconnaissant que les fondeurs français préfèrent encore pour le moulage et la fabrication des machines la fonte anglaise, dit cependant que cette préférence n'est plus aussi prononcée. Il pense qu'il se fabrique actuellement en France de la fonte propre au moulage en quantité et qualité suffisantes pour pourvoir aux besoins. Toutefois, l'habitude que l'on a eue d'employer la fonte anglaise lui semble exiger qu'elle ne soit pas encore entièrement repoussée du marché. C'est une concession qui doit être faite au préjugé.

Suivant lui, la meilleure fonte française est égale à la meilleure fonte anglaise.

Le fabricant de limes établi à Amboise (1) déclare qu'on est parvenu à faire en France de l'acier égal à l'acier anglais. Le fer étranger qu'il emploie n'est jamais que le fer de Suède. Il paie celui qu'il achète en France, dans la Haute-Saone et dans les Vosges, jusqu'à 78 francs sur les lieux, et 82 francs rendu chez lui; mais ce prix excessif tient à une préparation toute particulière qu'il exige.

Il résulte des déclarations de l'un des entrepreneurs du chemin de fer de Saint-Étienne à Lyon, que le fer dont il s'est pourvu dans l'établissement de Charenton et au Creuzot, et qu'il paie 52 francs les 100 kilogrammes, est d'une qualité égale et même supérieure à celui qu'il aurait tiré d'Angleterre; que le prix de 52 francs auquel il a payé le fer en rail a tenu à certaines circonstances déjà indiquées et qui doivent s'atténuer et disparaître avec le temps.

Influence des prix actuels sur les frais de culture de la terre et de la vigne, et sur ceux de construction des maisons, vaisseaux, machines, &c., &c.

La consommation actuelle de la France, tant en fonte qu'en fer de toutes qualités, est environ de 300,000 quintaux métriques de fonte de moulerie, et de 1,450,000 quintaux métriques de fer. Le prix moyen des fontes étant en France de 18 francs 64 centimes, la fonte anglaise de même nature ne revenant en entrepôt dans nos ports qu'à 13 francs 75 centimes les 100 kilogrammes, il résulte une surcharge de 4 francs 89 centimes par 100 kilogrammes, et sur le total de la consommation annuelle, de 1,467,000 francs; ci. . . . . 1,467,000[f]

Le prix moyen du fer marchand fabriqué tant à la houille qu'au bois est en France de 48 francs 18 cent. Ce même fer, pris en Angleterre et rendu dans nos ports, ne reviendrait qu'à 22 francs 88 centimes. Il y a donc surcharge de 20 francs 30 centimes, et sur le total de la consommation annuelle, de . . . . 29,435,000.

TOTAL de la surcharge sur les fontes et le fer. 30,902,000.

(1) Cet emplacement est situé un peu loin des lieux d'où se tire la matière première.

Cette dépense étant de celles qui se subdivisent le plus, attendu les usages si variés auxquels le fer s'applique, on a dû chercher à connaître l'influence du renchérissement dans les emplois où cette matière tient la place la plus importante, dans ceux qui intéressent le plus la fortune publique.

Ainsi d'abord l'agriculture.

Il résulte de la déposition d'un agriculteur fort habile à la Croix de *Berny*, près de Paris (on doit remarquer que cet emplacement, qui le met dans le cas de faire beaucoup de transports à Paris sur une route toute pavée, le constitue par cela même dans la plus forte dépense de fer qu'on puisse imaginer); il résulte, dis-je, de sa déposition, dont les détails doivent être lus avec soin, que trois charrues cultivant 120 hectares nécessitent une dépense annuelle de 387 fr. pour le fer, ce qui établit la consommation à 233 kil. par charrue, et à 700 kil. pour les trois; en supposant le prix du fer augmenté de toute la taxe de 27 fr. 50 cent. les 100 kil., l'enchérissement sur les 700 kil. serait de 192 fr. 50 cent. Le produit brut et annuel des 120 hectares étant de 48,930 fr., il en résulte que la taxe sur le fer est de 40 cent. par 100 fr. du produit brut, et qu'elle augmente de 7 centimes et un millième l'hectolitre de froment calculé à 18 francs.

Il résulte de la déposition d'un propriétaire de vignobles dans la Gironde, que la cherté du fer augmente de 4 fr. 50 cent. les frais de culture d'un hectare de vignes; d'autre part, le même propriétaire a établi, dans une pétition qui porte sa signature, que le produit brut d'un hectare de vigne est de 488 francs. Dans ces deux hypothèses, la taxe sur les fers absorbe donc, dans la Gironde, 93 cent. par 100 fr. de produit brut, et elle devrait renchérir le vin de 17 c. environ par hectolitre.

Constructions de navires.

M. le délégué de la chambre de commerce de Nantes indique que la construction d'un navire de 200 tonneaux coûte 300 francs par tonneau, et qu'on emploie 37 kilogrammes de fer fabriqué au charbon de bois par tonneau ; le droit sur cette espèce de fer étant de 16 fr. 50 cent., les 37 kilogrammes coûtent une plus-value de 6 fr. 11 cent. par tonneau, ou de 2 fr. 6 cent. par 100 fr. de la dépense totale. Il est permis de calculer à 10 p. 0/0 les intérêts et l'amortissement de la valeur du navire, et alors on trouve que la taxe sur les fers augmente les frais de notre navigation de 21 cent. environ par tonneau.

M. le délégué de la Chambre de commerce de Bordeaux établit un renchérissement dans les frais de construction de 49 cent. plus élevé par tonneau. En appliquant à cette hypothèse les mêmes calculs que ci-dessus, les frais de navigation seraient augmentés de 22 cent. par tonneau au lieu de 21.

Bâtimens sur terre.

L'entrepreneur de bâtimens en serrurerie indique que, dans la dépense de construction d'une maison de 100 mille francs, le fer entre pour une somme moyenne de 8,500 fr., dont moitié pour les gros ouvrages et moitié pour les ouvrages de serrurerie. Dans la première moitié, la main-d'œuvre figure pour 3/8, et la valeur du fer pour 2,656 fr. 25 cent.; dans la seconde moitié, la valeur du fer n'est que du quart, soit de 1,062 fr. 50 cent. : valeur du fer 3,718 fr. 75 cent. Cette somme représente 7,000 kilogrammes de fer, dont la taxe de 27 fr. 50 cent. les 100 kilogrammes, s'élève à 1,925 fr. Cette somme, comparée à celle de 100,000 fr. donne 1 fr. 92 cent. par 100 fr. de dépense totale.

Fonderie et Construction de Machines.

Il résulte des dépositions des fondeurs de Paris et du constructeur de machines établi à Essonne, qu'ils vendent 1.° un banc de 48 broches, pour filer le coton, au prix de 2,700 francs; 2.° un banc de 36 broches, pour filer en fin, au prix moyen de 3,300 francs; 3.° un métier à tisser, pour 350 francs; prix des trois machines, 6,350 francs; qu'ils emploient à la confection de ces machines 1,200 kilogrammes de fonte, dont le droit, à 9 francs 90 centimes par 100 kilogrammes, s'élève à 118 francs 80 centimes; plus 450 kilogrammes de fer, dont le droit à 27 francs 50 centimes par 100 kilogrammes, s'élève à 122 francs 75 centimes; ce qui porte la somme représentant le montant de la taxe à 241 francs 55 centimes, laquelle somme, comparée à 6,360 francs, valeur des machines, représente 3 francs 80 centimes par 100 francs du montant de la vente.

Il résulte des déclarations du fondeur de Rouen, lequel travaille pour des machines de plus grand volume que les précédens, notamment pour des moteurs hydrauliques de toute espèce, qu'il ne trouve pas en France une qualité de fonte qui convienne à sa fabrication; qu'il a essayé de la fonte de Franche-Comté et de celle de Fourchambault; que ces dernières sont les seules qui approchent de celles de l'Angleterre pour la fluidité; mais qu'elles n'ont pas autant de ténacité. Il est donc obligé de tirer sa fonte de l'Angleterre; elle lui revient à 260 francs les 1,000 kilogrammes, droits compris, et vu la gêne apportée à cette extraction, par la disposition qui limite le poids et la forme sous lesquels la fonte peut être importée. Il montre que cette disposition a pour conséquence d'élever en Angleterre même le prix de cette fonte au-dessus du prix courant ordinaire. Il estime qu'on peut évaluer à 20 pour cent de la valeur première de la fonte le surcroît de dépense que lui cause la restriction dont il s'agit. La valeur de la fonte entre, suivant lui, pour un tiers dans le prix des machines qu'il fabrique, par exemple d'un arbre hydraulique. Il déclare que le droit de 15 pour cent sur les machines importées d'Angleterre n'est pas assez protecteur de son industrie; qu'il l'est d'autant moins, que la charge du droit d'entrée sur ces machines est souvent éludée, et qu'on fait entrer beaucoup de pièces en franchise.

Rapports entre les taxes frappées à diverses époques sur l'importation des fers étrangers et les quantités de vins exportées à ces mêmes époques.

Ici les résultats de l'enquête et les documens administratifs ne sont pas entièrement d'accord. Je rapporterai successivement les uns et les autres.

Il est établi dans les dépositions des délégués des Chambres de commerce de Bordeaux et de Nantes, et du propriétaire qu'on peut considérer comme le délégué des propriétaires de vignobles dans le département de la Gironde, que, si le tarif des fers eût été moins élevé, les vins et les eaux-de-vie de France auraient, pendant les dernières années, trouvé de plus amples débouchés dans le nord de l'Europe.

Le délégué du commerce de Nantes ne pense pas, toutefois, qu'une réduction des charges imposées au fer étranger, dût en accroître singulièrement l'importation et ménager ainsi beaucoup d'occasions d'échange aux produits de nos vignobles. Son motif, pour ne pas espérer un tel résultat, est que la consommation du fer en France a des limites au-delà desquelles elle ne saurait s'étendre, quelle que fût l'abondance des approvisionnemens. Le point de vue sous lequel il envisage qu'un abaissement de tarif serait favorable au développement de nos exportations, est la facilité qu'une telle ressource donnerait au gouvernement du Roi pour obtenir, des pays auxquels elle profiterait, des avantages équivalens en faveur de nos propres articles.

M. le délégué du commerce de Bordeaux n'est pas éloigné de croire à la possibilité d'obtenir au dehors, et notamment en Angleterre, quelques facilités pour les vins de France, pour prix de celle que nous nous déciderions à accorder aux fers étrangers. Nos vins entreraient alors plus facilement en concurrence avec ceux de Porto et Madère, les Anglais ayant un goût particulier pour le vin de Bordeaux, et ne donnant la préférence à ceux de Portugal qu'à cause de leur bon marché.

Cette dernière vue est entièrement partagée par M. le délégué de Nantes. L'un et l'autre invoquent à cet égard des faits relatifs aux mouvemens commerciaux qui ont eu lieu à diverses époques entre la France et les pays producteurs de fer. Ainsi, d'abord, en ce qui concerne la Suède, M. le délégué de Bordeaux annonce que, sous l'empire du droit actuel des fers, ce pays n'achète à la ville de Bordeaux que cent cinquante tonneaux de vin environ, tandis qu'à d'autres époques les achats se sont élevés jusqu'à quatre mille tonneaux, et il attribue ce résultat, non point à l'action répulsive du commerce suédois qu'il sait bien n'avoir subi aucune modification à notre détriment, mais à cette circonstance que les pays du nord étant dépourvus de numéraire, ne peuvent se pourvoir d'articles étrangers qu'autant qu'il leur est permis de les payer en articles de leur propre sol. Il établit que la France n'exporte aujourd'hui, pour toutes les contrées du nord réunies, c'est-à-dire, la Suède, le Dannemarck, la Prusse, les villes Anséatiques, la Russie et les Pays-Bas, que quarante mille tonneaux, tandis qu'avant 1789 elle n'en exportait pas moins de soixante-dix à quatre-vingt mille.

M. le propriétaire de vignes de la Gironde établit encore, pour ce qui regarde les temps antérieurs à la révolution, que les exportations de la France en vins, pour le nord de l'Europe, s'élevaient en 1788, à plus de 70,000 tonneaux, et il ne porte qu'à 30,000 tonneaux l'exportation moyenne de 1824, 1825 et 1826, tandis que celle de 1819, 1820 et 1821 s'élevait, suivant lui, à 48,000 tonneaux, d'où il conclut que ce commerce décroît progressivement. Il émet donc l'opinion qu'une réduction sur le droit des fers étrangers amènerait un plus grand débit des vins de France en Angleterre, en Suède et en Russie, mais il ne dissimule pas en même temps que, pour produire un tel effet, la réduction à obtenir dans les droits perçus sur nos vins ne devrait pas être médiocre, et devrait être provoquée par une diminution considérable dans le droit que nous percevons sur les fers étrangers, droit qui devrait descendre, suivant lui, de 15 francs à 10 francs pour les fers au bois, et de 25 à 15 francs pour les fers à la houille. Ce qui le confirme dans cette idée, c'est l'exemple de ce qui s'est passé en Angleterre lors du récent dégrèvement de nos vins dans ce pays, c'est-à-dire l'exemple du peu d'excitation que notre exportation a reçu de la diminution peu notable, suivant lui, des droits anglais.

Quant aux reproches adressés au tarif sur les fers d'avoir provoqué dans les tarifs étrangers des représailles défavorables aux vins de France, M. le délégué des propriétaires de vignes ne fait pas l'application de ce reproche aux relations avec l'Angleterre, où, malgré les aggravations de cette taxe en 1822, les vins de France ont été dégrévés dans la même proportion que ceux des autres origines étrangères; ni à la Suède, où, sous le même rapport, ils ne sont et n'ont jamais été plus maltraités que ceux des autres pays producteurs; mais il ne pense pas qu'il en soit de même à l'égard de la Russie, attendu que les vins de Hongrie et de Moldavie y sont moins taxés que ceux de France, et il attribue cette différence de traitement à nos propres restrictions sur le commerce d'exportation de la Russie, notamment sur celui des fers.

Voici maintenant le résultat des documens fournis par l'administration, et très-détaillés, dont l'authenticité ne peut être mise en doute.

L'exportation des vins de France pour la Suède, qui, d'après le dire de M. le délégué du commerce de Bordeaux, n'a lieu, dans le port de Bordeaux, que pour 150 tonneaux, n'a jamais été, depuis 1822, en la considérant dans son ensemble, moindre de 1,000 tonneaux, et elle s'est élevée en 1823, jusqu'à 1,800 tonneaux. A aucune époque antérieure à 1822 elle ne s'est approchée du chiffre de 1,000 tonneaux; celui de 1788 n'a été que de 800.

En 1825, 1826 et 1827, le terme moyen de l'exportation des vins de France pour toutes les contrées du nord, c'est-à-dire la Suède, le Danemarck, la Prusse, les villes Anséatiques, la Russie et les Pays-Bas, a été de 47,600 tonneaux, tandis qu'en 1788 elle n'a été que de 40,400 tonneaux, bien que M. le délégué des propriétaires de vignes l'ait crue de 70 à 80,000 tonneaux; il a été certainement mal enseigné. Les mêmes résultats se trouvent pour les eaux-de-vie.

Ces chiffres, qu'on peut étudier et suivre dans tous leurs développemens sur les états fournis par l'administration, et qui sont joints à l'enquête, prouvent que la diminution dans la somme des exportations de vins n'est pas aussi réelle que l'ont supposée ceux qui ont cru avoir droit de s'en plaindre.

Quant aux représailles qui ont pu être exercées par quelques états contre les vins de France, en raison des rigueurs de son tarif sur les fers, il faut d'abord placer hors de cette hypothèse l'Angleterre, qui a accordé depuis 1822, sur les vins de France, une diminution de droit qui ne s'élève pas à moins du tiers de la quotité de ce droit. En Suède, le tarif des droits imposés sur les vins de France a été, en 1826, sensiblement radouci sur ce qu'il était en 1824. Il est moins élevé qu'en 1816 sur les vins en futailles, mais plus élevé sur les vins en bouteilles. Il est donc difficile de rapporter ces variations au tarif de la France sur les fers étrangers. En Russie, le tarif du droit qui a été établi en 1823, est, sur les vins en futailles, beaucoup moins élevé que celui de 1810, mais il est considérablement plus élevé que ceux de 1816 et de 1819, et il est un peu plus élevé que ceux de 1821 et 1822. Sur les vins en bouteilles, la progression a toujours été croissante depuis 1816; mais il faut remarquer que, même en 1816 où eût lieu le grand abaissement du tarif qu'avait amené la mésintelligence de la Russie avec la France, le droit sur les vins en bouteilles ne fut abaissé que de 169 francs à 127 francs, lorsque celui sur les vins en futailles l'était de 189 francs à 42 francs. La surcharge sur les vins en bouteilles est d'ailleurs un système adopté par la Russie pour toutes les provenances des pays étrangers, et il faut remarquer que, si les droits sur les vins de France sont plus élevés que sur ceux de Hongrie, la faveur obtenue par ces derniers ne serait pas justifiée par la réciprocité des tarifs, ceux de l'Autriche étant encore plus prohibitifs que ceux de France.

Quant aux autres pays où les tarifs gênent le commerce des vins de France, ils ne sont pas producteurs de fers. Ainsi les mesures adoptées en France pour le commerce des fers ne sauraient être considérées comme ayant influence sur ces tarifs.

Développement probable de l'industrie du fer.

Jusqu'à ces derniers temps, les bassins où la houille et le minerai de fer se trouvent tout-à-fait rapprochés étaient peu connus en France. Cette condition, qui est une des grandes causes de la prospérité des usines anglaises, ne se rencontrait guère qu'au Creusot et dans le bassin houillier de Saint-Étienne. Dans ce bassin même, inépuisable quant à la houille, les espérances conçues sur le minerai ne se sont pas entièrement réalisées; il n'y est pas encore découvert en quantité assez abondante, et on est obligé, soit pour la quantité, soit pour la qualité, d'alimenter la fabrication de ce bassin par du minerai tiré de la Franche-Comté.

Mais, depuis trois à quatre ans, on a reconnu deux bassins très-étendus, et où le minerai et la houille sont contigus dans les quantités les plus abondantes et les qualités les plus satisfaisantes. Ce sont les bassins d'*Alais*, dans le département du Gard, et d'*Aubin*, dans le département de l'Aveyron.

L'exploitation des usines de fer peut donc prendre, dans ces deux bassins, la plus grande étendue, même une étendue toujours croissante, suivant que les besoins de la consommation augmenteront.

Car telle est la condition des exploitations à la houille, comparées à celles aux bois, que celles-ci sont toujours renfermées dans des bornes assignées par les quantités de bois existant et le temps nécessaire pour leur reproduction, tandis que l'autre, puisant son combustible dans un fonds inépuisable, peut répondre à toutes les demandes.

Les exploitations d'usines où la fonte s'obtient par le coke et où le fer se reproduit par le charbon de terre n'ont donc plus, du moment où elles ont trouvé un emplacement qui leur offre cet avantage, d'autres difficultés à vaincre, 1.° que celle de trouver des capitaux suffisans pour élever et soutenir de telles fabrications, où il en faut de très-considérables, et ensuite celle d'avoir, pour la matière fabriquée, des moyens de transport qui permettent de les conduire, sans trop en augmenter la valeur, aux lieux de consommation.

Les bassins houilliers et riches en minerai de fer ne se sont guère rencontrés jusqu'ici que dans le sud-est de la France, et par conséquent loin de la mer et de la plus grande partie des lieux de consommation.

Les usines au bois sont, au contraire, situées dans beaucoup de points centraux, et leurs produits, jusqu'à ce que les voies de consommation, soit par canaux, soit par chemins de fer, soient agrandies, arriveront aux consommateurs plus facilement que ceux des usines au coke et à la houille.

Pour toutes les usines, au reste, produisant la fonte et le fer, le bienfait de communications plus faciles et moins dispendieuses est le plus grand qu'elles puissent obtenir. On peut même dire que ce bienfait est la condition fondamentale de leur entier développement, qui ne saurait s'obtenir autrement. Cette vérité ressort de toutes les pages de l'enquête. Que les communications par voie de canaux et de chemins de fer deviennent tout ce qu'elles devraient être, et bientôt l'industrie française pourra braver toutes les concurrences; elle pourra livrer le fer indigène au consommateur à des prix qui ne leur laisseront presque aucun regret sur la privation des fers étrangers. On peut voir, dans les dépositions de M. l'inspecteur divisionnaire des mines, combien l'achèvement seulement de ce qui est commencé en canaux et chemins doit appeler d'améliorations dans la condition des principaux établissemens. Ainsi, sur un des espaces le moins long à parcourir, de Lyon à Saint-Étienne, il établit, par les calculs les plus positifs, que les 1,000 kil. de minerai et de castine qui, pour arriver aux fourneaux de Saint-Étienne, dépensent aujourd'hui 15 francs 50 centimes, ne dépenseront plus, le chemin de fer achevé, que 5 francs 50 centimes; mais, je le répète, ces calculs, pour ceux qui ne les connaissent pas encore, doivent être suivis et étudiés avec le plus grand soin dans l'enquête elle-même. Ils vous ont trop frappés, Messieurs, et sont trop présens à votre esprit, pour qu'il soit nécessaire que je m'y arrête plus long-temps.

Cependant je ne puis m'empêcher de recommander la lecture la plus attentive de la déposition de M. l'inspecteur divisionnaire des mines. On y trouve, notamment sur la construction des chemins en fer, les détails les plus précieux, par lesquels il établit que la protection accordée aujourd'hui aux fers indigènes est une condition non moins nécessaire de l'établissement de ces chemins et du bénéfice qu'ils peuvent produire, leur emploi le plus certain devant être de transporter ces mêmes fers, dont la fabrication n'est pas encore en état de se soutenir et de prospérer sans protection.

Me voici arrivé au terme d'une analyse bien succinte de la longue enquête que vous avez suivie avec une si grande attention. Cette analyse, je le sais, n'est qu'un sommaire bien imparfait; mais elle renferme, je le crois du moins, les faits principaux qu'il était important de connaître, et peut-être rendra-t-elle plus faciles les recherches qu'on voudrait faire dans le volume de l'enquête.

L'étude des prix *de revient* et des élémens dont ils se composent, tels qu'ils ont été donnés pour chaque lieu de production, par les témoins entendus, est sans doute la plus importante de celles qu'on peut entreprendre en cette matière, car ils sont la base la plus assurée de tous les calculs, pour le présent et pour l'avenir; et cependant je n'aurais pu les suivre dans leurs détails et leurs variations sans accroître outre mesure l'étendue d'un travail qui sans doute paraîtra déjà bien long.

L'enquête ayant été close, vous avez eu, Messieurs, à vous occuper des conséquences qui devaient en découler, et pour vous mieux éclairer sur la solution des questions qui seraient définitivement posées, vous avez jugé à propos de vous rendre compte réciproquement de l'impression qu'avait produite sur vous l'ensemble des documens et des dépositions.

Pour donner une idée plus exacte de cet ensemble, il peut être bon de placer ici la nomenclature de ceux des documens dont il n'a pas encore été fait mention, et qui cependant vous avaient été déjà distribués ou dont il vous avait été lu des extraits quand ils n'étaient pas imprimés.

Voici cette nomenclature:

1.° Deux lettres de M. le directeur général des mines; la première relative aux faits de production de la fonte et du fer pendant les dernières années; la seconde, à l'avenir de la fabrication de la fonte et du fer d'après les nouvelles méthodes.

2.° Douze mémoires pour le maintien du tarif actuel, savoir :

Opinion de la commission mixte des conseils généraux du commerce et des manufactures. — Fers et fontes.

Mémoire de la chambre consultative de Nevers. — Fers.

Idem de la chambre de commerce de Paris. — Fers et fontes.

Idem de la chambre consultative de Rennes. — Fers.

Idem de M. le préfet de la Loire. — Fers et houilles.

Idem des maîtres de forges de la Franche-Comté. — Fers.

Idem de MM. Ardaillon et Bersy, maîtres de forges à Saint-Julien (Loire). — Fers.

Idem de M. le comte d'Offelise, propriétaire des forges de Longuyon et de Lapigueux. — Fers.

De l'enquête sur les fers et des conditions du bon marché permanent des fers de France, par M. Baude.

Rapport fait à la chambre consultative de Limoges par MM. Jude de la Judie et Al. Pareux, propriétaires de forges dans la Haute-Vienne.

Observations sur la nécessité de comprendre les fontes dans les mesures à prendre contre les fers étrangers, et sur les moyens employés pour éluder les droits établis sur ces fers.

Mémoire pour MM. les propriétaires de bois.

3.° Dix mémoires pour l'abaissement du tarif actuel, savoir :

Mémoire d'une réunion de négocians de Rouen.

Idem de la chambre de commerce d'Amiens.

Idem de M. Fol, associé gérant de la fonderie de Bordeaux, sur la question des fers, des fontes et des houilles.

Idem de M. Vasseur, marchand de fers et fabricant de clous à Lille.

Idem de la Chambre de commerce de Marseille, question des fers et des fontes.

Lettre de M. Barrois, délégué de la chambre de commerce de Lille, tendante à ce qu'il soit statué sur la question des houilles en même temps que sur celle des fers.

- Note adressée à la commission par M. Chedeaux, délégué de la chambre de commerce de Metz, pour demander l'abaissement de nos tarifs, spécialement en ce qui concerne les fers.
- Mémoire d'un fondeur de Paris, tendant à la réduction du tarif des fontes douces et à l'augmentation du tarif des machines.
- Lettre de M. Mesnil père, fondeur et manufacturier à Nantes, pour demander l'abaissement du tarif des fers, dans l'intérêt de la fabrication des machines destinées pour les colonies.
- Observations de M. Mathieu de Dombasle, sur l'influence du prix des fers sur celui du blé.

Voilà donc sur quelle matière, jointe à celle fournie par l'enquête, vous avez jugé à propos, dans une séance entièrement consacrée à cet objet, de vous communiquer d'abord les idées que chacun de vous s'était formées; mais vous avez eu soin de convenir en même temps que ce premier tour d'opinion ne nécessiterait aucune conclusion, n'engagerait aucun suffrage. Cette sage précaution montre à quel point vous desiriez être de plus en plus éclairés.

Ayant à retracer cet intéressant débat, je crois pouvoir d'abord en retirer en quelque sorte un des points les plus importans, un de ceux qui avaient d'autant plus fixé votre attention qu'il méritait tout votre intérêt, mais sur lequel aussi vous vous êtes trouvés, dans cette séance, immédiatement d'accord, et par des motifs tellement identiques que je puis les exprimer au nom de tous. Je veux parler de ce qui concerne le commerce des vins à l'extérieur, et du dommage que peut causer à ce commerce le tarif de la taxe imposée sur les fers étrangers. Je commencerai par observer que la question du commerce d'exportation et d'échange auquel peut nuire la taxe sur les fers, quand elle sera jugée relativement aux vins, le sera réellement pour tout le reste, aucun autre intérêt n'étant aussi puissant que celui-là, et ne s'étant même fait entendre à cette occasion de manière à appeler un examen très-sérieux. Question des vins.

Quant aux vins donc, il est, en rapprochant les documens administratifs des dispositions entendues, demeuré indubitable à vos yeux,

1.° qu'il y avait erreur dans ces dernières relativement aux supputations faites sur l'exportation des vins, avant la révolution, pour les contrées du Nord où le fer se produit, et qui par conséquent peuvent le donner en échange; 2.° que cette erreur s'est aussi étendue à la somme de la même exportation pendant les dernières années.

En 1788, seule année avant la révolution pour laquelle on ait les tableaux détaillés du mouvement de l'exportation, elle ne s'est pas élevée, pour la Suède, à plus de 800 tonneaux, et n'a pas été depuis 1822, pour le même pays, au-dessous de 1,000 tonneaux; elle s'est même quelquefois, à partir de cette époque, élevée à 1,800. Dans la susdite année de 1788, elle n'avait été, pour les états du Nord, que de 40,400 tonneaux, et en 1825, 1826 et 1827, le terme moyen se trouve de 47,600 tonneaux. Il n'y a donc pas eu diminution dans l'exportation pour les contrées entre lesquelles se trouvent celles où le fer est un moyen d'échange, et où sa vente produit des capitaux qui pourraient être employés en vins en France. Les erreurs de calcul qui ont eu lieu à cet égard tiennent probablement, en partie du moins, au fait non douteux qu'il y a eu changement entre quelques-uns des points d'où partent aujourd'hui et d'où partaient les exportations avant la révolution. Ainsi, les vins du Languedoc et de la Provence ont pris le chemin du Nord au détriment de ceux de Bordeaux. En somme, il y a eu, dans l'exportation pour ces contrées, plutôt augmentation que diminution.

Mais cette augmentation ne serait-elle pas devenue, ne pourrait-elle pas devenir infiniment plus considérable, si une taxe aussi forte n'avait pas existé, n'existait pas sur les fers étrangers? Un tel résultat ne devait-il pas être espéré, lorsque partout l'aisance générale est accrue, lorsqu'il n'y a peut-être pas un pays de l'Europe qui n'ait plus de moyens de consommer, et qui ne consomme plus en effet qu'il ne le faisait il y a quarante ans? Vous avez dû encore examiner cette question, et vous vous êtes décidés pour la négative par les raisons qui suivent.

Vous avez d'abord écarté le point de vue de l'exportation plus ou moins considérable pour tous les états dans lesquels elle s'opère; il est au fond étranger à la question qui nous occupe, et qui n'a besoin d'être étudiée que sous le rapport des pays produisant le fer; car quand bien même l'hypothèse de la diminution, ou d'une augmentation insuffisante dans le débit des vins de France, serait vraie pour tous les autres pays, peu importerait si elle venait à manquer pour ceux-là. En vous renfermant dans cette limite, voici ce qui vous est apparu: La Suède n'est pas sensiblement plus riche aujourd'hui qu'avant la révolution, son territoire est plus resserré, et rien n'annonce que sa population soit fort augmentée. Comment pourrait-elle donc consommer plus de vins? En admettant même qu'elle parvînt à accroître un peu la somme de ses dépenses sur ce point, cet accroissement serait-il capable de mettre dans la balance un poids de quelque valeur? Pour les autres états du Nord, entre lesquels la Russie est le seul qui produise et exporte du fer, notre commerce de vins n'y rencontre-t-il pas aujourd'hui des concurrences qui expliquent assez bien comment il n'y prend pas d'extension? Ainsi, la culture des vignobles, devenue plus considérable dans les contrées rhénanes, et dans les provinces autrichiennes, peut verser dans le nord de l'Allemagne de plus grandes quantités de vins que par le passé; ainsi la vigne commence à se cultiver dans le midi de la Russie. Ces vins ne sont pas sans doute d'une qualité égale à celle des vins de France, mais il ne s'en consomment pas moins dans des contrées où il devient dès-lors plus difficile de placer ceux que nous pourrions y envoyer.

On ne voit donc pas qu'il y ait, de ce côté assez de chances d'augmentation dans le commerce des vins de France pour qu'on doive acheter l'avantage de ces chances au prix de tout le dommage que pourrait causer à l'industrie du fer en France une plus grande introduction du fer du Nord; et encore faut-il observer que le Dannemark, la Prusse, et les villes Anséatiques ne produisent pas de fer, que le royaume des Pays-Bas en produit, mais n'en peut guère exporter, qu'on n'a donc par conséquent aucun avantage à offrir à aucun de ces états, sous le rapport d'un commerce où le fer entrerait comme moyen d'échange.

Mais c'est sur l'Angleterre principalement que se dirigent les regards des personnes qui pensent au moyen de placer au-dehors une plus grande quantité des vins français. Là en effet, les consommateurs pourraient être plus nombreux, et l'argent pour acheter ne manquerait pas. Tout consiste donc, disent ces personnes, à offrir au gouvernement anglais pour l'exportation des denrées du sol de l'Angleterre, et notamment des fers qui y abondent, des avantages égaux à ceux qu'il ferait à nos vins. Mais entre plusieurs réflexions très-graves, il s'en présente une d'autant plus frappante qu'elle a été faite par le délégué lui-même des propriétaires des vignes de Bordeaux. Il a cru devoir observer que, pour obtenir de ce côté un résultat de quelqu'importance, il ne suffisait pas de diminuer un peu la taxe imposée sur les fers étrangers; qu'il faudrait la diminuer beaucoup, que ce serait le seul moyen d'obtenir de l'Angleterre une réduction analogue dans le droit qu'elle perçoit sur les vins de France. C'est ainsi qu'il est arrivé à demander que le droit sur les fers anglais fût réduit de 25 à 15 francs, ce qui, dans le rapport actuel des prix, équivaudrait à-peu-près à la libre introduction de ces fers.

Mais cette concession elle-même, quelque grande qu'elle puisse paraître, serait-elle suffisante pour atteindre le but qu'il se propose? On en peut douter à juste droit. Il a lui-même remarqué que la diminution opérée en 1825, dans la taxe perçue en Angleterre sur les vins de France, n'avait pas augmenté considérablement la consommation de ces vins et l'observation est juste; car étant en 1823 de 922 tonneaux, cette consommation ne s'est élevée en 1825 jusqu'à 2,171 que pour retomber en 1827 à 1,498. Et cependant la diminution accordée sur la taxe, en 1825, a été de près d'un tiers de sa quotité. Il faudrait donc en obtenir une beaucoup plus considérable; mais cela se peut-il espérer avec vraisemblance? Par ses traités avec le Portugal, l'Angleterre s'est engagée à n'imposer aux vins de ce pays que les deux tiers au plus des droits imposés aux vins de France; et en effet, les droits perçus en ce moment sur les vins des deux pays sont dans cette proportion. Pour que l'Angleterre vînt à diminuer encore la taxe sur les vins de France, il faudrait donc ou qu'elle diminuât aussi celle sur les vins de Portugal, ou qu'elle se décidât à renoncer aux avantages qu'elle retire de son traité de Methuen. Il y a déjà long-temps que ce traité subsiste, et le gouvernement britannique ne renonce pas légèrement à ses vieilles habitudes commerciales, surtout quand elles sont liées à celles de sa politique. Il ne le ferait dans tous les cas qu'avec l'assurance de trouver ailleurs des avantages au moins équivalens, et qui pourraient coûter cher par conséquent au pays qui traiterait avec lui.

Raisonnons donc dans l'hypothèse de ce qui subsiste : c'est le plus sûr de beaucoup; et alors il faut reconnaître que la taxe perçue sur les vins de France en Angleterre ne pourrait être diminuée d'une quotité qui fût capable de leur procurer un grand écoulement dans ce pays, qu'autant qu'il y serait fait une diminution proportionnelle sur les droits auxquels sont assujettis les vins de Portugal. Or, y a-t-il apparence que l'administration anglaise veuille renoncer d'abord au revenu considérable que lui procure la perception de ces droits, et ensuite qu'elle se hasarde aisément à opérer une si grande perturbation dans les habitudes de la population des trois royaumes? Aujourd'hui, la consommation en vins de l'Angleterre ne dépasse guère 25,000 tonneaux. Si un abaissement considérable dans la taxe devait donner un grand développement à cette consommation, cela ne pourrait arriver qu'au grand détriment de celle de la bière, et l'impôt sur la bière, la drèche et les spiritueux extraits de grains ne s'élève pas à moins de 250 millions de francs. Ajoutez que la fabrication de la bière est, avec celle des spiritueux, justement considérée comme un des principaux soutiens de l'agriculture anglaise, comme une des plus grandes sources de sa prospérité.

En présence d'un tel intérêt, doit-on se flatter que le gouvernement anglais puisse pousser très-loin ses condescendances pour les vins étrangers? A qui profiteraient-elles d'ailleurs? Serait-ce à la France? Il en faudrait beaucoup douter, si on mettait pleine confiance dans l'enquête qui fut faite sur ce sujet en 1821 par une commission de la Chambre des Lords, et que n'ont point démentie, on est obligé d'en convenir, les faits subséquens.

On devrait alors au moins craindre que de certaines qualités inhérentes aux vins de Portugal, et sur lesquelles les habitudes anglaises se sont prises, ne conservassent encore pendant long-temps à ces vins une préférence qui, même à égalité de droits et malgré leur infériorité relative, en soutiendrait le débit aux dépens de ceux de France. Enfin, tout le monde sait que les plus grands encouragemens sont donnés à la culture de la vigne dans la colonie anglaise du cap de Bonne-Espérance, et sans doute la métropole espère ainsi assurer un jour à des producteurs anglais le bénéfice de fabrication sur la meilleure partie des quantités de vins dont elle reconnaît qu'elle ne peut se passer.

Ces diverses combinaisons étant données, quelle est donc la mesure d'espérance que doit concevoir, du côté de la Grande-Bretagne, le commerce des vins de France? Il est bien à craindre qu'elle ne puisse pas raisonnablement s'élever au-delà du placement d'une certaine qualité de vins fins, ou de qualités approchantes, qu'aucune autre contrée ne produit au même degré de bonté. Or, il ne faut pas perdre de vue que ce sont surtout les vignobles de qualités très-médiocres ou décidément inférieures, dont le débit souffre aujourd'hui, et que, pour celles-là, le soulagement ne pourrait se trouver que dans un écoulement très-considérable, qui ne doit guère, d'après ce qui vient d'être dit, s'obtenir jamais en Angleterre. Par une singularité digne d'attention, il se trouve même que les pays producteurs de fers, en tête desquels il faut toujours placer l'Angleterre, sont précisément ceux où il existe le moins de chances pour cet écoulement. La Suède, nous l'avons déjà dit, est trop peu riche pour acheter beaucoup de vins, de quelque qualité qu'ils soient.

La Russie commence à produire elle-même dans ses provinces limitrophes de la mer Noire, et sa population a d'ailleurs l'habitude des liqueurs fortes, les plus âpres, à un point qui ne lui permet guère d'apprécier nos vins peu spiritueux. Là aussi l'impôt sur les eaux-de-vie est, comme celui sur la bière en Angleterre, une des plus grandes sources du revenu public, d'autant plus grande que le monopole de la vente de ces eaux-de-vie appartient au Gouvernement. Cette seule circonstance suffirait pour expliquer comment le tarif russe est si peu favorable à l'introduction des vins étrangers. La Russie, d'ailleurs, comme la Suède, ne pourrait, en présence des fers anglais qui se fabriquent à si bas prix, nous en fournir que de très-petites quantités, pour des qualités supérieures ou particulières. Le fer n'y offrirait donc pas pour nos vins de grands moyens d'échange, et en dernier résultat, par toutes les combinaisons survenues depuis trente années, il n'en offre nulle part qui puissent être considérées comme étant d'une sérieuse importance.

Mais s'il y a si peu de bénéfice à acquérir d'un côté, serait-il juste, serait-il raisonnable de rechercher ce bénéfice aux risques des pertes qu'on éprouverait de l'autre? Faudrait-il remettre en question et hasarder en quelque sorte l'industrie du fer? Faudrait-il aller, et cela serait à peu de chose près inévitable avec l'Angleterre, jusqu'à la sacrifier tout entière pour ne causer cependant à celle des vins qu'un avantage très-minime? Celle-ci d'ailleurs ne risquerait-elle pas, dans cette hypothèse, de perdre au-dedans plus qu'elle ne gagnerait au dehors; car enfin le travail du fer répand l'aisance dans une quantité de familles où le vin est peut-être la denrée dont la consommation se trouve proportionnellement la plus forte. Il est même remarquable que cette aisance vient précisément se placer dans le voisinage des lieux où les vignobles ne produisant que des qualités médiocres ou inférieures ont le plus grand besoin de ce genre de consommateurs.

Il ne reste plus qu'un point de fait à éclaircir : serait-il vrai, malgré tout ce qui vient d'être exposé, que la taxe de 1822, sur les fers étrangers, ait occasionné, contre l'importation des vins de France, dans les pays producteurs de ces fers, un système de représailles qui ait été funeste au débit de ces vins? La réponse à cette allégation se trouve dans des documens incontestables dont j'ai déjà donné un extrait auquel on peut recourir. C'est en 1825 que l'Angleterre a réduit d'un tiers les droits perçus sur nos vins; elle n'a donc pas été arrêtée par notre taxe sur les fers de 1822. La Suède, de son côté, a aussi sensiblement abaissé, en 1826, le tarif des droits qu'elle avait, en 1824, établis sur les vins de France. Dans ce pays d'ailleurs, les taxes de cette nature sont établies dans des vues fiscales, et rarement pour attirer ou repousser telle denrée. La Russie, en 1823, a adopté, pour les vins de France, un tarif beaucoup moins élevé, quant aux vins en futailles, que celui de 1810, mais plus élevé quant aux vins en bouteilles. Ce tarif est, au reste, sur tous les points, plus lourd que ceux de 1816, de 1819, 1821 et 1822, qui avaient remplacé celui de 1810; mais dans cette partie de son régime administratif, la Russie suit un système général dont les motifs ont été plus haut suffisamment indiqués, et dans lequel on ne peut rien voir qui soit dirigé contre la France. La date de son dernier tarif, qui est de 1823, est d'ailleurs trop rapprochée de celle de notre taxe de 1822 sur les fers, pour qu'on puisse présumer qu'il en ait été la conséquence. On a dit que les vins de Moldavie et de Hongrie étaient plus ménagés dans ce tarif que ceux de France. Cela tient sans doute à des commodités, à des usages particuliers dans la consommation, peut-être même à des considérations politiques, et il est impossible d'admettre qu'il y ait à leur sujet réciprocité d'égards, le régime de l'Autriche étant beaucoup plus prohibitif que celui de la France.

Les faits ainsi posés et expliqués, vous n'avez pas hésité, Messieurs, à prononcer que, si la taxe sur les fers étrangers exerçait une influence quelconque sur le commerce des vins de France à l'étranger, cette influence ne pouvait être que très-faible, et que dès-lors le sacrifice de la taxe ne pouvait être justement réclamé comme remède à la mévente des vins. Ici j'ai, pour appuyer votre conviction, la plus puissante des autorités; il ne saurait échapper, en effet, à qui que ce soit, quand je fais remarquer que l'opinion a été sur ce point unanime dans la commission, qu'elle renferme cependant dans son sein des personnes qui, soit comme propriétaires de vignobles, soit comme négocians, soit comme tenant par les affections les plus naturelles à des contrées qui produisent les vins en grande quantité, à des contrées qui souffrent, ont un intérêt direct dans la question; et cependant la supériorité de leurs lumières et le scrupuleux examen auquel elles se sont livrées, ont dû triompher des opinions avec lesquelles elles étaient vraisemblablement arrivées dans cette enceinte. Je n'en fais pas pour elles le sujet d'un éloge que leur loyauté repousserait, mais j'en tire une preuve, qui ne saurait être récusée, de l'évidence à laquelle elles ont cédé. Vous leur devez sans doute de recueillir le vœu qu'elles ont exprimé en même temps de voir l'administration trouver quelque autre remède à la situation vraiment douloureuse des producteurs de vins.

DÉLIBÉRATION GÉNÉRALE SUR L'ENQUÊTE.

Ayant à rendre compte d'un tour d'opinion qui a duré plus de quatre heures, et dans lequel toutes les parties de la matière concernant l'industrie des fers ont été traitées, j'ai beaucoup hésité sur la manière dont je produirais ce compte. Il était possible d'entreprendre une analyse générale où toutes les opinions, fondues ensemble, seraient cependant mises en regard pour tous les points sur lesquels elles différeraient. Ce travail aurait sans doute offert quelque chose de plus satisfaisant : il eût été plus agréable à lire; les idées y auraient été mieux liées et plus faciles à suivre, mais il aurait aussi demandé plus de temps, et j'ai cru devoir adopter la forme qui mènerait le plus vite au but, et qui d'ailleurs a le mérite, Messieurs, de mieux rendre vos impressions et en quelque sorte de vous reproduire plus individuellement. J'ai donc suivi l'ordre d'opinions donné par le procès-verbal. Cependant, comme il me fallait éviter les redites et des longueurs inévitables dans une discussion orale, vous reconnaîtrez sans peine que j'ai beaucoup abrégé les dires de chacun, m'efforçant seulement de ne laisser échapper aucune observation, aucune conclusion importante, et de marquer le plus consciencieusement possible les différences d'opinions. Mais ces différences, je dois d'abord le faire remarquer, ne se sont point trouvées heureusement aussi grandes, à beaucoup près, qu'on aurait pu le supposer dans une matière aussi vaste et aussi compliquée. L'investigation scrupuleuse et l'établissement des faits, en donnant à la discussion une base certaine, ont achevé d'écarter le besoin des expositions de théories, et en amenant les esprits sur le terrain des réalités, ils les ont par cela seul aussitôt rapprochés. Grâce à cette forme de procéder, vous avez même vu plusieurs d'entre vous se faire un devoir de déclarer en commençant leur opinion, que l'enquête avait ou changé ou sensiblement modifié leur manière d'envisager la situation de l'industrie des fers, d'apprécier son importance, et par conséquent de juger des procédés dont elle devait être l'objet. Ce précieux résultat m'a paru important à constater.

Maintenant, avant de m'engager dans l'ordre donné par le procès-verbal, je vous demande la permission de rappeler fort brièvement quelques points qui m'ont paru généralement accordés, et qu'il est bon de constater pour la plus facile intelligence de ce qui doit suivre. Vous n'avez sûrement pas oublié que, préalablement à l'enquête, et dès la première séance de la commission, il a été reconnu, et c'est un point qui ne doit jamais être perdu de vue, que vivant dans un système raisonné de protection pour l'industrie en général, ce système entraînait, d'une part, le devoir d'accorder cette protection d'une manière efficace aux différentes natures de travail qui la pouvaient justement réclamer, et de l'autre, celui de la mesurer soigneusement pour chaque industrie, de manière à n'imposer aux consommateurs et à d'autres industries que les charges jugées inévitables dans l'intérêt général du pays. Cela posé, chacun a dû s'exprimer sur la mesure d'intérêt que méritait l'industrie du fer, suivie dans ses différens degrés. Il a été généralement déclaré qu'elle en méritait beaucoup, qu'elle créait de grandes valeurs, occasionnait, soldait un grand travail et assurait au pays une indépendance précieuse, en garantissant qu'il ne manquerait en aucun cas d'une denrée de première nécessité, et dont le besoin ne se fait jamais plus sentir que dans les temps de guerre, époque où l'interruption du commerce extérieur, si on était dans sa dépendance pour l'aprovisionnement en fer, pourrait causer, sinon la pénurie absolue de cette matière, du moins son renchérissement jusqu'au point le plus excessif.

Mais en même temps, il a été aussi généralement avoué que, le fer étant une matière première pour tous les arts, pour presque tous les usages de la vie, sa cherté exagérée et soutenue, sans les motifs les plus impérieux, serait un véritable dommage; et que, par conséquent, toute protection qui aurait pour résultat de produire cet effet serait nuisible; qu'il fallait donc examiner si celle établie par le tarif de 1822 n'outrepassait pas le besoin; si elle n'avait pas eu des conséquences fâcheuses, si son effet, au lieu de se borner à défendre la fabrication française d'une concurrence qu'elle n'était pas en état de soutenir sur son propre marché, ne lui avait pas donné le moyen d'élever ses prix outre toute mesure, et uniquement pour satisfaire au besoin exagéré de gain, ou pour soutenir des entreprises mal conçues, mal dirigées, et dont les consommateurs s'étaient vus ainsi obligés de payer les fautes. De l'opinion qu'on se formerait sur la réalité de ce reproche, sur son plus ou moins de fondement, sur l'étendue qu'on pouvait lui donner, devait dépendre celle qu'on adopterait sur la nécessité, ou de maintenir la protection de 1822, ou de la diminuer dans une proportion plus ou moins forte. Tel fut en effet le terrain sur lequel s'établirent successivement toutes les opinions.

L'industrie du fer est de celles qui ont le plus de droits à la protection, a dit le premier opinant, et il a développé cette vérité en montrant que le fer était particulièrement indispensable pour la défense du territoire, et qu'il fallait, par conséquent, s'en assurer la production d'une manière qui fût indépendante de l'étranger. Il a fait observer qu'on avait vu plus d'une fois la France isolée par la guerre et par une politique ennemie. Il serait donc peu raisonnable et même téméraire de courir le risque d'être privé d'une denrée indispensable sous tant de rapports, quand on avait le moyen de s'en fournir soi-même; mais il faut établir une distinction entre les moyens de produire le fer, et on ne doit protection qu'à ceux qui sont susceptibles d'un grand développement. Or, les usines qui se servent du bois comme combustible ne pourront plus très-incessamment soutenir la concurrence de celles qui emploient la houille; déjà elles ont amené une si prodigieuse cherté de bois, que le combustible, dans ces usines, emporte les deux tiers du prix *de revient* du fer. Si donc les forges au bois devaient encore augmenter leur consommation en cette denrée, on ne peut prévoir à quel taux elles le feraient monter. La protection accordée par la loi de 1822 a donc été excessive, considérée sous ce rapport : elle a tourné entièrement au profit des propriétaires des forêts; et tel n'était pas certainement le but qu'on s'était proposé. L'opinant serait dès-lors fort disposé à réduire beaucoup la protection, si toute la question se réduisait aux usines travaillant par le bois; mais les usines qui traitent le fer à la houille paraissent heureusement susceptibles d'un grand développement très-prochain, surtout dans les bassins du Gard et de l'Aveyron, et l'enquête semble bien établir qu'avec un peu de patience, la France, en tirant le fer de ces localités, l'aura par elle-même à aussi bon marché qu'on peut le désirer, sauf cependant les inconvéniens qui naîtront de la cherté des transports, tant qu'on n'aura pas porté remède à la difficulté des communications dans une grande partie de la France.

Cette circonstance aggravera surtout pendant long-temps la situation des départemens du Nord, qui devront tirer leur approvisionnement en fer des parties les plus méridionales de la France, où les principales fabrications vont s'établir. Ce serait un motif pour modérer le droit sur les produits étrangers, notamment sur la fonte, dont les arts ne sauraient se passer. Ainsi donc, on peut regarder comme une conséquence assez indiquée de l'enquête l'obligation d'alléger de quelque chose le droit sur les fers, et de baisser plus sensiblement celui des fontes.

Le second opinant a répondu qu'il fallait se féliciter des découvertes et admirer le courage des tentatives qu'on avait faites. Il est maintenant démontré que la France peut tirer de son propre sol le fer, et qu'elle possède même abondamment les élémens de cette production, toujours si importante à obtenir par soi-même, et dans toutes les circonstances. Depuis quelques années tout a été mis en œuvre pour rendre cette richesse fructueuse : concessions, capitaux, science, volonté, rien n'a manqué ; et de ces moyens mis en action sont sortis des résultats aussi rapides que satisfaisans ; car les fausses combinaisons, les mécomptes n'ont été que le tribut ordinaire de l'inexpérience inévitable dans toutes les grandes créations humaines.

Aujourd'hui donc cette industrie nourrit une nombreuse population et donne une grande valeur au sol et à toutes les productions du pays. Seraient-ce donc là des avantages qu'il faudrait abandonner aisément? On les doit au tarif actuel ; et il le faut maintenir jusqu'à l'entier développement des conséquences qu'il a fait naître. Quelques personnes semblent penser qu'une réduction, même indifférente, serait bonne, parce qu'elle apaiserait l'opinion ; mais ce serait la tromper, ce qui est indigne du Gouvernement. Cette opinion s'est formée dans l'ignorance des faits ; l'enquête les a mis en lumière, et quand elle sera connue, il ne restera plus aucun doute. Mais, dit-on encore, si on ne touche pas à la législation, la question des fers restera toujours pendante, et l'on n'obtiendra pas une garantie législative, fort desirable, de la portion du droit qui serait conservée ; mais si cette garantie est nécessaire, ne peut-on donc la demander qu'à l'aide ou plutôt sous le prétexte d'un changement de chiffre inutile et fâcheux ? Suivant l'opinant, on devrait, dans ce cas, demander une loi en un seul article, lequel porterait que les droits établis pour l'importation des fers, par la loi du 27 juillet 1822, sont maintenus, et ne pourront être réduits avant l'année 1830.

Le troisième opinant a fait remarquer que la hausse de 1824, 1825 et 1826, tant reprochée aux fabricans de fer, avait tenu à une circonstance qui ne pouvait manquer de produire cet effet, à la manie de spéculation qui s'était plus particulièrement manifestée dans les entreprises de bâtisse. Et comment la multiplicité des demandes, surtout quand elles arrivent subitement, n'entraînerait-elle pas le renchérissement de la marchandise demandée ? N'en a-t-il pas été de même en Angleterre, à la même époque, où une semblable manie s'est aussi développée ? Alors le prix du fer est monté de 175 francs la tonne à 390 francs. Quand cette cause extraordinaire a cessé dans les deux pays, l'effet a cessé aussi, avec cette différence dans les résultats qu'en Angleterre la hausse dans le prix des fers a très-peu influé sur le combustible qui sert à sa fabrication, et a, par conséquent, entièrement profité aux propriétaires d'usines, tandis qu'en France, cette hausse a entraîné celle des bois, et a, par conséquent, donné aux propriétaires de cette denrée la plus grande part dans le bénéfice. Il faut même observer que, quand est venue, en 1827, la réaction en baisse sur le prix des fers, elle ne s'est point opérée dans la même proportion sur le prix des bois, ceux-ci se trouvant en grande masse dans les mêmes mains, et notamment dans celles de l'administration, qui tire de cette circonstance le moyen de faire, au moins temporairement, la loi aux acheteurs.

Voilà ce qui explique les calculs fournis par certains maîtres de forges entendus dans l'enquête, et qui ont établi qu'avec les prix actuels ils travailleraient à perte, et seraient même en ruine sans les améliorations et les économies généralement introduites dans la fabrication. Mais serait-il sage, a ajouté l'opinant, serait-il prudent, pour obtenir et assurer le bon marché tant desiré du fer en France, de se fier à une importation qui éteindrait plus ou moins la fabrication française? On a vu en effet que le prix des fers en Angleterre s'était récemment élevé, par l'accroissement des demandes, de 175 à 390 fr. Que serait-ce donc si la France tout entière venait demander du fer aux usines anglaises, au prix seulement de 350 fr.? Le fer anglais, transporté dans nos ports, et de là à l'intérieur, n'atteindrait pas quarante lieues sans revenir aussi cher que le nôtre, c'est-à-dire à 430 fr. suivant l'enquête. On est effrayé du haut prix auquel le fer se soutient : on trouve que la protection accordée dure déjà depuis long-temps, et n'a point encore produit les salutaires effets qu'on en attendait, puisque les prix, loin de s'abaisser, se sont élevés : mais fait-on réflexion qu'en 1788 l'Angleterre avait déjà soixante hauts-fourneaux au coke en exploitation, et qu'on y payait cependant au prix de 550 fr. la tonne de fer, qui ne se vend aujourd'hui, dans le même pays, que 175 fr.? Nous, qui ne possédons encore que quatorze fourneaux au coke, dont huit seulement en activité, nous avons la même quantité de fer pour 430 fr.

L'Angleterre a maintenu, pendant quarante ans, sa taxe protectrice de 162 fr. 50 cent. par tonne : ce n'est qu'en 1828 qu'elle l'a réduite à 37 fr.; et cependant on a vu qu'en 1822 elle ne payait le fer que 175 fr.; c'est donc avec ce régime à-peu-près prohibitif qu'elle a obtenu le résultat d'un bon marché de fer si profitable à toutes ses autres industries; mais, pour l'obtenir, il lui a fallu quarante années de ce même régime. L'enquête prouve que, dans un temps bien moindre, les Français peuvent faire naturellement des progrès analogues à ceux de leurs voisins. Pourquoi donc viendrait-on troubler cet avenir en se hasardant à toucher à la taxe protectrice? Serait-il prudent de se remettre sous la dépendance de l'étranger, quand nos propres efforts suffisent pour amener le fer à bas prix, quand déjà la baisse actuelle dégrève en partie le consommateur?

Tout cela, répond le quatrième opinant, est bon et juste pour les établissemens bien conçus, judicieusement placés et conduits avec l'intelligence requise; la protection est là bien placée; parce qu'elle peut avoir un résultat utile; mais est-il juste de l'appliquer à des établissemens légèrement entrepris? et si la protection accordée à ces établissemens, qui sont obligés de la réclamer à un degré exagéré, empêchait d'accorder une diminution de taxe sur les fers étrangers, diminution qui en amènerait une fort desirable pour le consommateur dans le prix des fers indigènes, faudrait-il donc s'obstiner à donner un secours mal placé, et qui, quoi qu'on fasse, ne parviendra pas à soutenir les établissemens auxquels ils s'applique? Toutefois, la diminution réclamée ne saurait, d'un temps encore, s'opérer qu'avec une extrême circonspection, et ne devrait jamais être telle qu'elle permît aux fers anglais d'envahir le marché français. Le seul but à se proposer devrait être d'inciter les producteurs à ne pas se relâcher dans leurs efforts, de les obliger à marcher dans les voies de perfectionnemens industriels et économiques.

Sans doute, dit le cinquième opinant, de grandes fautes ont été faites dans l'établissement ou la direction de quelques usines. On voit celles qui sont judicieusement placées et fondées, en voie de rivaliser avec les Anglais, de donner bientôt le fer à un prix raisonnable, et, à vrai dire, aujourd'hui, la pleine réussite n'a d'obstacles que dans le défaut de communications; mais il est impossible que le Gouvernement et le pays ne sentent pas ce qui leur manque à cet égard, et ils feront certainement tous les efforts nécessaires pour l'obtenir. Ceci, à la vérité, se rapporte spécialement à la fabrication par la houille, et on peut prévoir que la fabrication au bois est destinée à décroître, et ne se soutiendra que péniblement en présence de sa rivale, si ce n'est toutefois pour la production de quelques fers de qualité supérieure; mais c'est à la concurrence et au cours des choses qu'il faut abandonner l'événement; il arrivera ainsi progressivement sans secousse, et il serait téméraire de chercher à le précipiter au détriment de tant d'intérêts qui ne pourraient manquer de communiquer leur souffrance à beaucoup d'autres. En résumé, baisser le tarif dans la vue d'appeler le fer étranger, ce serait arrêter le cours d'une très-belle industrie, et une diminution qui n'aurait pas cet effet serait une mesure inutile, sans qu'aucun profit compensât le mal qu'elle causerait; mais peut-être n'est-il pas impossible, en distinguant entre les fers et les fontes, de modifier les droits sur les fontes, ainsi que le demandent ceux des fondeurs qui ne peuvent se passer de tirer de dehors cette matière de leur industrie? Ne pourrait-on pas se contenter pour les fontes de la protection calculée avant le tarif de 1822? Dans tous les cas, il serait indispensable de supprimer les limites de poids et de formes, dont les inconvéniens ont été exprimés dans l'enquête.

On ne peut guère nier, pense le sixième opinant, qu'une protection trop forte donnée à l'industrie des fers n'ait jeté dans de fausses routes ceux qui se sont adonnés aux deux genres de fabrication par la houille et par le bois. Des établissemens se sont fondés sans prudence, sans prévoyance : aussi les voit-on souffrir. Si l'encouragement avait été moins grand, les entrepreneurs auraient été plus sages; mais la chose est faite, et il est délicat de toucher à la protection accordée. Cependant les plaintes sont nombreuses, et il y a quelque satisfaction à donner. Une diminution faite avec la plus grande modération serait utile, non-seulement aux consommateurs, mais à l'industrie elle-même. Ce serait un avertissement de ne plus faire d'entreprises imprudentes sur la foi d'un droit prohibitif. Le producteur a besoin de l'effet moral de cette mesure pour sentir la nécessité d'étudier les perfectionnemens et l'économie; c'est d'ailleurs la seule manière de faire obtenir aux usines de fer, pour un certain nombre d'années, la garantie de la stabilité du régime qui leur a été donné, et sur lequel il est nécessaire de raffermir la confiance.

Le septième opinant répond à cette manière d'envisager la question par un exposé rapide de l'histoire de l'industrie des fers, tant au dedans qu'au dehors de la France, et notamment dans ses différentes phases pendant la révolution et depuis 1814. Je ne reproduis pas cet exposé, parce que les mêmes faits ont déjà été établis dans des documens ou dans des opinions dont j'ai précédemment donné l'extrait. Il arrive à cette conséquence que le droit prohibitif a produit en France, et beaucoup plus rapidement qu'en Angleterre, les résultats si heureusement obtenus dans ce pays; que la fabrication à la houille, quoique toute récente, et malgré les obstacles de l'inexpérience, a marché rapidement; que, dans cette dernière année seulement, elle est montée pour la fonte, de 35,000 quintaux métriques à 171,000; pour le fer, de 400,000 à 471,000, et qu'elle fournit par conséquent à un tiers de la consommation. D'autres usines vont s'élever, s'élèvent sur les points les plus favorables, sur ceux où se trouvent ensemble le minerai et la houille; enfin, il résulte des déclarations recueillies par l'enquête, qu'on doit regarder comme certain qu'avec un peu de temps, et à l'aide d'une protection franchement maintenue, la fonte sera produite au coke à 110 francs, et le fer par la houille à 260 francs. Alors la France n'aura plus à redouter l'Angleterre.

Ces faits doivent donc réformer les préventions, s'il a pu en exister. Pourquoi risquerait-on de troubler l'heureux mouvement qui s'opère? Si on sait attendre, et se résigner à payer le fer, pendant quelques années encore, plus cher qu'on ne pourrait l'obtenir du dehors, la France aura la certitude de l'avoir bientôt chez elle à aussi bon compte que ses voisins. Mais si on touche au droit, si peu que ce soit, on peut manquer cet avenir, on risque de porter le trouble et le découragement dans une grande industrie nationale; on peut ôter le travail à une multitude de bras, et paralyser ainsi les nombreux capitaux qui se sont transformés en usines, et qui ne pourraient retrouver aucune autre valeur.

L'enquête a fait voir au huitième opinant l'industrie des fers sous le point de vue d'une fabrication nécessaire à l'État dans la paix comme dans la guerre, nécessaire à l'agriculture et au commerce; dont le pays possède tous les élémens, employant de vastes capitaux, des bras nombreux, et donnant de la valeur à différens produits du sol.

Cette industrie méritait une protection éminente; elle l'a obtenue. La mesure a été efficace, car elle a produit un grand développement de travail. Cette protection a-t-elle été exagérée? est-elle encore nécessaire? Il n'y a que deux moyens d'avoir en France le fer au bas prix que tout le monde desire : ou immédiatement, en baissant le tarif de manière à appeler les fers étrangers; ou dans un avenir plus éloigné, en soutenant nos usines et en favorisant le progrès industriel par le maintien du tarif actuel, jusqu'à ce que ce progrès soit arrivé au terme qu'il doit atteindre, et ce terme serait très-rapproché, si les communications qui manquent étaient établies; que si on baisse le droit, le littoral sera aussitôt envahi par une grande quantité de fers étrangers, et surtout de fers anglais dont les fers français ne peuvent soutenir la concurrence. Beaucoup d'usines tomberont, d'importans capitaux seront détruits, et la cessation du travail causera la ruine d'un grand nombre de familles.

L'agriculture a sans doute raison quand elle regrette de payer le fer à un trop haut prix, et toutefois il ne faut pas perdre de vue que les usines qui s'élèvent, et l'agglomération des habitans autour des forges, fournissent des consommateurs aux denrées et favorisent les débouchés de l'agriculture dans beaucoup de points où elle en serait privée. En résultat, bien qu'il soit desirable d'avoir le fer à meilleur marché, on ne doit rien précipiter en ce qui concerne cette industrie, mais seulement chercher à hâter ses progrès, et à obtenir ainsi les effets favorables qui doivent naturellement arriver par la concurrence intérieure.

Aux yeux du neuvième opinant, le renchérissement imposé à la consommation du fer, à l'exclusion d'une branche de commerce avec l'étranger, ne parait plus un sacrifice sans compensation; l'enquête le lui a fait reconnaître avec certitude. Le développement, les progrès d'une importante industrie, une production déjà presque égale aux besoins, le travail amené dans des pays qui en étaient privés, de grands capitaux employés, et qu'il serait injuste de compromettre, quand on peut en retirer tant de fruits : tels sont les résultats de la protection accordée par la législation de 1822. Cependant il croit toujours que le système restrictif du commerce, dont le tarif des fers fait partie, a de grands inconvéniens et appellerait des modifications qui pourraient le rendre moins onéreux; le maintenir sans jamais admettre d'adoucissement, c'est inciter les autres états à persévérer dans la rigueur avec laquelle ils ferment les débouchés à nos industries; mais laissant de côté l'extérieur, on peut, sans exagération, évaluer entre 20 à 25 millons de francs le dommage qui résulte de l'enchérissement des fers. Il est reconnu que les usines bien placées pourraient se contenter d'une protection moins élevée que celle du tarif actuel. Quant à celles qui sont mal combinées, le tort du tarif est d'être allé jusqu'à encourager celles-là. On voit en Champagne des forges qui vont chercher leurs bois à 30 lieues; d'autres tirent le minerai de Franche-Comté et les combustibles de Rive-de-Gier. La législation qui se chargerait de protéger un tel ordre de choses serait décidément mauvaise; l'affinage au bois doit cesser de lui-même par la concurrence de l'affinage à la houille.

La fonte au bois pourra peut-être se faire encore là où le minerai et le bois se trouvent ensemble, mais là seulement. L'affinage à la houille peut et doit donner du fer à bon marché; mais il faut que les élémens de la fabrication soient voisins, ou que des communications faciles annulent, en quelque sorte, les distances qui pourraient les séparer. Avec ces données, pourquoi le tarif ne serait-il pas un peu modifié? Sans doute, il a eu des résultats avantageux; mais ses inconvéniens sont aussi incontestables. Il y aurait imprudence à retirer trop promptement la protection, mais il est bon de commencer à soulager le consommateur, de cesser d'encourager les entreprises mal conçues, qu'elles soient faites ou encore à faire: il est à propos enfin de calculer tellement de droit, que, si le prix passe une certaine limite, le fer étranger puisse entrer dans la consommation.

Le dixième opinant s'applique à considérer l'intérêt de la consommation générale, qui peut-être n'a pas été assez défendu. De grands capitaux se sont fixés dans les usines à fer; ils méritent égard et protection ; mais cependant il ne faut pas leur attribuer, sur le degré actuel de cette protection, un droit égal à ceux d'une véritable propriété. Le prix des bois a pris un grand accroissement, mais ce n'est pas là un profit public, car nulle valeur nouvelle n'a été produite ; une plus forte somme a passé des mains d'une classe de la société dans celles d'une autre, et ce renchérissement n'a pas été sans dommage pour d'autres intérêts. Il y a donc encore ici de justes et nécessaires ménagemens à avoir pour une position donnée, mais non des droits qui puissent se faire respecter impérieusement. Les progrès des forges n'ont acquis, en dernière analyse, que de quoi payer le renchérissement actuel des bois. La considération d'un résultat si dommageable est très-frappante. Mais n'y aurait-il pas une combinaison suivant laquelle on pourrait maintenir tel qu'il est le droit sur les fers étrangers, et tous les intérêts ne seraient-ils pas conservés, si on admettait à des conditions convenables la fonte étrangère, qui se transformerait en fer dans nos affineries? On est conduit à cette idée, lorsqu'on remarque qu'il résulte des faits recueillis jusqu'à 1827 que la fabrication de la fonte au coke a fait peu de progrès. Cependant le public a le droit d'être mis le plus tôt possible en jouissance des avantages inhérens à la fabrication la moins dispendieuse. Il paraît qu'elle ne s'est pas plus développée, parce que généralement les gîtes de minerai se trouvent trop éloignés des exploitations de houille. Si l'on admettait la fonte étrangère comme matière première pour la fabrication du fer, cette industrie s'établirait dans les lieux qui réuniraient la double condition d'un arrivage facile pour cette fonte, et d'une exploitation de houille assez importante. Ce sont précisément les localités sur lesquelles pèsent, de la manière la plus fâcheuse, les conséquences de la législation qui repousse les fers étrangers, puisqu'elles sont, tout-à-la-fois privées de la possibilité de les recevoir à bon marché, et forcées d'acquitter des frais de transport, souvent très-considérables, sur les fers qui viennent de l'intérieur. Cette nouvelle concurrence laisserait subsister la fabrication de la fonte au charbon de bois pour les usines auxquelles elle appartient le plus naturellement par leur situation et par le bas prix de ce combustible. Ces usines seraient encore protégées par les exigences de la consommation, qui, pour certains usages, ne veut que des fers provenant de la fonte travaillée au charbon de bois.

Quant à la fonte étrangère, qui sert à la fabrication des machines et au moulage, il est constaté que, malgré l'exhaussement de droits qui a eu lieu en 1822, l'importation n'a pas diminué, ce qui prouve la réalité d'un besoin incontestable. Mais la fonte, envisagée sous ce rapport, ne constitue qu'une question secondaire et subordonnée à la question générale dont les fers sont l'objet. L'opinant se réserve de s'expliquer en temps convenable sur la réduction qu'il croit utile et juste à l'égard du droit sur les fontes.

Le onzième opinant pense qu'une réduction de droit est nécessaire; toutefois il la voudrait modérée et non violente et ruineuse pour les producteurs. Il ne se dissimule pas qu'il y en a qui souffrent; il croit même qu'il y a des usines prêtes à tomber, parmi celles qui travaillent au bois. La seule concurrence de la fabrication à la houille peut les tuer. C'est une révolution, mais elle est inévitable. Le sacrifice, au reste, est loin d'être général : ceux qui possèdent à-la-fois le minerai et le bois continueront à travailler. Quant aux usines à la houille, on a cité l'Angleterre et le long temps pendant lequel elle a maintenu la protection qu'elle donnait à ses usines; mais elle avait commencé par les tâtonnemens, et son industrie nous a été apportée toute faite. Nous sommes avancés des quarante années de son expérience, nous devons donc marcher plus rapidement qu'elle n'a fait. A Dieu ne plaise cependant qu'il faille opérer un tel rabais dans le tarif qu'il y ait lieu de laisser envahir le marché par les fers étrangers. On ne doit vouloir qu'une réduction modérée, dont le principal effet soit d'inciter les producteurs français à perfectionner de plus en plus leur fabrication, et à se mettre en état de produire avec économie.

Le douzième opinant rappelle qu'il a été des premiers à donner son adhésion à un système de protection modérée et raisonnée; mais celle qui a été accordée aux fers, en 1822, lui paraît avoir été exagérée. Si elle a amené un grand développement, elle a aussi causé une grande perturbation : faite pour favoriser les fers, elle n'a tourné qu'au profit des propriétaires de bois; et aujourd'hui encore, la question de nos progrès est dans celle de l'établissement de nos communications rendues faciles, plus que dans la protection des douanes. Avant 1789, le fer coûtait 400 francs les 100 kilogrammes : avec nos progrès, nous sommes arrivés à le payer toujours plus cher : nous l'avons payé jusqu'à 600 francs. Il était à 400 francs en 1822 : ceux de Berry sont, dit-on, de 560 francs, pris à Paris. Les producteurs ont donc abusé de la protection; le Ministre l'a reconnu à la tribune en 1826. Les usines se sont multipliées sans fondement, sans discernement; on en a vu de régies non par des manufacturiers attentifs, mais par des sociétés anonymes, dont les promoteurs n'ont pour but que de vendre des actions, et de réaliser par avance les bénéfices qu'ils ont fait entrevoir au public.

L'opinant souhaite donc une réduction dans le droit, mais il veut que la protection qui restera soit calculée au profit de l'industrie véritable des établissemens sérieux, et non de fausses entreprises. La réduction est possible; l'enquête l'a démontré. A la vérité, ceux qui travaillent au bois la disent impossible, mais ceux qui travaillent à la houille sont loin de tenir tous le même langage, témoins M. Seguin et M. Wilson : ce dernier promet la fonte à 180 fr. et le fer à 280 fr. Des autorités respectables, M. de Villefosse et M. Baude assurent que le minerai est à meilleur marché en France qu'en Angleterre. L'Angleterre, sur vingt-cinq bassins houilliers, n'en a que trois qui donnent le minerai en abondance; en France, on en signale autant, et deux très-riches. Enfin, le prix auquel on promet le fer traité à la houille permet bien d'opérer quelque réduction sur le droit, puisque le fer anglais ne peut se présenter dans nos ports, avec le droit actuel, qu'au prix de 49 fr., et puisqu'avec 5 ou 6 francs de frais, le fer de Saint-Étienne peut parvenir à Nantes. Les usines au bois ne sont pas même toutes menacées. Leur fer est de qualité supérieure, et si le bois a triplé dans quelques localités, il est dans d'autres resté stationnaire. Toutes les usines, au reste, ont dû faire des bénéfices énormes jusqu'en 1826. On allègue la bonne foi sous laquelle les usines se sont élevées, en raison de la protection; mais le Ministre, dès 1826, a solennellement averti que cette protection, dont on avait abusé, ne devait pas être perpétuelle. On cite l'exemple de l'Angleterre, le long temps pendant lequel elle a maintenu son droit prohibitif; mais cela tient à l'esprit stationnaire avec lequel elle garde toutes ses lois, et ne les change qu'à la dernière extrémité.

Si on veut suivre l'exemple de l'Angleterre, elle a révisé tout son tarif de douanes en 1826 : révisons donc aussi le nôtre. L'industrie des fers a fait des progrès depuis 1822; donc elle n'a plus absolument besoin de la même protection. Une réduction est possible, donc il faut la faire. Après tout, pour avoir le fer à bas prix, c'est à la multiplication, à la facilité des communications qu'il faut travailler. La véritable question est là, et le Gouvernement doit bien se le persuader.

Aux yeux du treizième opinant, toute protection devant être réglée sur le besoin, sur le véritable état comparé des produits nationaux, le taux n'en saurait être invariable, et il doit se modifier pour se conformer aux révolutions de l'industrie; mais les changemens ne doivent jamais être brusques, inopinés; il est indispensable de les faire pressentir, de les annoncer d'avance.

Avant l'enquête, on pouvait croire que la fabrication des fers jouissait d'une protection excessive : les faits recueillis ont nécessairement modifié, s'ils n'ont tout-à-fait changé cette opinion. L'examen provoqué par la multitude des plaintes a démontré qu'elles étaient en général ou exagérées ou mal fondées. En vérifiant soigneusement le dommage que les intérêts plaignans peuvent subir par la cherté du fer, on voit qu'attendu la prodigieuse division de l'emploi, l'agriculture n'en peut éprouver dans ses produits qu'une cause d'augmentation presque insensible. Pour les constructions de vaisseaux, cette augmentation partagée sur le fret répété si souvent n'est guère plus considérable. La construction des maisons seule est un peu plus affectée. La valeur du fer entre pour si peu dans le produit des industries qui donnent au fer des façons supérieures, qu'il faut à peine tenir compte de leur intérêt dans la question. En définitive, les arts producteurs souffrent un dommage, mais on voit qu'il n'est pas intolérable; le mal d'ailleurs doit être temporaire. Il faut donc nettement choisir : faire cesser ce mal immédiatement en ouvrant la porte aux fers étrangers; mais alors arrêter les progrès de nos usines, et nous exposer au retour de la cherté qui peut venir aussi de l'étranger; ou supporter encore le dommage par la certitude d'un bon marché prochain, durable, et dû à notre propre industrie.

Parmi les motifs d'attendre cet avenir, parmi les compensations de cette attente, doit être comptée comme un grand bien l'impulsion nécessaire donnée par l'établissement des usines de fer à l'ouverture des routes, des canaux, des chemins de fer, à l'avancement enfin des communications qui sont aujourd'hui le besoin de la France. Cependant, une opinion qui paraît assez générale demande quelque adoucissement à la cherté des fers. On peut peut-être transiger avec cette opinion, et, à ce prix, faire acquérir à l'industrie une garantie précieuse pour son avenir. Dans cette hypothèse, on diminuerait légèrement le droit, en stipulant que le surplus de la taxe restera maintenu pour un certain nombre d'années. Sans ce besoin de garantie, l'opinant croit qu'il serait de beaucoup préférable de laisser les choses comme elles sont.

Le quatorzième opinant m'ayant paru être celui qui avait le plus complétement réuni, en les résumant, les motifs donnés par ceux qui inclinent le plus fortement pour une réduction de la taxe, je me suis fait un devoir de rendre son opinion avec un peu plus d'étendue que les autres. Il commence par déclarer qu'il ne saurait être question d'arriver à un changement complet de système, ni même à une réforme soudaine. « L'enquête, dit-il, est surtout destinée à rechercher si la protection accordée par le tarif actuel a eu des effets salutaires. » Là est la tâche, le devoir de la Commission. Sans remonter à des discussions générales, sans examiner l'influence d'un système universel de protection sur le commerce et l'industrie d'une nation, en se renfermant dans la seule question des fers, on doit se demander d'abord quel a été le but de la protection.

Voici évidemment comme raisonnèrent ceux qui l'établirent:

« Nous voulons, dirent-ils, faire naître sur notre territoire ou du « moins y développer une industrie utile et naturelle; nous voulons

« diriger le travail vers un emploi plus productif; mais cette indus« trie encore naissante exige de fortes avances, de grands capitaux; « et comment les obtiendra-t-on, si le producteur n'est pas assuré d'un « débouché, s'il peut craindre la concurrence des producteurs étran« gers, qui, exercés dès long-temps dans cette industrie, riches de « capitaux dès long-temps immobilisés, en possession des habitudes « des consommateurs, ont tant de chances pour obtenir la préférence « et pour exiger un moindre prix? Si donc vous voulez que les ca« pitaux se placent dans des entreprises nouvelles, assurez-leur le « placement de leurs produits, faites que le marché de la consom« mation intérieure leur soit garanti. Il pourra en coûter aux con« sommateurs un surcroît de prix, mais ce sacrifice, cet impôt « perçu au bénéfice des établissemens de l'industrie nouvelle ne sera « que temporaire. En peu de temps les capitaux auront pris cette « direction, et seront convertis en valeurs immobilières, exigeront « un intérêt moindre; les procédés se seront perfectionnés, les con« sommateurs auront perdu leurs préventions et pris des habitudes « nouvelles; la concurrence intérieure fera baisser les prix, et alors « le pays aura une industrie de plus, aura accru la masse de sa « production, sans qu'il ait dorénavant aucun sacrifice à faire. »

Voilà ce qui s'est dit formellement, lorsqu'on a établi le tarif actuel; voilà ce qu'on répète encore pour le continuer. Ainsi, assurer le marché de la consommation intérieure aux fers français, tel est l'objet du tarif. Pour cela, il faut qu'avant que le fer étranger puisse venir se présenter à la vente, les fabricans aient pu vendre le leur à un prix qui représente l'intérêt raisonnable de leurs capitaux, le salaire de leur industrie, le salaire des matières premières, leurs frais de fabrication et de transport, et le juste bénéfice du commerce. Dans le système actuel, c'est là ce qu'on doit leur assurer, mais pas davantage. En effet, supposons que les besoins de la consommation s'étendent, que la production n'y suffise pas, et qu'il en résulte un nouvel accroissement de prix, alors il n'y a plus seulement protection, il y a monopole. Le producteur fait la loi au consommateur, et se fait payer non-seulement le prix que la législation lui destinait, mais un surcroît de prix, ou pour mieux dire un surcroît d'impôt. Le contribuable paie davantage, pour que le producteur fasse un profit extraordinaire, usuraire. Donc, en bonne justice, et toujours sans sortir du système actuel, le tarif doit être combiné de telle sorte, que le producteur de fers soit assuré d'un juste prix *de revient*. Mais du moment que cette limite est excédée, il faut que le fer étranger vienne sur nos marchés préserver nos consommateurs du monopole, et prévenir une cherté qui n'a pas dû être promise au producteur.

A cela on répond : Si vous serrez de si près le prix *de revient* du fabricant de fer, si vous ne lui laissez pas une grande marge, vous ne lui inspirerez pas une sécurité assez grande; vous ne promettrez pas aux capitalistes un intérêt assez élevé de leurs avances. Vous ne voulez pas non plus supposer que, dans une industrie nouvelle, des fautes doivent être commises, que des tâtonnemens sont nécessaires, que des essais peuvent être malheureux. Vous voulez la fin, ne repoussez donc pas les moyens; plus vous offrirez de bénéfices, plus il y aura d'ardeur à se jeter dans l'industrie protégée, plus elle marchera d'un pas rapide; plus les sacrifices des contribuables seront considérables en commençant, moins peut-être il sera nécessaire de les prolonger.

Laissant de côté l'intérêt des contribuables, attachons-nous seulement aux chances de développement d'une industrie protégée; admettons que tout ce qui la ferait marcher d'un pas rapide serait juste et conforme à un calcul bien entendu de la prospérité publique, et, dans cette hypothèse, qui est celle d'un système protecteur, examinons si un tarif trop élevé, si une marge trop vaste laissée par-delà le prix *de revient*, sont de bons et sûrs moyens pour hâter les progrès d'une industrie. Et d'abord, cette industrie s'exerce sur des matières premières qu'elle consomme ou convertit pour obtenir du fer. Il faut du minerai, du bois, de la houille. Or ces matières sont entre les mains de gens qui voudront avoir part à ces grands bénéfices que la loi promet au producteur.

Cette ardeur, qu'on veut déterminer par l'élévation du tarif, se manifestera par une plus grande concurrence; la demande des matières premières s'accroîtra, la cherté s'ensuivra, et le possesseur viendra d'avance en partage avec l'industriel; ce n'était pas à lui que la loi destinait un profit ni un privilége. Tout ce qu'il en retire est pris inutilement sur le contribuable : si l'on a élevé le tarif, ce n'est pas pour rendre le bois plus cher, ce n'est pas pour que le concessionnaire de mines vende à haut prix sa licence d'exploiter. Il en est de même pour les capitaux. Si la législation fait espérer un haut intérêt des sommes placées dans ce genre d'établissement, ceux qui les fonderont ne craindront pas de payer les capitaux empruntés à un taux élevé; on voit donc bien que l'industriel peut se trouver identiquement dans la même situation et ne pas espérer un plus grand bénéfice que si le tarif était moins élevé. Ici nous ne supposons rien; nous résumons les faits de l'enquête. On en peut dire autant quant aux fautes, aux tâtonnemens, aux essais malheureux, qu'on veut mettre à la charge des consommateurs, sans demander même s'il est juste d'exempter une industrie de la condition commune et de lui donner une assurance contre ses propres erreurs.

Nous remarquerons que, plus le tarif laissera de marge pour les bénéfices, plus il laissera en même temps de marge pour les fautes, pour les mauvais calculs, pour la profusion de dépenses; et c'est encore à l'enquête que nous demanderons des preuves et des exemples. C'est une chose reconnue depuis qu'on fait le commerce dans le monde; les gros gains excitent l'esprit de spéculation et de hasard; les profits modérés font naître l'habileté, commandent la prudence, l'économie, l'assiduité. C'est la nécessité qu'on a appelée la mère de l'industrie, et non pas l'avidité.

Tous ces effets d'une protection exagérée, la raison aurait pu les faire deviner; l'enquête nous les a enseignés mieux encore. Elle a fait passer sous nos yeux l'épreuve de six années qu'à subie le tarif de 1822. Lorsqu'on l'établit, les producteurs et l'administration ne disaient que ce qu'on répète aujourd'hui; ce devait être un sacrifice temporaire; surtout cette industrie allait prendre un grand développement. La fabrication au coke et à la houille ferait de rapides progrès, la concurrence intérieure amènerait incessamment une réduction de prix. Ce sacrifice fut encore plus onéreux qu'on ne l'avait pensé. Survint une grande activité industrielle. La consommation s'accrut beaucoup en 1825 et en 1826. La demande étant plus étendue, la cherté en résulta. Il y eut donc surcharge pour les consommateurs, surcroît de profit pour les producteurs. L'administration sembla même regretter ce qu'elle avait fait.

Il fut dit à la tribune par M. le Ministre du commerce que *les producteurs avaient abusé de la protection*. Comme ils n'avaient rien fait que de très-licite, qu'il ne s'agissait pas là d'une affaire de délicatesse, ces paroles signifiaient seulement que le tarif était trop élevé. Ainsi l'encouragement n'a pas manqué; qu'en est-il advenu? Le fer est plus cher qu'en 1822. La fabrication au bois, essentiellement trop chère dans la plus grande partie de la France, et dont on annonçait la réduction, a pris une extension déraisonnable. Elle ne pourrait, disait-on, subsister en concurrence avec la fabrication au coke, et elle s'est élevée plus haut, ce qui tôt ou tard amènera la ruine de beaucoup de particuliers. La fabrication au coke a été tentée à grands frais dans des établissemens mal conçus et mal situés, avant d'avoir suffisamment étudié les circonstances minéralogiques du pays. On a construit quelques usines sur une échelle mal calculée, à ce point que l'enquête nous a appris que les frais de premier établissement figuraient pour un intérêt de 36 francs dans le prix *de revient* de 1,000 kilogrammes de fer, tandis qu'il n'y aurait dû être que pour 20 fr., si on avait suivi une sage économie. Ce genre de spéculations a été tenté par sociétés anonymes : c'était transformer une entreprise industrielle en une occasion d'agiotage.

On a donné aux concessions que le Gouvernement a faites une valeur indépendante de l'industrie du concessionnaire. Il vend à haut prix, et en se retirant de toute chance, le titre qu'il a obtenu. Telles sont, selon les partisans d'un tarif restreint à la protection strictement nécessaire, les leçons de l'expérience : voilà ce qu'ils croient avoir lu dans l'enquête. Ils demandent qu'on ne retombe pas dans les mêmes inconvéniens; précisément parce que les établissemens du Creuzot, de l'Aveyron et d'Alais présentent avec quelque probabilité de favorables espérances, ils souhaitent qu'on ne leur permette pas des profits qui tourneraient au détriment de leur bonne gestion, qui les jetteraient dans les erreurs et la mauvaise économie qu'on reproche à d'autres établissemens, qui les accoutumeraient à un taux de vente dont ensuite ils ne pourraient plus se passer. Ce n'est pas que le tarif dût être calculé sur le prix *de revient* des établissemens au coke et à la houille : il y aurait injustice et funeste perturbation en prenant une telle base de calcul. Il faut arriver à un prix *de revient* déduit des documens que nous possédons sur les usines qui sont dans des circonstances moyennes. La fabrication au bois ne doit pas être renversée tout-à-coup, mais livrée à son cours naturel, afin qu'elle se réduise graduellement à mesure que croîtra l'autre fabrication ; mais il faut arrêter le développement imprudent et fâcheux que lui donne un tarif exagéré.

En conclusion, l'opinant ne propose pas un système différent, mais un autre chiffre ; de même que ceux dont il combat l'opinion ne vont pas jusqu'à dire que la protection est bonne indéfiniment, et qu'un tarif opère d'autant mieux qu'il est plus élevé ; de même il ne prétend pas que le tarif doit être calculé sur le prix du minimum du prix *de revient*, ni même aligné au plus juste avec le prix moyen. Ainsi, toute la différence est dans une fraction assez petite. Les uns veulent mettre les consommateurs à l'abri du dommage que leur causerait un accroissement de prix ; les autres veulent donner toute sécurité aux producteurs contre le moindre abaissement dans le prix du fer étranger, contre le moindre exhaussement dans les frais de production.

Le quinzième opinant déclare que l'enquête a confirmé pour lui cette vérité satisfaisante, que la France, avec ses richesses minérales et ses forêts, renferme tous les élémens nécessaires d'une production de fer égale à tous ses besoins. Les producteurs sont maintenant entrés dans les meilleures voies ; ils continueront à savoir tirer parti de tous leurs avantages. Enfin, l'industrie des fers est une industrie toute nationale ; et, à ce titre, elle a des droits plus légitimes à être protégée que bien d'autres industries qui l'ont été et le sont encore à un bien plus haut degré. Que faut-il désormais ? Atteindre d'abord le point désirable de développement pour la production, et donner juste satisfaction au consommateur. Parvenir à ce point n'est qu'une question de temps; il faut chercher quel parti peut nous y faire arriver le plus tôt possible.

Mais, dit-on, avec nos progrès, comment les prix ont-ils été naguère si élevés? comment le sont-ils encore autant? L'opinant explique ce fait comme il l'a déjà été par plusieurs autres, par toutes les circonstances accessoires nées de la manie des spéculations. Il y ajoute les formalités et les lenteurs de la législation pour les concessions de houillières, d'où sont résultés quelques retards apportés à la marche de l'industrie. Il insiste aussi beaucoup sur l'imperfection des communications, mais c'est un mal auquel il est impossible qu'on ne s'efforce pas de remédier. Toutefois, un grand mouvement est imprimé : au milieu de ce mouvement, baissera-t-on le tarif sur les fers étrangers? Mais, dans ce cas, les producteurs auront-ils confiance dans l'avenir? les capitalistes auront-ils confiance dans les producteurs? les capitaux afflueront-ils pour faire produire plus en grand, et par conséquent à meilleur marché? L'opinant en doute beaucoup : mais rester comme on est, c'est, dit-on, se placer dans un état de lutte, de défiance continuelle. Les producteurs et les capitalistes sont troublés, il n'y aura ni confiance pour entreprendre, ni crédit pour fournir des ressources.

S'il était vrai qu'on ne pût sortir naturellement, et par la seule force des choses, de cet état de crise, il faudrait chercher une combinaison qui, en causant le moins de perturbation possible, assurerait un avenir. Mais si, comme l'enquête le démontre à l'opinant, l'industrie des fers peut assez promptement arriver à son entier développement; si elle doit ainsi créer dans son propre sein la concurrence qui seule peut abaisser solidement les prix, ne serait-il pas préférable, dans l'intérêt même des consommateurs, qu'on leur demandât la continuation entière des sacrifices qu'ils supportent aujourd'hui, alors que cette continuation les mènerait plus certainement et plus promptement au but? Quoi qu'il en puisse être, si on devait se résoudre à une réduction quelconque sur le tarif, elle ne devrait pas être conçue dans la vue de tenir le droit très-rapproché du prix *de revient*; car alors il faudrait que le tarif fût sans cesse mobile, ce qui ne pourrait se faire sans décourager totalement l'industrie; la réduction devrait être combinée, au contraire, de manière à accroître la sécurité, en lui garantissant, pendant un certain nombre d'années, le maintien du droit conservé.

Le seizième et dernier opinant réfute plus particulièrement ceux qui lui paraissent trop frappés des inconvéniens de la protection de 1822, dont ils ne reconnaissent pas assez les avantages, et qu'ils seraient, dès-lors, selon lui, trop portés à réduire. Je vais donner son opinion, ainsi que je l'ai fait pour celle du quatorzième opinant, avec un peu plus d'étendue que les autres, et pour les mêmes raisons. Dans sa manière de voir, l'enquête, en éclaircissant les faits, a dû diminuer sensiblement les préventions qui s'étaient élevées contre l'industrie des fers, et qu'il n'était pas éloigné de partager. Elle a mis au jour la grandeur de cette industrie, et l'immensité de la richesse nationale qu'il lui appartient d'exploiter. Elle doit, de plus, donner une juste confiance dans l'avenir, car elle démontre que la France possède tous les élémens de la production du fer, portés aussi loin que les besoins de la consommation la plus étendue le peuvent exiger. Toutes les espèces de minerai et de combustible abondent; les bras ne manquent sûrement pas, et nous ne sommes pas en défaut du côté de la science ni de l'intelligence. Que faut-il donc pour assurer un plein succès à une industrie évidemment en progrès? L'enquête le constate encore; il faut que les capitaux se dirigent de son côté; mais les capitaux ne vont que là où ils croient pouvoir se placer avec sécurité; et quand il s'agit de faire de grands, de dispendieux essais, la confiance ne s'établit pas aisément: on ne la peut appeler que par de grands encouragemens.

Deux genres de fabrication existent pour le fer, celle au bois, celle au coke et à la houille: celle au bois non-seulement a suffi pendant long-temps, mais jusqu'à la révolution elle a donné à la France, dans la production du fer, une supériorité qui n'avait de rivale qu'en Suède. Il est donc vrai de dire que l'industrie des fers n'est point une de ces industries qu'on essaie quelquefois témérairement d'appeler dans un pays où elle n'est pas naturelle ; loin de là, elle a toujours appartenu à la France, et il ne s'agit pas de la lui donner, mais d'empêcher qu'elle ne lui soit enlevée : il s'agit de ne pas laisser tomber la France, pour la production d'une matière de première nécessité et de l'emploi le plus étendu, dans la dépendance de l'étranger, lorsque, pendant si long-temps, elle a été elle-même en possession de lui fournir cette matière. Cette manière d'envisager la question la change, comme on voit, tout-à-fait de face, et c'est la véritable. Elle montre que la protection n'est pas seulement convenable, mais qu'elle peut être considérée comme une obligation née d'une des situations les plus anciennes et les plus intéressantes à ménager; mais pour atteindre ce but, il faut nécessairement favoriser un genre de fabrication nouveau, et qui peut seul, pour obtenir le bon marché relatif, dispenser de la concurrence étrangère.

Ce genre de fabrication, que le tarif de 1822 a eu en vue, ne pourrait donc dater, s'il eût commencé immédiatement, que de six années, et, dans la réalité, il n'est en activité et ne produit d'une manière un peu sensible que depuis trois années. Y a-t-il lieu de s'en étonner? Il faut, pour l'établir, des explorations, des recherches, des concessions que doivent précéder de longues formalités, puis des constructions dispendieuses qui exigent de puissans capitaux. Or ces travaux et ces formalités ne peuvent se réaliser dans un court espace de temps : on a vu tout ce qu'il en a fallu à l'Angleterre pour arriver au résultat qu'elle a fini par obtenir. Mais, dit-on, nous ne devons pas avoir besoin d'un temps aussi long que celui qu'elle y a employé, parce que nous sommes éclairés par son expérience. Cette assertion peut se soutenir, en effet, jusqu'à un certain point; mais d'abord la différence est grande entre six et quarante années; et puis la condition première du succès (l'enquête l'a montré jusqu'à la dernière évidence) n'est-elle pas l'ouverture et le perfectionnement des communications de toute nature qui seules peuvent d'abord rapprocher et mettre en contact les matières premières, puis livrer les objets fabriqués à la consommation avec le moins de frais possible? On sait tout ce qui nous manque à cet égard; on a vu combien nous avions encore à faire, et que partout l'obstacle le plus redoutable pour le succès des usines de fer était dans l'énormité des frais de transport appliqués aux matières les plus lourdes et les plus encombrantes. Eh bien! relativement à ces communications si indispensables, en sommes-nous aujourd'hui au point seulement où était l'Angleterre lorsque l'industrie des fers a commencé à s'y développer, et pouvons-nous ignorer à quel degré de perfection ce grand moyen de prospérité publique est maintenant porté dans toute l'étendue de la Grande-Bretagne? Ajoutons que, si quelque chose peut encourager efficacement l'ouverture des routes et des chemins de fer, c'est, sans nul doute, la plus grande extension possible donnée à l'industrie des fers, qui, plus qu'aucune autre, offre emploi et bénéfice aux canaux et aux chemins de fer. Qu'on regarde encore, en effet, ce qui s'est passé à cet égard en Angleterre, et on ne pourra y méconnaître la salutaire réaction qui s'est opérée entre la création des usines de fer et celle de tous les moyens de communication, ce qui a puissamment contribué, pour l'une et pour l'autre, aux heureux résultats dont le brillant spectacle est offert aujourd'hui.

Mais revenons aux avantages qui ont plus spécialement appartenu et qui appartiennent encore à l'Angleterre dans la grande entreprise où elle nous a précédés, celle de la fabrication du fer à la houille; et ne perdons jamais de vue qu'elle a possédé et qu'elle possède toujours celui d'une abondance de capitaux à laquelle nous ne sommes point encore parvenus, non toutefois qu'il ne nous soit possible, avec ceux que nous possédons, d'atteindre encore à de beaux et grands résultats, si nous savons les exciter, les amener à se coaliser, à réunir leurs forces. Mais il faut pour cela des encouragemens, et de solides encouragemens, répète l'opinant; et quand pourra-t-on jamais les mieux placer que lorsqu'il s'agit d'une industrie si nationale, qui donne de l'emploi à un si grand nombre de bras, qui crée à-la-fois et tant de travail et tant de valeurs, qui réunit enfin toutes les conditions d'une brillante et solide existence? Car il ne faut jamais oublier qu'à tous les avantages déjà indiqués, on doit ajouter celui d'un marché de trente-deux millions d'hommes, marché qui ne lui peut manquer, même dans l'avenir le plus reculé, si on n'abandonne pas légèrement la route où on est engagé; si on maintient, pendant un temps suffisant, une protection sagement combinée, et dont les effets finiront par être satisfaisans pour les consommateurs comme pour les producteurs. Mais toute protection emporte des sacrifices plus ou moins prolongés, une charge plus ou moins lourde qu'il faut se hâter d'alléger aussitôt que l'occasion s'en présente. On ne le nie point; on observe seulement, pour justifier la prolongation réclamée des avantages d'aujourd'hui accordés à l'industrie des fers au coke et à la houille, qu'il n'en existe aucune qui emporte plus avec elle la condition d'une grande quantité de capitaux immobilisés et destinés, si l'entreprise vient à tomber, à perdre toute valeur. Tels sont ceux employés aux machines, bâtimens de toute espèce, fouilles de terrain, &c.

Là même où le succès est le plus complet, ces capitaux ne se retrouvent que par la succession des bénéfices de beaucoup d'années, et alors même on ne les compte en quelque sorte plus; c'est ainsi que, dans les plus brillantes usines de l'Angleterre, il leur est à peine attribué une valeur de demi pour 0/0, s'il s'agit d'opérer une liquidation. Mais, dit-on encore, la protection ne peut être due qu'aux établissemens bien conçus, bien établis; on ne la doit point à la témérité, à l'inexpérience, aux fautes évidentes. A ce compte, il n'en faudrait presque jamais accorder; car si une industrie qui s'établit ne faisait pas de fautes, si même elle n'en faisait que de petites, si elle avait enfin la science, l'expérience qui garantissent le succès, elle se suffirait à elle-même, et on verrait les hauts-fourneaux de Saint-Étienne et de l'Aveyron s'élever avec la même assurance que ceux du pays de Galles. Mais il n'en va point ainsi : la science et l'expérience ne se transportent point, en quelque sorte, tout d'une pièce, d'un pays dans un autre.

Il y a des tâtonnemens, des épreuves inévitables, et il y en a dans l'industrie des fers plus que dans toute autre. On a fait remarquer, pour mieux montrer l'exagération dont serait la protection de 1822, si on la conservait intégralement, qu'elle avait alors été calculée pour garantir au producteur un prix de 500 francs par 1,000 kilogrammes de fer, et que ce prix n'est plus nécessaire puisqu'on reconnaît que le fer ne doit revenir qu'à 430 francs environ. Mais en 1822 on comptait que le prix moyen de la même quantité en Angleterre devait être de 300 francs, et le voilà, pour la seconde fois, à 175 francs, l'y voilà avec une apparence de persistance. C'est là que se trouve l'immense difficulté de régler le tarif, si on veut le tenir toujours très-rapproché du prix *de revient* au-dedans comparé à celui du dehors. Il faudrait alors que ce tarif fût essentiellement mobile ; mais où serait, au milieu des rapides et habituelles variations de prix, l'assurance qu'on ne se trompera jamais, qu'on se tiendra toujours dans un juste équilibre? Le résultat le plus certain de ce système serait d'éloigner la confiance, qui ne saurait subsister là où il n'y a pas une base certaine, sur laquelle les calculs puissent s'appuyer; et aussitôt arriverait l'éloignement de ces capitaux qu'il importe tant d'attirer.

Les Anglais, dit-on, sont en perte aujourd'hui, au prix de 175 fr.; ils ne peuvent le soutenir long-temps : raison de plus pour qu'ils soient dans ce moment des concurrens plus redoutables. Avec leurs immenses capitaux, ils sont, plus qu'aucun autre peuple, en état de faire des sacrifices, et personne n'ignore avec quelle habileté ils savent au besoin se décharger de ce qui encombre les magasins, et, en forçant les débouchés, en inondant les marchés extérieurs, se recréer bientôt de nouveaux produits et avec plus d'avantages. Or, qu'ils viennent à inonder pendant six mois seulement le marché de France, et le découragement s'empare aussitôt de toutes nos créations nouvelles, on les verra tomber les unes sur les autres, tandis qu'il faudrait au contraire leur donner le temps de s'asseoir et de prendre confiance en leurs propres forces. Mais il n'y a, pour obtenir ce résultat, d'autre moyen que celui de rendre impossible l'entrée des fers anglais, et pour que la protection soit efficace, il faut qu'elle ne laisse aucun doute sur ce point.

Ici se présente la difficulté d'avoir en présence les uns des autres nos fers travaillés au bois et nos fers travaillés à la houille. Pour soutenir les premiers, il faut une protection plus forte que celle dont les autres ont besoin. Si donc on réduisait la protection générale à ce qu'exigerait la fabrication à la houille, celle-ci ne satisfaisant qu'à un tiers de la consommation, les fers étrangers envahiraient les deux autres tiers; mais pense-t-on que l'industrie à la houille elle-même pût résister à cette invasion? qu'elle n'en fût pas profondément découragée, et que la présence sur son marché d'un producteur si puissant ne paralysât pas toutes ses forces? Évidemment, pour protéger efficacement le fer à la houille, il faut donc aussi protéger le fer au bois. Il le faut même, pour être juste et sage dans l'intérêt des producteurs de ce fer et des propriétaires de bois; car ni les uns ni les autres ne doivent être abandonnés sans défense à la redoutable perturbation où seraient jetées toutes les valeurs qu'ils ont entre les mains. Que la valeur des bois ait été fort exagérée dans ces derniers temps, soit; mais il ne faudrait pas pour cela la jeter dans un décri qui rejaillirait sur toutes les autres natures de propriétés. Le fer au bois n'a pas été d'ailleurs aussi étranger qu'on le voudrait dire à la protection accordée en 1822. Le taux de production calculé à 500 francs prouve évidemment qu'on l'avait en vue. Il ne faut en effet jamais perdre de vue qu'alors les établissemens pour traiter au coke n'existaient pas ou commençaient à peine; on n'a donc pu ni dû à beaucoup près calculer le tarif uniquement sur ce qui serait nécessaire à leurs produits; la richesse des bassins des Cevennes et de l'Avoyron n'est constatée que depuis deux ans. En tout, nous portons la peine de vingt-cinq années de vie recluse; si on peut parler ainsi, vie à laquelle nous avaient soumis nos précédens gouvernemens.

Ces années pendant lesquelles la révolution, la guerre, le système continental nous ont tenus constamment isolés, ont donné à nos concurrens le temps et les moyens de prendre sur nous une avance qu'il nous faut aujourd'hui péniblement regagner. Si les communications qui s'étaient ouvertes en 1787 entre la France et l'Angleterre n'avaient pas été bientôt interrompues, il est fort probable que les Anglais ne nous auraient pas montré impunément l'exemple des progrès qu'ils commençaient à obtenir dans l'industrie du fer traité à la houille; nous nous serions emparés de leurs procédés, et nous les aurions au moins suivis de près. Jusqu'où se serait étendu alors le besoin de protection qui se serait fait sentir pour les établissemens conçus dans le nouveau systéme? Il est difficile de le dire avec précision, mais on peut assurer que, si ce besoin avait existé, il aurait été renfermé dans des bornes beaucoup plus étroites, et dans tous les cas on n'aurait pas dû regretter des sacrifices passagers si bien justifiés par l'importance de l'objet. Voit-on qu'il y ait quelqu'incertitude dans les esprits sur les résultats obtenus au moyen de ceux qui ont été faits en faveur de la filature du coton, de la fabrication des calicots, industries pour lesquelles nous sommes cependant, quant à la matière première, dans la dépendance de l'étranger, tandis que, pour la fabrication du fer, toutes les matières premières abondent chez nous? L'importance de cette possession des matières premières déterminera sans doute le parti auquel s'arrêtera l'opinant, quand cette partie de la question sera plus spécialement traitée. Il est au reste convaincu que les vérités qu'il vient de retracer, quand elles seront bien connues, agiront puissamment sur l'opinion publique.

L'enquête a dissipé beaucoup de doutes dans la commission, et quand viendra le moment de la livrer au public, elle y produira vraisemblablement le même effet, et détruira dans beaucoup d'esprits des préjugés qui ne se sont accrédités, des erreurs qui ne se sont propagées que dans l'ignorance des faits. On saura enfin à quoi s'en tenir sur l'immense dommage causé à l'agriculture, sur l'obstacle mis aux débouchés de nos produits agricoles : on ne répétera plus que le renchérissement du fer coûte 60 millions à la France, somme assez approchante de la valeur totale du fer consommé. Il est donc d'une haute importance de donner la plus grande publicité, non-seulement à l'enquête, mais à un résumé des opérations et des délibérations de la commission. Cette publicité aura probablement, outre l'avantage de faire avouer généralement la justice de la protection, celui de faire sentir la nécessité, à quelque degré qu'elle soit fixée, de lui donner la garantie d'une durée qui permette de tenter avec confiance les efforts nécessaires pour qu'une si importante industrie reçoive tous les développemens dont elle est susceptible. En supposant même que le droit actuel doive être légèrement réduit, tous les fabricans éclairés reconnaîtront sans doute que cette réduction, avec l'avantage de la fixité pour un certain nombre d'années, serait encore préférable à l'état actuel dans leur intérêt bien entendu. Or, cette fixité, cette garantie ne peuvent être obtenues, suivant l'opinant, que par une mesure législative.

SOLUTION DES QUESTIONS.

Me voici donc arrivé, Messieurs, au terme de l'importante séance où vous vous êtes rendu compte avec tant de conscience des impressions diverses que l'enquête avait produites sur vos esprits. Si on pouvait trouver que j'ai donné à son narré un peu trop d'étendue, je répondrais que, comme il contient à-peu-près tout ce qui peut être dit avec le plus de raison et de force dans les différentes nuances d'opinion sur les objets à traiter, j'en retirerai l'avantage de pouvoir être infiniment plus bref dans les discussions ultérieures.

Le Ministre ouvrit la séance suivante par un résumé dans lequel il retraça les résultats généraux de l'enquête, celles de leurs conséquences qui avaient déjà rencontré une sorte d'unanimité parmi vous, et celles sur lesquelles les opinions se partageaient encore. Il appela ensuite plus particulièrement votre attention sur les conséquences qu'offrait l'étude des prix *de revient* comparés avec les prix de la production étrangère, sur les causes décisives de cette différence, sur les conditions auxquelles nous pouvions nous flatter de les voir disparaître, sur les succès déjà obtenus, et dont il vous traça rapidement le tableau; enfin sur ce qui s'attache de justes espérances au mouvement qui paraît aujourd'hui diriger les capitaux vers la mise en valeur de nos richesses minérales, seule condition à laquelle nous puissions désormais atteindre le but que nous poursuivons, le bas prix du fer produit par nous-mêmes. Puis il vous donna lecture d'une série de questions sur lesquelles il vous proposa d'aller successivement aux voix et qui lui semblaient atteindre tous les points sur lesquels il y avait quelque chose à constater, comme aussi toutes les résolutions sur lesquelles il était nécessaire de se fixer. Ce mode de procéder a été adopté sans difficulté: seulement un membre a exprimé le desir que la question de la fonte fût traitée avant celle du fer; mais comme il n'avait en vue que la fonte propre au moulage et à la fabrication des machines, on a considéré qu'il ne s'agissait que d'une exception sur laquelle il suffisait qu'une réserve fût faite et dont on s'occuperait quand les règles générales auraient été adoptées.

Sur la *première question* ainsi posée par le Ministre :

« Résulte-t-il de l'enquête et des faits officiels mis sous les yeux » de la Commission, que le sol de la France renferme des richesses » minérales en telle quantité et qualité, que notre industrie, appliquée » à la production de la fonte et du fer, puisse y trouver les élémens » d'un travail durable, et capable de répondre à tous les besoins du » pays ? »

Tous les membres se déclarent pour l'affirmative; trois cependant n'osent donner l'affirmative comme absolue, mais ils la croient très-probable.

Sur la *deuxième question :*

« Les mêmes documens donnent-ils à croire que dès ce moment » notre production de fonte et de fer, tant au charbon de bois qu'au » coke et à la houille, soit égale ou supérieure à notre consommation? »

Il ne s'élève d'observations que sur la consommation future, sur laquelle quelques personnes craindraient de se trop prononcer, si elle prenait tout l'accroissement desirable; mais sur la consommation présente, il ne s'élève aucun doute pour l'affirmative.

Sur la *troisième question :*

« Les établissemens qui ont été formés depuis quelques années pour » produire la fonte au coke ou pour convertir la fonte en fer au moyen » de la houille, et ceux qu'on est en voie de former dans certains » bassins houilliers nouvellement explorés, offrent-ils une importance, » actuelle ou probable, telle que, dans un temps peu éloigné, une » concurrence sérieuse et efficace soit présumée devoir s'établir, soit » entre ces usines elles-mêmes, soit entre ces usines et celles qui » produisent au charbon de bois? »

Ici il y a plus de débats. D'une part, on établit que la concurrence est déjà commencée, et que tout annonce qu'elle doit s'accroître rapidement; de l'autre, en espérant beaucoup des nouveaux établissemens, on dit cependant que la concurrence sera peu profitable sous un de ses rapports les plus importans, tant qu'elle n'aura pas amené une baisse considérable dans les prix, parce qu'il faut que cette baisse existe pour que les usages du fer se multiplient beaucoup, ainsi que cela est à desirer. Or, les principaux établissemens au coke, qui seuls peuvent donner ce résultat, sont dans un très-petit nombre de mains qui feront la loi au moins pendant long-temps; enfin les espérances reposent sur la richesse de deux bassins, et on en avait eu de semblables sur le bassin de Saint-Étienne, qui n'a pas tenu ce qu'il semblait promettre; les nouveaux bassins peuvent aussi tromper les espérances.

On répond que les résultats de l'industrie au coke et à la houille ne peuvent être douteux quand on voit qu'en si peu de temps cette industrie est parvenue à fournir le tiers de la consommation, et lorsqu'il a été annoncé dans l'enquête qu'elle était en voie d'accroître incessamment la production actuelle d'un cinquième. Cette question, au reste, est certainement des plus capitales qui se puissent poser, et on pourrait dire que l'enquête tout entière a eu pour but de la résoudre, puisqu'il ne s'agit de rien moins que de fixer l'opinion publique sur ce qu'on doit penser pour l'avenir du succès de l'industrie du fer. Mais comment ne croirait-on pas à ce succès? Faut-il donc reporter sur les nouveaux bassins la crainte qu'inspirent les mécomptes qu'on a éprouvés dans celui de Saint-Étienne? Mais celui-là même a fourni une grande expérience qui met à l'abri des mêmes fautes. On a bien appris que la condition première d'une complète réussite est dans la rencontre des deux élémens du minerai et du combustible, et il semble que nous ne puissions nous méprendre sur cet avantage déjà rencontré dans l'Aveyron. On demande cependant si les nouveaux établissemens suffiront pour faire naître et pour entretenir une concurrence dont la consommation puisse profiter?

Elle arrivera cette concurrence, par la seule présence de la quantité nouvelle qui va s'ajouter à une production déjà en balance avec la consommation. Ce surcroît amenant la baisse du prix, et la baisse une demande nouvelle, il y aura aussi nécessairement un stimulant très-actif pour une production plus forte dont nous possédons les élémens. Mais on craint que la baisse des fers ne soit contrariée par cette circonstance que les nouveaux établissemens sont en peu de mains. En général, les établissemens astreints à produire fort en grand opèrent toujours forcément la surabondance qui fait les bas prix. Mais ici il y a une raison spéciale; la houille et le bois entretiendront une concurrence inévitable dans la production du fer. La fabrication à la houille, en envahissant le marché, y trouvera les forges au bois dont la fâcheuse position même contribuera à amener la baisse, car il ne dépend pas de ceux qui perdent de s'arrêter à volonté, et les propriétaires de bois fabricans de fer seront bien forcés de continuer à travailler pour donner valeur à leurs bois. Ils contribueront donc eux-mêmes à rabaisser les prix par les quantités de produits qu'il leur faudra toujours jeter sur le marché; de pareils résultats se voient souvent en Angleterre. Au résumé, la France doit se reposer, pour l'avenir, et avec assez de sécurité, sur l'espérance d'une production abondante, et sur celle de prix modérés amenés par la concurrence intérieure.

On fait observer encore que c'est à tort que, dans cette discussion, les établissemens d'un des principaux bassins ont été considérés comme fort aventurés. Quoi qu'on puisse en penser, ils sont acquis au pays et leur réussite est certaine. Si les sociétés qui les ont établis à grands frais se trouvent hors d'état de les soutenir, de nouveaux entrepreneurs entre les mains de qui ils passeront pour leur vraie valeur actuelle viendront y produire à prix raisonnable, et par conséquent y feront bien leurs affaires. Tel de ces établissemens a coûté 1,500,000 fr., tel 2 millions; peut-être ne se vendront-ils, l'un que 300,000 fr., l'autre que 500,000 francs. Le dommage alors serait pour les anciens propriétaires; mais le profit restera au pays; car, s'il faut aujourd'hui, pour avoir l'intérêt des fonds de premier établissement, gagner 78 francs par millier de kilogrammes de fer, de nouveaux acquéreurs pourront peut-être se contenter de 15 francs, et là se rencontre encore la preuve de ce qui a été avancé déjà plusieurs fois sur la facilité avec laquelle les capitaux s'immobilisent dans ces sortes d'entreprises.

La question est résolue pour l'affirmative avec un assentiment général.

Quatrième question. — « Cette concurrence a-t-elle déjà com-
» mencé à se faire apercevoir, et doit-on lui attribuer, sinon ex-
» clusivement, du moins en partie, la baisse déjà survenue dans
» les produits de nos forges ? »

Le débat s'établit sur la part qu'il faut faire, dans la baisse actuelle, à la stagnation générale des affaires commerciales et des entreprises de bâtimens. Quelques contestations se sont élevées sur le fait de la baisse dans les dernières années ; mais elle se déduit clairement des états de prix successifs fournis à l'enquête par un des marchands de fer ; et cette baisse, résultat de la concurrence et d'une plus habile fabrication, aurait été bien plus sensible sans la hausse survenue dans le prix du bois.

En résultat, on se réunit à reconnaître que la baisse est venue de plusieurs causes combinées, entre lesquelles la concurrence des fabricans de l'intérieur a tenu une grande place.

Cinquième question. — « La progression probable de cette concur-
» rence, en la supposant bornée à la production intérieure, promet-
» elle une réduction nouvelle et successive dans les prix de vente ? »

A cette question vient se mêler naturellement celle des inconvéniens d'une protection exagérée, qui, en écartant la concurrence extérieure, diminue les chances d'un abaissement successif dans les prix, et peut donner aux producteurs ou la tentation d'abuser, en conservant des prix qui ne leur sont plus nécessaires, ou au moins les entretenir dans une incurie qui ralentisse leurs efforts pour perfectionner, et s'oppose ainsi aux heureuses conséquences qui en seraient la suite.

D'autre part, on observe que la solution d'une telle question dépend toujours beaucoup de la quantité de demandes, et que, s'il survenait dans ces demandes un accroissement aussi désordonné que celui de 1824, 1825, 1826, cet accroissement, s'il n'arrêtait pas tout-à-fait la baisse, la ralentirait au moins beaucoup. Il y a donc là un résultat qu'on ne peut prévoir avec précision. On doit sans nul doute admettre les espérances pour l'avenir, et on peut calculer les effets des bassins nouvellement exploités quand tous les hauts-fourneaux qu'ils peuvent alimenter y seront établis; mais pour cela il faut du temps. On a dit que la concurrence de l'étranger était un moyen d'émulation dont il ne fallait pas laisser manquer nos producteurs. Mais s'ils doivent être avertis que cette concurrence les menace, il leur faut aussi une sécurité bien établie pour s'engager dans des entreprises toujours lourdes, et quelquefois hasardeuses. N'a-t-on pas déjà démontré en effet que la condition de l'industrie des fers était que de grands capitaux aillent s'y dénaturer et y disparaître presque sans retour? N'est-ce pas même quand ils sont comme non avenus, que la production arrive à ses plus grands résultats?

Pour retenir les capitaux dans de telles entreprises, il est donc très-nécessaire que la législation soit conçue de manière non-seulement à ne pas les décourager, mais même à les encourager fortement. On objecte qu'avec une protection excessive, les capitaux s'engagent avec trop d'imprudence; mais il est facile de répondre que, si les capitaux ne s'aventuraient pas un peu, il n'y aurait rien à faire ni à espérer.

A ce sujet, il est fait la remarque qu'avant la législation de 1822, personne ne voulait exposer ses fonds dans des usines montées sur le procédé anglais.

On craint toujours que la protection n'endorme les maîtres de forges dans une trop grande confiance, mais cela ne peut se dire quand la protection s'applique à deux modes de production qui se trouvent naturellement en rivalité; et, d'ailleurs, voit-on qu'une protection bien supérieure, que la prohibition formelle ait empêché les fabricans de tissus de coton de réduire à 20 sous l'aune ce qu'ils vendaient autrefois 3 et 4 fr.?

La cinquième question est résolue par l'affirmative, et sans réclamation.

Sixième question. — « L'industrie qui produit la fonte et le fer, » considérée dans ses conditions actuelles, a-t-elle besoin encore,

» pour recevoir tout son développement, d'être fortement protégée
» par nos tarifs? »

Cette question est résolue affirmativement à l'unanimité, et même sans contestation.

Septième question. — « Si la protection actuelle était jugée excessive, et qu'une certaine diminution des droits imposés maintenant
» sur les fers étrangers fût reconnue utile, cette diminution devrait-
» elle être combinée dans la vue d'attirer sur notre marché une plus
» grande quantité de fers étrangers, ou seulement dans la vue de
» prescrire de plus étroites limites au prix des fers français? »

Tous les opinans tombent assez d'accord de donner aux produits indigènes une entière préférence pour la consommation du pays, et la plupart veulent, en conséquence, que la protection soit réglée de telle manière que les fers étrangers ne puissent pas venir sur le marché, à moins que les producteurs français n'exagérassent beaucoup leurs prix au-dessus de celui *de revient*. Un des membres se réserve toujours cependant de traiter à part de l'introduction des fontes; et tout en ne voulant pas attirer le fer étranger, il y a aussi des membres qui pensent qu'il est nécessaire, pour empêcher l'élévation du prix intérieur, que le fer étranger puisse au moins se montrer sur le rivage. Il n'y aura, dit-on, diminution assurée de prix que par la présence réelle de quelques fers étrangers. Pourquoi ne pas le laisser entrer sur quelques points où le transport rend nos fers trop chers, et d'où les frais de ce même transport ne lui permettraient pas de pénétrer plus avant?

Il a été répondu qu'on avait reconnu la nécessité de naturaliser en France l'industrie des fers à la houille, qu'on en possédait tous les élémens, et que l'entreprise n'était même pas très-difficile. Mais dans ce cas aussi ne faut-il pas la réaliser dans le plus bref délai possible? Une protection est admise, et une forte protection; à quel degré sera-t-elle assez forte? Évidemment, quand elle ira jusqu'à l'exclusion de la production étrangère, du moment où celle-ci serait capable de prendre le dessus dans notre marché. Or, les Anglais produisent plus économiquement que nous ne sommes encore parvenus à le faire, et ils sont en mesure d'envoyer instantanément des quantités énormes. On propose de les admettre dans les ports et sur le littoral. Ce serait évidemment décourager le producteur et le capitaliste français, auxquels on retirerait ainsi une très-importante partie du marché; ce serait opérer la destruction de beaucoup d'établissemens.

Il ne s'agit pas sans doute de donner une protection sans mesure et qui livre aux maîtres de forges français un monopole dont ils pourraient abuser. Loin de là, s'ils vendent trop cher aujourd'hui, relativement à leur véritable prix *de revient*, dès aujourd'hui il faut baisser les droits; mais si l'on exige la présence effective du produit étranger sur le marché avant que nous soyons parvenus à faire les progrès dont la possibilité est entrevue, l'industrie française ne pourra pas résister à cette rivalité. Qu'on pense à la surabondance des capitaux qui se trouvent entre les mains des Anglais, à la science particulière, à la souplesse avec laquelle ils savent les manier, les liquider, puis recommencer et se refaire, même après des sacrifices énormes. Ils donnent aujourd'hui le fer à 175 francs; s'ils avaient le moyen de le faire pénétrer en France, n'en retirassent-ils que 150 francs, ils inonderaient notre marché. Du littoral ils arriveraient jusqu'au centre, et se récupéreraient bientôt de leur perte, en amenant l'anéantissement de notre industrie.

Ces considérations ont généralement déterminé la commission à penser que la protection devait être calculée dans le but de retenir la hausse des prix des fers français dans de certaines limites, et non de faire arriver habituellement les fers étrangers sur quelque point du marché que ce fût.

Huitième question. — « Si la diminution des droits ne devait avoir » pour objet que de contraindre le producteur français à réduire dès » ce moment le prix de ses fers, la quotité de cette diminution de» vrait-elle être fixée en considération des prix auxquels on jugerait » que peuvent se vendre, sans dommage pour nos maîtres de forges,

» les fers produits au charbon de bois, ou seulement en considération » des prix auxquels on jugerait que peuvent s'établir les fers produits » à la houille ? »

Pour bien saisir l'importance de cette question, il ne faut pas perdre de vue que la limite de protection suffisante pour défendre la fabrication à la houille laisserait entièrement à découvert celle au bois, et en serait, par conséquent, destructive. Cela est démontré par les prix *de revient* établis dans l'enquête pour l'une et l'autre fabrications.

Les opinans ont généralement pensé que la fabrication au bois ne devait pas être privée de protection, et que même, en prévoyant qu'il lui serait un jour difficile de soutenir la concurrence de celle à la houille, il fallait lui donner le moyen de passer par les degrés d'un amortissement progressif. On a cité l'exemple de ce qui s'était passé en Angleterre, et de l'énorme réduction de valeur qu'avaient subie les anciens établissemens en présence des nouveaux ; et cette réduction cependant s'est opérée avec une protection qui n'a permis à aucune concurrence de venir du dehors pour la précipiter. Il y a toujours témérité et faute en administration quand on accélère un mouvement quelconque de manière à rendre ses effets plus fâcheux et plus redoutables pour ceux qui doivent en souffrir. Il faut donc une protection combinée ; et il ne serait pas loyal d'abandonner entièrement à elles-mêmes les usines au bois. Leur production est d'ailleurs précieuse sous plusieurs rapports, et pour des qualités de fer qui conviennent à certains emplois.

Cependant un membre de la commission exprime le desir qu'en prenant en considération dans la protection accordée le prix *de revient* des bois, on réduise, dans les calculs, le prix du combustible bois au taux où il était en 1821.

Un autre membre, étudiant cette idée, estime que, pour fixer la protection, il faut mettre à l'écart la considération des usines déraisonnablement situées, modifier le prix *de revient* des autres en réduisant celui de leur combustible, abstraction faite de l'augmentation subie depuis l'élévation du tarif des fers. Ce calcul fait, un grand nombre d'usines se trouveraient encore profiter de la protection convenablement réglée sur la fabrication à la houille.

Mais les fabrications au bois et à la houille, observe un dernier opinant, ont encore leurs intérêts très-mêlés, et l'une a souvent besoin de l'autre. Plusieurs usines font du fer à la houille avec de la fonte au bois. Enfin, il ne faut pas perdre de vue que le fer au bois fournit encore les deux-tiers de la consommation, et que, si cette portion était abandonnée à la concurrence étrangère, le dernier tiers serait promptement envahi. Sans trancher la question de la quotité de la protection, il faut donc reconnaître qu'elle doit embrasser les deux industries. »

Le résultat de toutes les opinions a été de s'arrêter à une protection moyenne combinée avec prudence, tant pour la fabrication au bois que pour celle à la houille.

La neuvième question, étant celle qui devait fixer la quotité de la protection d'après les résolutions déjà prises, était d'un haut intérêt, puisqu'elle devait présenter enfin le résultat positif vers lequel n'avaient cessé de se diriger tant de soins pris, tant de laborieuses recherches. Le débat en fut renvoyé à la séance suivante.

Neuvième question. — « Une diminution des droits maintenant im-
» posés sur les fers étrangers est-elle conciliable avec l'accomplissement
» des conditions résultant de la solution des questions précédentes, et
» quelle pourrait être cette diminution ? »

La discussion est d'abord naturellement ramenée sur la distinction déjà faite entre les fontes et le fer. Le fer, fut-il dit, exigeant plus de main-d'œuvre que la fonte, donnant ainsi plus de travail, il était simple que la protection fût plus grande pour sa fabrication que pour celle de la fonte. Le but auquel on devait tendre était d'ailleurs d'encourager la production de la fonte au coke, et non celle de la fonte au bois, qui consommait une si grande quantité de ce combustible, et à laquelle on en devait attribuer l'excessif renchérissement. L'admission de la fonte étrangère avertirait le producteur, comme le propriétaire de forêts, qu'il était temps de ne pas compter sur une protection indéfinie qui dût indemniser toujours l'un de ce qu'il se soumettrait à payer de trop à l'autre. On atteindrait ce but si on agréait la proposition de réduire successivement le droit sur la fonte étrangère à 4 fr., ce qui se ferait en le baissant d'un franc par année. On devrait même, dès ce moment, réduire au taux du tarif antérieur à 1822 le droit sur les fontes qui seraient directement destinées aux usines pour les conversions en fer.

Il fut répondu que le but de favoriser la production de la fonte au coke, aux dépens de celle au bois, but que se proposait l'auteur de la proposition, ne serait pas atteint, la fonte anglaise étant à si bas prix que son introduction si facile renverserait les hauts-fourneaux au coke comme ceux au bois.

On irait ainsi directement à la destruction du plus grand avantage que présentait à la France l'industrie des fers, avantage qui consiste à avoir sous sa main la matière première, et, avec une production susceptible d'un tel développement qu'il y avait pour toutes les productions qui dépendent de celle-là certitude non-seulement de ne jamais manquer d'une matière première aussi importante, mais même de ne jamais la voir soumise à ces grandes fluctuations de prix toujours inévitables, surtout en temps de guerre, quand on est dans la dépendance de l'étranger. Et sans doute on ne pensait pas que les perturbations de prix dans les matières premières, alors qu'elles amenaient des baisses successives dont le terme ne saurait être prévu ni calculé avec la moindre certitude, fussent jamais favorables aux industries qui emploient ces matières. N'a-t-on pas à cet égard l'exemple des fabricans de coton? Chaque année, le coton arrive d'Amérique à un taux plus bas, et il en résulte que le fabricant succombe sous la nécessité qui lui est imposée de ne vendre que sur le prix résultant du dernier arrivage la marchandise fabriquée avec les produits de l'arrivage précédent. Rien de plus important donc à protéger que les usines qui créent la fonte avec laquelle le fer est ensuite produit. On ajoute que la fonte étrangère, ne fût-elle introduits que sur le littoral, y trouverait bientôt des usines qui sauraient bien s'y créer pour la recevoir, pour la transformer en fer, et qui le feraient avec un grand avantage. Aussitôt viendraient donc à tomber les hauts-fourneaux existans aujourd'hui dans quatre grands établissemens situés sur le littoral.

D'importans détails sont donnés à ce sujet relativement au droit établi en 1822 sur la fonte, et on explique comment l'introduction de la fonte, connue sous le nom de *fin métal,* permettrait, malgré sa cherté apparente, de l'employer encore avantageusement pour la conversion en fer.

En dernier résultat, il fut convenu d'ajourner encore la décision sur les fontes, et de la renvoyer au moment qui suivrait celui où serait prise celle sur le tarif des fers; mais cependant il fut dès-lors sensible que l'inclination de la Commission ne serait pas de faciliter l'introduction de la fonte étrangère dans le but de la convertir en fer.

La discussion s'est donc enfin engagée sur le tarif des fers. Elle a ramené une nouvelle expression de toutes les nuances d'opinion, d'une part sur l'exagération de la protection accordée en 1822, sur l'inconvénient de soutenir des établissemens mal situés, témérairement entrepris, inhabilement conduits, sur le soulagement qu'il importait d'accorder le plus tôt possible aux consommateurs; d'autre part, sur l'importance de l'industrie des fers, sur les avantages assurés qu'elle offre aux pays, sur les progrès qu'elle a faits en peu d'années, comparativement même à ceux qui furent obtenus en Angleterre dans des circonstances infiniment plus favorables sous beaucoup de rapports, sur la grandeur des moyens qu'il y faut consacrer, sur le danger de décourager les capitaux qui s'y portent, et qu'il faut au contraire y appeler.

Mais quoique tout cela ait été redit peut-être mieux, avec plus de force que dans les occasions précédentes, je craindrais de trop fatiguer votre attention, Messieurs, si je vous obligeais à l'entendre de nouveau. J'observe seulement que tout le monde a été, dans la ligne de son opinion, fidèle au principe unanimement consacré par une précédente décision, qu'il fallait une forte protection; et en effet, ceux mêmes qui ont le plus appuyé sur l'excès de la protection accordée en 1822, n'ont pas indiqué comme possible une réduction de plus d'un cinquième. Cette réduction aurait donc fait descendre le droit de 25 francs à 20 francs. A l'appui de cette réduction de 5 francs, on observait que la possibilité en avait été plusieurs fois posée, en forme de question, dans l'enquête, et que le principal administrateur du Creuzot n'y avait pas répugné, considérant même qu'elle serait un bien si elle était accompagnée de la garantie d'une stabilité d'un certain nombre d'années dans la durée de ce qui resterait de la protection. Cette dernière considération parut beaucoup frapper un certain nombre de membres de la commission, mais il fut observé que l'administrateur du Creuzot, en consentant cette réduction, avait eu principalement en vue son usine, l'une des mieux situées, travaillant le fer à la houille, et obtenant par le coke la moitié de la fonte qui entrait dans la fabrication de son fer.

Tout, au reste, amenait à sentir le besoin de quelques calculs positifs, qui, en faisant nettement ressortir de l'enquête les prix *de revient,* sur lesquels il était possible de compter dans les deux genres de fabrication, seraient seuls capables de fixer l'opinion de la commission sur ce qu'il y avait moyen de tenter, en fait de réduction, dans le cas où on jugerait qu'il y en eût une possible. La nécessité de ces calculs étant donc universellement admise, quatre membres de la commission furent invités à se réunir à l'effet de les rédiger et de les présenter le plus tôt possible. Ils se sont rendus avec empressement à cette invitation, et leur travail vous a été lu à la séance suivante; mais ils s'étaient trouvés partagés dans leur opinion au nombre de deux contre deux, les uns tirant de leurs calculs la conséquence qu'aucune réduction ne pouvait encore être proposée; les autres, qu'on pouvait réduire à 20 fr. le droit sur les fers au laminoir, et à 12 fr. 50 cent. celui sur les fers au marteau.

La différence entre les manières de voir de ces deux fractions de la commission tient à deux causes. Comme le point de comparaison qu'ils ont dû chercher pour assurer complétement le marché de France aux fers français devait se trouver dans les lieux où ces deux natures de fer se peuvent habituellement rencontrer, il leur a fallu se placer sur le littoral et dans les ports de mer; et là, ayant examiné à quel taux devaient y revenir les fers étrangers et les fers français qui y peuvent arriver, ils ont d'abord arbitré d'un commun accord le taux de 30 fr. pour le prix moyen du transport de tous les fers français, en partant du lieu de fabrication et arrivant jusqu'au littoral.

Ce point convenu, les deux partisans d'une réduction ont calculé à 214 fr. le prix de la tonne de fer anglais acheté en Angleterre au point le plus favorable et rendu dans les ports français; ils en ont tiré la conséquence que, le fer français à la houille, le seul qui dût être mis en regard avec le fer laminé anglais, pouvant être rendu dans les mêmes lieux et pour la même quantité, au prix de 315 francs, la protection de 20 francs par 100 kilogrammes serait encore suffisante, et qu'on pouvait diminuer la taxe sur les fers anglais de 5 francs.

Comptant de la même manière pour les fers au bois et au marteau, et le taux du fer français au bois rendu dans les ports étant, d'un commun accord, fixé à 493 fr. les 1,000 kilogrammes, équivalant à la tonne, les mêmes ont établi que la tonne des fers de Suède, rendus dans les ports de France, revenait à 365 francs, d'où ils ont conclu que la réduction du droit à 12 francs 50 centimes laisserait encore au fer français une protection de 36 francs par tonne.

Mais ces calculs ont été contestés par leurs adversaires. L'un d'eux a établi que l'on devait encore abaisser le fer anglais, rendu dans nos ports, d'un escompte de 6 p. 0/0, qui était accordé au lieu d'achat, ce qui changeait toute la proportion. Cela lui a été accordé, toutefois avec l'observation qu'un droit analogue devrait aussi être ajouté à la valeur des fers français, toutes les fois que le producteur ne l'enverrait pas lui-même dans les ports. Mais là n'était pas encore la principale différence entre la manière de calculer des uns et des autres. On a vu que les partisans de la diminution n'avaient jamais mis en présence du fer anglais, dans les ports, que le fer français à la houille, et qu'ils n'avaient pareillement mis le fer français au bois en présence que du fer de Suède. Voilà ce que n'avaient pu admettre ceux qui se refusaient à la réduction du droit. Suivant eux, il n'y avait que les fers fins de Franche-Comté, de Berry, de Normandie (pour une portion seulement), et des forges à la catalane dans les Pyrénées, qui fussent à comparer aux fers de Suède. Or, ces qualités, qui sont pour un sixième dans notre production, reviennent, disaient-ils, à 575 fr. les 1,000 kilogrammes rendus dans les ports.

Comparé avec les fers de Suède, au prix convenu ci-dessus, le droit actuellement payé établit ceux-ci dans les ports français à 554 francs les 1,000 kilogrammes. Il manquerait dans cette hypothèse 2 fr. 10 c. par cent kilogrammes à la défense des fers français. Ce ne serait donc pas le cas d'y rien retrancher, bien au contraire.

Quant aux fers marchands de toute la Champagne, de toute la Bourgogne, c'est-à-dire quant aux trois sixièmes de la production au bois, ils peuvent bien être de qualité un peu meilleure que les fers anglais; mais ils n'ont pas d'autre emploi, et ne peuvent être égalés aux fers de Suède. Il faut donc les joindre aux fers à la houille, et former du tout une masse sur laquelle s'établira la comparaison avec les fers anglais. Or, les fers aux bois fournissent dans cette masse les deux sixièmes; et pour tirer un prix moyen de ces deux qualités, qui sont ensemble en concurrence avec la production anglaise, il faut dès-lors prendre, pour composer mille kilogrammes,

400 kil. à la houille, à 38 fr. 50 c., à la forge........	154f 00c
600 kil. au bois, à 46 fr. 30 c.................	277. 80.

En faisant ensuite le calcul de proportion,

On aura, pour prix moyen..........................	431. 80.
Et rendus dans les ports..........................	461. 80.

Le prix anglais, suivant les calculs des mêmes personnes, est,

rendu en France, de..........................	207f 07c
Le droit actuel est de..........................	275. 00.
TOTAL..............	482. 07.

La protection du droit actuel n'est donc, selon elles, que de 2 fr. 3 centimes par 100 kilogrammes, ce qui n'excède pas certainement celle qu'on a décidé de maintenir. Encore faut-il remarquer que ce n'est peut-être pas donner à la fabrication au bois tout l'appui dont elle aurait besoin, puisqu'au lieu de calculer son prix *de revient* tel qu'il est en effet, c'est-à-dire à 46 francs 30 centimes (à la forge), on le confond dans un prix moyen que la fabrication à la houille réduit à 43 francs 10 centimes. Et encore ce prix de 46 fr. 30 centimes est-il tiré des dépositions des principaux maîtres de forges qui produisent entre eux au moins 25,800 tonnes de fer, et leurs établissemens ne sont pas sans doute les plus mal placés; le reste est en grande partie divisé en un très-grand nombre d'usines qui produisent plus chèrement, et qui seront infailliblement détruites, pour peu qu'on touche à la protection actuelle.

Voilà donc sur quel terrain et en présence de quel désacord dans les calculs le débat a dû s'établir de nouveau. Les quatre membres de la commission qui les avaient ainsi diversement produits avaient, comme de raison, appuyé leurs conclusions d'un résumé de toutes les considérations générales et particulières déjà établies, car il était difficile, au point où l'on était arrivé, de dire quelque chose de très-nouveau, et en effet, dans la discussion qui suivit, je ne vois guère d'observation qu'il soit nécessaire de rappeler, que celle incidemment élevée sur l'inconvénient du système des concessions de mines à exploiter et notamment des houillières, d'où résultait que les propriétaires de ces concessions tenaient en leurs mains le sort des propriétaires d'usines à fer et de hauts-fourneaux, ceux-ci étant obligés ou de leur payer à des prix exagérés le combustible, ou de leur acheter fort chèrement leur concession, ou de les admettre pour une part plus ou moins forte dans leurs bénéfices. Ainsi venaient à s'augmenter considérablement les prix *de revient* dans les localités mêmes où ils pourraient s'abaisser le plus aisément.

Après beaucoup d'explications réciproquement données, il a été reconnu cependant que, si quelques inconvéniens de cette nature avaient eu lieu, ils étaient inséparables d'une première impulsion donnée; que sans concession il n'y aurait pas de recherches, et par conséquent point de découvertes; que le système des concessions avait été reconnu indispensable pour susciter de grandes entreprises qui seules peuvent donner de grands résultats, et par conséquent amener l'abaissement des prix. Sans aucun doute, il a été fait des concessions d'une étendue exagérée, mais l'administration doit être aujourd'hui bien avertie de cet écueil, et, sans doute, elle mettra dorénavant tous ses soins à l'éviter. En dernier résultat, s'il y a eu des concessions excessives, il en a été accordé de mieux réparties, et il y a encore de la marge pour en accorder de nouvelles. Ainsi donc, tous les moyens d'établir la concurrence au présent et à l'avenir subsistent, et si quelques propriétés concédées se trouvaient dans ce moment acquérir une grande valeur, il ne faudrait pas s'en affliger, car ce serait un grand encouragement à découvrir et à entreprendre.

Se renfermant alors dans la question du maintien ou de l'abaissement du tarif de 1822, la commission a été bientôt amenée à voter par ordre d'opinans, et voici quel a été le résultat de ce vote :

Cinq voix sont pour le maintien pur et simple du tarif.

Trois voix sont pour le maintien pendant cinq ans, après quoi une diminution serait faite en une seule fois.

Deux voix sont pour le maintien pendant trois ans, après quoi il y aurait une diminution graduelle d'un franc pendant cinq années.

Deux voix sont pour une réduction immédiate, mais graduelle, d'un franc pendant cinq années;

Quatre voix sont pour une réduction immédiate de 5 francs. Un membre était absent.

Il est, du reste, demeuré entendu que ces votes, relatifs au fer à la houille, s'appliquaient proportionnellement au droit des fers au bois.

Quoiqu'il y eût majorité acquise pour l'opinion de ne faire dans le moment présent aucun changement au tarif, cependant, comme le maintien pur et simple du tarif n'était adopté que par cinq voix, et comme les autres votes, en faveur de ce maintien, étaient donnés avec des combinaisons d'avenir différentes, il était simple de recourir à un second tour de votes, à l'effet de connaître celle de ces combinaisons qui réunirait le plus de suffrages. Ce second tour fut renvoyé à la séance suivante, et alors l'un des membres qui avaient voté pour le maintien de la taxe actuelle pendant trois ans, après quoi il y aurait une diminution graduelle d'un franc pendant cinq années, demanda la permission de soumettre à la Commission quelques développemens et même quelques modifications de son vote précédent, ajoutant qu'il les jugeait nécessaires, d'après une observation qui avait été faite à la dernière séance contre le système des réductions graduelles, dont le consommateur ne profitait presque jamais ou au moins ne profitait que très-tardivement, le marchand intermédiaire emportant presque toujours le bénéfice de cette réduction.

Il est nécessaire de s'arrêter un peu sur cet incident, la nouvelle proposition de l'opinant et les motifs qu'il en a donnés ayant pu n'être pas sans influence sur l'avis définitivement adopté. Le vote auquel il s'était joint, à la fin de la dernière séance, lui avait apparu, dit-il, comme un terme conciliateur qui ménageait les intérêts présens, les plus nécessaires à défendre, et qui donnait pour l'avenir à d'autres intérêts, fort respectables aussi, une satisfaction d'autant plus admissible qu'elle ne devait point dépasser certaines bornes, et qu'elle donnait en même temps la garantie d'un nombre d'années pendant lesquelles l'industrie des fers saurait sur quoi compter et pourrait ainsi, en toute sécurité, travailler à fonder et à consolider les nouveaux établissemens qui lui étaient indispensables. En réfléchissant davantage à ce tempérament, la convenance s'en est de plus en plus confirmée à ses yeux, mais toutefois avec quelques modifications. Les faits, et toutes les déductions qui en ont été tirées, l'ont convaincu qu'il était impossible dans le moment présent de toucher à la taxe des fers étrangers, et cependant il est en même temps persuadé qu'il ne serait pas prudent de refuser toute satisfaction à des opinions contraires, fort répandues, et qui, peut-être, ne le céderaient que difficilement même à de fort bonnes raisons; car enfin il ne fallait pas s'attendre à obtenir aisément du plus grand nombre une conviction semblable à celle qu'une commission éclairée et consciencieuse n'avait pu se former qu'après quatre mois d'une investigation assidue, où elle avait dépouillé tous les faits et réduit les problèmes à leur plus simple expression. Cela posé, il lui paraissait prudent d'acheter le maintien, pendant un certain temps, de la taxe actuelle, c'est-à-dire de la protection nécessaire par le consentement donné à une diminution progressive, à partir d'une époque déterminée. Pour démontrer les avantages de cette transaction, le meilleur procédé était sans doute d'en rappeler succinctement les motifs et de la suivre dans ses conséquences, ce qui ne demandait pas heureusement de grands développemens.

Les calculs sur lesquels diffèrent les commissaires qui se sont chargés des dernières vérifications concordent, dit l'opinant, dans leurs élémens principaux, et s'il s'y rencontre quelques différences, ces différences mêmes, lorsque les calculs sont faits par des hommes si experts et de si bonne foi, prouvent assez jusqu'à quel point il est difficile, en de telles matières, de rencontrer une parfaite précision. Il demeure dès-lors évident que le parti qui donne le plus de sécurité est celui qu'il faut prendre pour base; car il y aurait grand dommage si une diminution, adoptée en raison de ces calculs, ramenait la protection, que tout le monde a reconnue indispensable, tellement près du point où elle deviendrait nulle, qu'elle ne laissât plus de confiance: et voilà pourquoi la taxe entière doit être maintenue encore pendant un certain temps.

Mais deux circonstances permettent de lui assigner dès à présent une limite; en effet ce qui en rend l'intégralité nécessaire aujourd'hui, c'est le bas prix des fers anglais, et le haut prix des bois en France. Tout le monde paraît convenir que les Anglais en ce moment fabriquent à perte, mais on sait aussi qu'ils sont capables de soutenir quelque temps cet état de choses, sans pour cela diminuer leur fabrication. Il est donc sage de calculer à-la-fois sur la puissance de leurs efforts en ce genre, et pourtant d'y prévoir un terme qui, aussitôt qu'il arrivera, rendra aux producteurs français le moyen de braver la concurrence avec une moindre protection. D'autre part, les propriétaires de bois ont, en résultat, plus profité que les maîtres de forges de la surtaxe. Une diminution dans le prix des combustibles donnerait une grande aisance à nos usines; mais cette diminution ne peut, sans inconvénient être brusquement opérée. Il faut que tout le monde s'y prépare dans une juste mesure ; il faut éviter une première et trop prompte lutte entre les vendeurs et les acheteurs, lutte d'où pourraient résulter une incertitude dans les valeurs et une stagnation dans le travail, également nuisibles à tous les intérêts.

Il semble dès-lors que le terme qui serait assigné à la durée de l'intégralité de la taxe actuelle offrirait précisément l'avantage d'un premier intervalle, pendant lequel chacun ferait ses calculs, et aurait le temps de reconnaître justement ce qu'il peut offrir et demander. Le Gouvernement, qui est le plus gros détenteur de bois, et qui dans beaucoup de localités en fixe la valeur, pourrait aussi régler ses mises à prix de la manière la plus équitable, et la diminution aurait lieu ainsi sans secousse et sans lésion grave pour personne.

Suivant l'opinant, il n'y a donc rien de mieux que la fixation d'un terme à la durée de la taxe dans son intégralité ; mais il faut que ce terme soit placé à une distance convenable, et qu'ensuite on entre, aussitôt qu'elle sera atteinte, dans un système de diminution calculé de manière à arriver à une certaine borne dans un temps déterminé.

Voici maintenant les modifications qu'il propose à l'avis auquel il s'était précédemment rangé.

Il reculerait à cinq ans le terme de trois ans, auquel il avait d'abord attaché le maintien du chiffre actuel ; ce changement s'explique par ce qu'il vient d'exposer sur la marche probable du cours des fers en Angleterre. Au terme de ces cinq années, le rabais du droit serait de 3 francs par 100 kilogrammes, et après cinq autres années, il y aurait une nouvelle diminution de 2 francs.

Ainsi, on assurerait aux établissemens un avenir de dix ans dont ils pourraient calculer toutes les chances, et en faisant droit aux observations émises sur une diminution trop faiblement graduée, on donnerait aux consommateurs, pour une époque déterminée, la garantie d'un abaissement dans le prix du fer, abaissement qui, s'il ne se trouvait pas déjà avancé par les effets de la concurrence intérieure, serait au moins, suivant toutes les apparences, le signal de l'amélioration, beaucoup plus grande encore, qu'elle ne peut manquer de produire.

Une proposition de loi conçue dans cet esprit semblerait donc de toutes manières facile à rédiger et à défendre. L'opinion publique y trouverait le ménagement de tous les intérêts, comme l'exclusion de toutes les exagérations systématiques dans tous les sens, et elle y verrait sans doute aussi un pas fait dans une bonne route. Ce serait là, si l'opinant ne se trompait pas, un des plus précieux résultats de l'usage des enquêtes qui doivent mettre partout les faits à la place des hypothèses. Il ajoute enfin, que toute résolution qui ne donnerait pas le moyen de solliciter et d'obtenir cette année une mesure législative laisserait l'industrie des fers dans un état précaire et très-funeste dont il importait de la tirer.

Après un court débat sur cette proposition, le tour d'opinion précédent ayant donné comme avis de la majorité que le tarif actuel sur les fers ne serait pas immédiatement changé, il restait à demander 1.° pour combien d'années on proposerait de le maintenir; 2.° quelle réduction sera faite après ce délai, si on jugeait qu'il fût à propos de statuer dès à présent sur ce point.

Sur la première demande, dix voix se sont prononcées pour le maintien pendant cinq années, les autres ayant persisté dans leur opinion d'une réduction immédiate ou commencée au bout de trois années.

Sur la seconde, neuf voix se sont prononcées pour une réduction de 5 francs en une seule fois, après le délai de cinq années expirées, avec maintien, pendant les cinq années suivantes, du droit restant de 20 francs; huit pour la même réduction de 5 francs, mais partagée par moitié, la première moitié après le délai de cinq années expirées, et la seconde cinq ans plus tard.

Cette question étant ainsi entièrement vidée, il ne restait plus que celle de la réduction du tarif sur les fontes. On doit se rappeler qu'elle avait été réservée pour la dernière. Le membre qui l'avait considérée sous le rapport de la taxe appliquée aux fontes destinées à être converties en fer, ayant cru reconnaître que ses idées sur ce point n'étaient pas agréées par le plus grand nombre des membres de la commission, a retiré sa proposition; il ne s'est plus agi dès lors que de la fonte considérée relativement à l'emploi du moulage et de la fabrication des machines, la pensée étant généralement admise qu'on ne pourrait sans inconséquence laisser pénétrer en France la fonte étrangère dont la destination serait de la convertir en fer.

Cela posé, on a fait valoir de nouveau avec force la nécessité de procurer aux fondeurs, particulièrement à ceux qui font les machines, la fonte anglaise dont ils ne peuvent se passer, et de faire cesser, outre l'exorbitance du droit, les gênes qui sont imposées à l'introduction de cette fonte, par la forme sous laquelle on exige qu'elle se présente.

Bien qu'il ait été répondu que la fonte française avait plus qu'on ne le supposait les qualités nécessaires pour remplacer la fonte anglaise, et qu'il y avait souvent préjugé dans la préférence donnée à cette dernière, cependant, attendu l'importance de la construction des machines, et par la considération qu'en admettant même que de certaines fontes françaises valussent les fontes anglaises, il était cependant possible qu'elles ne fussent pas en quantité suffisante pour satisfaire au besoin de la consommation : on inclinait généralement à donner dans une juste mesure la facilité desirée, pourvu toutefois que cette facilité n'eût pas pour résultat de rendre possible l'introduction de la fonte destinée à se convertir en fer. Beaucoup de détails ont été alors donnés sur la difficulté de distinguer, au moment de l'introduction, les deux espèces de fonte dont l'emploi devait être si différent, et on a insisté sur ce qui avait été dit déjà des avantages que pourrait offrir la fabrication du fer avec de la fonte dite *fin métal.*

Il a été spécialement remarqué que, si le transport des fontes anglaises, à de grandes distances dans l'intérieur, nécessitait des frais qui ne rendaient pas probable qu'on trouvât bénéfice à les y conduire pour fabriquer du fer, il n'en était pas de même sur certains points du littoral où la houille pouvait arriver à assez bon marché pour qu'il fût possible d'y former de grands établissemens, dans lesquels le fer au laminoir serait fabriqué avec de la fonte anglaise. Cependant, un des membres de la commission, dont l'expérience en cette matière est des plus constatées, ayant concédé qu'on pourrait, dès à présent, diminuer d'un franc le droit de 9 francs actuellement perçu sur chaque 100 kilog. de fonte étrangère introduite par mer, mais qu'on ne pourrait, sans danger, accorder une plus grande réduction, cela conduisit à la pensée d'inviter les quatre membres qui s'étaient déjà chargés de comparer les calculs relatifs au fer à vouloir bien se réunir de nouveau pour faire un même travail sur les fontes. Ils ont en effet consenti à prendre ce soin, et la commission a dû attendre le résultat de leur examen. Mais il est arrivé, en cette occasion comme en celle des fers, qu'ils se sont trouvés divisés d'opinion deux contre deux, et ont, par conséquent, présenté des conclusions différentes. Tous les quatre avaient admis, cependant la possibilité d'une réduction immédiate d'un franc; mais il y en avait deux allant beaucoup au-delà, car ils pensaient qu'on pouvait, dès à présent, réduire le droit de 9 francs au taux de 6 fr., et cela sans qu'il y eût moyen que la fonte vînt se convertir avantageusement en fer dans les usines françaises.

D'après leurs calculs, la tonne de fonte anglaise, le droit de 6 fr. acquitté par 100 kilogrammes, reviendrait, dans les ports de France, à 216 fr.; et à ce prix les données de l'enquête montraient que la conversion ne saurait avoir lieu. Mais d'ailleurs on pouvait ne pas permettre l'introduction de la fonte par tous les ports indistinctement; on pouvait la restreindre à de certains ports dans le voisinage desquels il ne se rencontrait pas de forges, où il serait impossible d'en établir, attendu le haut prix de la houille, et qui cependant seraient à la portée des fondeurs et des mouleurs qui ont besoin de s'approvisionner en cette matière. Déjà une semblable distinction existait dans le tarif pour quelques points de la frontière par terre, et cela dans le but de satisfaire aux besoins de certaines usines; pourquoi n'en ferait-on pas autant, dans le même but, pour la frontière par mer? Rouen et Saint-Valery sont désignés comme points où tous les avantages indiqués se trouveraient réunis sans mélange d'aucun inconvénient; on pourrait y ajouter Bordeaux, où il n'y a que des fonderies. Dans ces ports et dans tous les lieux environnans, la houille est à un tel prix que la conversion y serait impossible. Que si, toutefois, il arrivait que quelque entrepreneur imprudent vînt à y établir des forges, dans l'intention d'abuser de la diminution du droit sur les fontes, le Gouvernement aurait la ressource de l'avertir et de supprimer la faveur attachée à l'entrée de ce côté. On avait demandé le même rabais pour Dunkerque ; mais on peut y avoir la houille à plus bas prix que dans les ports indiqués, ce qui engage à proposer de mettre le droit à 8 fr. par cette voie, en le baissant à 6 fr. pour les trois autres, et en le maintenant à 9 fr. pour le reste de la frontière.

Les deux autres commissaires ont considéré que la conversion en fer pouvait être faite ou avec la fonte crue, ou avec le *fin métal*. La première ne coûte en Angleterre que 3 l. 10 sch., la seconde 4 l. 10 sch. Ils pensent que c'est avec le *fin métal* que la conversion serait faite ; on a dit que notre tarif l'imposait à un droit très-supérieur, mais ce droit, fruit d'un amendement, fut accordé sans avoir recherché les moyens possibles de l'exiger, ni la manière de distinguer à la douane le *fin métal* de la fonte crue. Or cette distinction n'est à la portée de qui que ce soit, et on ne saurait empêcher le *fin métal* de venir comme fonte aussitôt qu'il y aura intérêt à le faire entrer.

Or une tonne de *fin métal* à 114 francs 30 centimes, prix coûtant, revient en France, avec 37 francs 50 centimes de frais de transport, à 151 francs 80 centimes, et avec cette tonne on peut produire la tonne de fer à 359 francs 50 centimes sans le droit. Il reste donc 106 francs 50 centimes à imposer pour atteindre le prix de 460 francs réservé aux fers français. Le droit de 8 francs par 100 kilogrammes, décime en sus, correspond précisément à cette somme ; il est donc nécessaire de maintenir la taxe à ce taux. Tels étaient les motifs qui décidaient ces deux commissaires à regarder le rabais d'un franc comme le seul possible.

Le débat s'étant engagé sur ces deux propositions, beaucoup d'observations ont encore été faites de part et d'autre sur les calculs ; mais il ne pouvait en résulter une démonstration absolue, les conséquences ayant toujours un côté hypothétique qui excluait la certitude, et cependant il fallait, pour que la protection réclamée, et dont tout le monde avouait la nécessité, fût efficace, qu'il n'y eût aucun doute sur la répulsion des fontes étrangères, en tant que pouvant servir à la production du fer. Les partisans de la plus petite réduction ajoutaient qu'il ne fallait pas perdre de vue l'effet moral que produirait un rabais trop sensible et qui laisserait la crainte de voir entrer la fonte étrangère pour toute autre destination que le moulage. D'un autre côté, on demandait comment il serait possible, quand le but de la taxe serait si évident, qu'il y eût des entrepreneurs assez téméraires pour venir fonder sur le littoral, car là seulement la chose serait praticable, des établissemens basés sur une tolérance qui ne pourrait manquer d'être retirée aussitôt que l'abus s'en serait manifesté.

Mais, disait-on d'autre part, n'y a-t-il pas beaucoup d'inconvéniens à cette préférence donnée à certains ports à l'exclusion de tous les autres? Ces sortes de priviléges ne doivent-ils pas être évités quand ils ne sont pas motivés par un grand intérêt général; et cet intérêt existe-t-il réellement dans l'espèce? D'autres demandaient si la fonte française, propre au moulage et à la confection des machines, ne devait pas aussi être protégée, et s'il fallait décourager ceux qui, travaillant chaque jour à la perfectionner, y étaient déjà parvenus d'une manière indubitable. A cela on répondait que la protection du droit de 6 fr. par 100 kilog. n'était certes pas insignifiante; et que, lorsque les hauts-fourneaux français avaient tant de fonte à produire pour la fabrication du fer, on ne pouvait pas douter que l'expérience en cette partie ne dût donner bientôt les moyens d'égaler, en qualités de toute sorte, les fontes anglaises, dont la concurrence ne serait dès-lors bientôt plus redoutable. Mais, en attendant, il était juste, dans l'intérêt de tous les arts industriels, de donner aux fabricans de moulage et de machines les facilités qu'ils réclamaient, et dont ils n'useraient peut-être pas long-temps.

Ce fut alors qu'un membre vint à observer que, tout le monde voulant au fond atteindre le but de faire droit aux doléances des fondeurs, il n'y aurait aucune difficulté réelle à abaisser de 2 ou 3 francs le droit de 9 fr. sur les fontes, si on avait à la frontière quelque moyen assuré de distinguer la qualité des fontes; mais si l'examen des matières ne fournissait pas ce moyen, ne serait-il pas possible d'y suppléer par des déclarations exigées de ceux qui feraient entrer des fontes pour moulage et confection de machines? Il leur serait alors donné des acquits-à-caution, à l'aide desquels la matière ainsi déclarée pourrait librement passer jusque chez le fabricant.

Un membre, très-compétent en pareille matière, donne à ce sujet l'assurance qu'une chose semblable s'opérait déjà en douane pour l'entrée de quelques matières, et notamment de certaines qualités de cuivre; il avait même déjà rédigé dans ce sens un projet d'article.

Cette idée devint dès-lors le sujet d'une discussion particulière dans laquelle on représenta d'abord les difficultés dans l'exécution du parti proposé, et ensuite l'incertitude de ses résultats. La précaution serait-elle efficace? On en doutait beaucoup, et pour acquérir un très-mince résultat, les douanes seraient appelées à étendre leur surveillance et leur action dans l'intérieur du royaume, ce qui était toujours fâcheux et pénible pour l'industrie; puis, on ne prétendait pas sans doute, une fois la première destination accomplie, donner aux préposés le droit de suivre la fonte dans toutes les mains où elle pourrait passer, et alors quelle garantie aurait-on de la sincérité des déclarations?

Il fut répondu que la seule formalité de la déclaration serait un remède contre l'abus qu'on craignait, les quantités nécessaires pour le moulage et la fabrication des machines étant si petites en comparaison de celles qu'exige la fabrication du fer, qu'il n'y aurait pas moyen, sans une inconcevable effronterie, de prétendre tromper l'administration sur ce point.

La discussion paraissant épuisée, on procéda, ainsi qu'il suit, à la position des questions.

1.° Conformément à la proposition des quatre commissaires, est-on d'avis que le droit de 9 francs soit diminué de 1 franc? — Il fut répondu : oui, à l'unanimité, moins une voix.

2.° Sera-t-il fait un second rabais de 1 franc avec ou sans condition de mesures que la douane serait autorisée à prendre pour empêcher l'introduction de la fonte pour la fabrication du fer? — Il fut encore répondu à l'unanimité, moins une voix : oui.

3.° Moyennant les conditions, et avec les précautions qui seront reconnues les meilleures pour son accomplissement, y a-t-il lieu à pousser la réduction jusqu'à 3 francs? — Six voix ont répondu négativement; neuf ont décidé affirmativement.

Quant aux meilleurs moyens à employer par les douanes pour atteindre le but proposé, de ne laisser entrer que les fontes propres au moulage, on tombe unanimement d'accord qu'il appartenait à l'administration seule de les rechercher et de les trouver; mais on est aussi unanimement d'avis de l'opportunité du retranchement des restrictions actuelles de poids et de formes pour l'introduction des masses de fonte; restrictions dont les inconvéniens avaient été démontrés dans le cours de l'enquête.

Arrivés à ce point, Messieurs, votre tâche était accomplie, pour ce qui concerne l'industrie des fers, et vous étiez parvenus au terme de vos délibérations sur ce sujet. En résumé, à la suite d'une investigation où n'a été négligé aucun moyen de connaître la vérité, et qui mérite d'autant plus d'attention qu'elle est d'abord la première en ce genre, et qu'on peut ensuite, attendu l'objet dont il s'agissait, la considérer comme l'une des plus importantes épreuves sur le mode de procéder par enquête (espérons aussi qu'elle aura été une des plus salutaires), vous avez été conduits à reconnaître que l'industrie des fers était une des plus utiles et des plus nécessaires de celles qui doivent être non données, mais conservées à la France, car la France l'a toujours possédée à un très-haut degré.

Si on ne considère les sacrifices faits depuis 1818 pour atteindre ce but que sous le rapport de quelques établissemens et de quelques localités, on peut sans doute les accuser d'exagération, et soutenir qu'ils ont trop tourné au profit de la propriété forestière; mais si on envisage l'ensemble des entreprises, des établissemens industriels qui produisent le fer, on est forcé de reconnaître que la protection, si grande qu'elle ait été, ne doit donner lieu à aucun regret, et qu'on ne saurait prouver qu'il eût été possible, à moins de frais, de repousser l'industrie anglaise et de créer la fabrication à la houille; que celle-ci, malgré des tâtonnemens et des fautes inévitables, a cependant atteint, en six années un développement extraordinaire, puisqu'elle suffit déjà au tiers de la consommation; que de tels progrès, plus rapides que ceux qui, dans le même laps de temps, on été faits par l'Angleterre, alors qu'elle est entrée dans cette carrière, méritent non-seulement que la protection ne soit pas retirée, mais même qu'elle soit assurée dans une sage mesure, pour un temps qui puisse suffire tout-à-la-fois à l'achèvement, au perfectionnement des établissemens commencés, et à la création de ceux dont la convenance et le besoin sont indiqués. Vous vous êtes donc décidés à donner un avis conforme à ce système, et vous l'avez fait avec d'autant plus de sécurité, qu'il vous a été démontré que le commerce d'exportation, pour les vins, n'avait pas reçu de la taxe sur les fers étrangers le dommage qu'on avait jusqu'ici supposé, et que même la charge qu'impose aux consommateurs la plus grande cherté du fer n'est pas, attendu sa répartition si disséminée, aussi sensible qu'on avait été fondé à le craindre.

Toutefois, comme vous ne pouviez perdre de vue l'intérêt de la consommation et le grand avantage qui résulterait d'un usage plus étendu du fer, usage qui ne peut naître que du bon marché de la denrée, vous avez pensé qu'il était à propos, au moyen d'une diminution sagement combinée, pour la quotité et pour l'époque, d'avertir les producteurs qu'ils ne devaient pas s'endormir dans une fausse sécurité, et que tous leurs efforts doivent tendre à un abaissement de prix qui seul pouvait définitivement donner à leur industrie tous les développemens dont elle est susceptible, et toutes les garanties qu'elle doit desirer.

En indiquant tout-à-l'heure, Messieurs, le terme où se sont arrêtées vos délibérations, je me suis trompé, car vous avez encore délibéré de me charger du travail que vous venez d'entendre. Je souhaite que vous ne regrettiez pas le choix que vous avez fait; mais je dois vous dire qu'en finissant ce travail, je me suis trouvé plus convaincu encore de mon insuffisance que je ne l'étais en commençant. Je me permettrai d'ajouter que vous manqueriez de justice, si vous n'aviez pas beaucoup d'indulgence pour celui auquel vous avez imposé une tâche aussi difficile, et qu'il a dû accomplir en si peu de temps.

TABLE DES MATIÈRES.

ENQUÊTE SUR LES FERS.

IMPRIMERIE ROYALE. — 1829.

www.ingramcontent.com/pod-product-compliance
Ingram Content Group UK Ltd.
Pitfield, Milton Keynes, MK11 3LW, UK
UKHW012152240726
13966UKWH00002B/292

9 782011 952653